단숨에 합격하는 비법

동물보건사

동물보건사 국가자격시험 연구회 저

과목별 문제집

형설 eLife

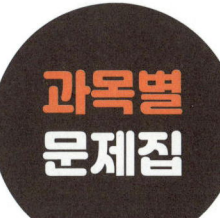

머리말

　동물보건사란 동물병원에서 수의사의 지도 아래 동물의 간호나 진료 보조 업무를 수행하는 전문직종이며 농림축산식품부장관의 자격인정을 받은 사람을 말합니다.

　최근 반려동물을 키우는 인구가 증가한만큼 수의사의 업무를 보조하는 동물 의료 서비스 인력 양성 또한 확대 되고 있습니다.

　이와 관련하여 2022년 2월 제1회 동물보건사 시험이 치러졌습니다.

　이에 따라 수험생들을 돕기 위해 현재 동물보건학과에서 학생들을 가르치고 있는 교수님들의 자문을 받아 기출문제 유형을 분석하여 「단숨에 합격하는 비법 동물보건사 과목별 문제집」을 출간하게 되었습니다.

　본 교재는 849문항의 핵심 문제를 담아 보다 쉽게 시험 준비를 할 수 있도록 구성 하였습니다. 해설은 간결하고 명료하면서도 핵심내용을 쉽게 이해할 수 있도록 집필하였습니다.

　동물보건사 국가자격시험을 준비하는 이들에게 유용한 자료가 되기를 희망하며, 동물보건사를 꿈꾸는 수험생들의 합격을 기원합니다.

-동물보건사 국가자격시험 연구회.

시험 소개

동물보건사란?
　동물병원 내에서 수의사의 지도 아래 동물의 간호 또는 진료 보조 업무에 종사하는 사람으로서 농림축산식품부장관의 자격인정을 받은 사람(수의사법 제2조제4호)

동물보건사 업무
　동물보건사의 업무는 동물병원 내에서 수의사의 지도 아래 동물의 간호 또는 진료 보조 업무를 수행하는 것으로 '동물의 간호 업무'와 '동물의 진료 보조 업무'로 나뉨(수의사법 제16조의5제1항)
- 동물의 간호 업무: 동물에 대한 관찰, 체온.심박수 등 기초 검진 자료의 수집, 간호 판단 및 요양을 위한 간호
- 동물의 진료 보조 업무: 약물 도포, 경구 투여, 마취.수술의 보조등 수의사의 지도 아래 수행하는 진료의 보조

자격특징
　동물보건사 자격시험은 동물간호 인력 수요 증가에 따라, 「수의사법」 제16조의2 또는 법률 제16546호 수의사법 일부개정법률 부칙 제2조 각 호의 어느 하나에 해당하는 자로서 같은 법 제16조의6에서 준용하는 제5조의 규정에 해당하지 아니하는 자

1. 기본대상자
① 농림축산식품부장관의 평가인증을 받은 「고등교육법」 제2조제4호에 따른 전문대학 또는 이와 같은 수준 이상의 학교의 동물 간호 관련 학과를 졸업한 사람(자격시험응시일부터 6개월 이내에 졸업 예정자)
② 「초·중등교육법」 제2조에 따른 고등학교 졸업자 또는 초·중등교육법령에 따라 같은 수준의 학력이 있다고 인정되는 사람으로서 농림축산식품부장관의 평가인증을 받은 「평생교육법」 제2조제2호에 따른 평생교육기관의 고등학교 교과 과정에 상응하는 동물 간호에 관한 교육과정을 이수한 후 동물 간호 관련 업무에 1년 이상 종사한 사람
③ 농림축산식품부장관이 인정하는 외국의 동물 간호 관련 면허나 자격을 가진 사람

2. 특례대상자 [법률 제16546호 수의사법 일부개정법률 부칙 제2조(2021.8.28. 기준)]
　(특례대상자 자격조건은 수의사법 개정 규정 시행 당시(2021년 8월 28일)를 기준으로 적용)

① 「고등교육법」 제2조제4호에 따른 전문대학 또는 이와 같은 수준 이상의 학교에서 동물 간호에 관한 교육과정을 이수하고 졸업한 사람
② 「고등교육법」 제2조제4호에 따른 전문대학 또는 이와 같은 수준 이상의 학교를 졸업한 후 동물병원에서 동물 간호 관련 업무에 1년 이상 종사한 사람(「근로기준법」에 따른 근로계약 또는 「국민연금법」에 따른 국민연금 사업장가입자 자격취득을 통하여 업무 종사 사실을 증명할 수 있는 사람에 한정한다)
③ 고등학교 졸업학력 인정자 중 동물병원에서 동물 간호 관련 업무에 3년 이상 종사한 사람(「근로기준법」에 따른 근로계약 또는 「국민연금법」에 따른 국민연금사업장가입자 자격취득을 통하여 업무 종사 사실을 증명할 수 있는 사람에 한정한다)

시험과목

과목	세부 과목	문제 수
기초 동물보건학	동물해부생리학 동물질병학 동물공중보건학 반려동물학 동물보건영양학 동물보건행동학	60
예방 동물보건학	동물보건응급간호학 동물병원실무 의약품관리학 동물보건영상학	60
임상 동물보건학	동물보건내과학 동물보건외과학 동물보건임상병리학	60
동물 보건·윤리 및 복지 관련 법규	수의사법 동물보호법	20

* 필기시험(객관식 5지 선다형)

시험시간

1교시 기초 동물보건학(60개), 예방 동물보건학(60개) 10:00~12:00(120분)
2교시 임상 동물보건학(60개), 동물 보건.윤리 및 복지 관련 법규(20개) 12:30~13:50(80분)
* 배점 : 문제당 1점

합격 결정기준

시험과목에서 각 과목당 시험점수 100점을 만점으로 40점 이상이며, 전 과목의 평균 점수가 60점 이상일 것

목차

Part 1 기초 동물보건학

1장 동물해부생리학　　013

01. 동물의 신체 기본 구조　　014
02. 동물의 골격계통　　017
03. 동물의 근육계통　　020
04. 동물의 신경계통　　022
05. 동물의 감각기관　　025
06. 동물의 순환계통　　027
07. 호흡기계 구조와 기능　　032
08. 소화기계통　　036
09. 비뇨기계　　047
10. 생식기계　　051
11. 내분비계　　057

2장 동물질병학　　067

01. 병리학·미생물학 개론　　068
02. 심혈관계·호흡기계 질환　　070
03. 전염성 질환 : 개　　073
04. 전염성 질환 : 고양이　　079
05. 피부 질환　　084
06. 소화기계 질환　　086
07. 근골격계 질환　　089
08. 내분비계 질환　　091
09. 비뇨기계 질환　　093
10. 생식기계 질환　　095
11. 신경계·치과 질환　　097
12 안과 질환　　099
13. 기타 질병　　102

3장 동물공중보건학　　105

01. 동물공중보건학 총론　　106
02. 환경보건　　109
03. 식품위생학　　113
04. 축산식품 위생　　116
05. 사료위생　　120
06. 역학 및 전염병 관리　　123
07. 인수공통전염병　　125
08. 반려동물 위생　　128

4장 반려동물학　　131

01. 개의 종류와 기원　　132
02. 반려견의 영양 질병　　135
03. 고양이 특성　　139
04. 고양이 기르기　　142
05. 토끼　　145
06. 햄스터　　148

5장 동물보건영양학 ... 153

01. 영양 개념과 소화기능 ... 154
02. 탄수화물 분류 및 대사과정 ... 157
03. 지질 분류 및 대사 과정 ... 160
04. 단백질 분류 및 대사 과정 ... 162
05. 비타민 분류 및 기능 ... 164
06. 무기질 분류 및 기능 ... 166
07. 반려동물 사료 ... 168
08. 반려동물 성장 단계 상황에 따른 급여 ... 173
09. 반려동물 질환과 영양학적 관계 ... 176

6장 동물보건행동학 ... 179

01. 동물보건행동학의 기초 개념 ... 180
02. 가축화에 의한 행동 변화 ... 183
03. 행동의 발달 ... 185
04. 생식행동 ... 187
05. 유지행동 ... 190
06. 사회적 행동 ... 192
07. 커뮤니케이션 ... 194
08. 동물의 학습원리 ... 196
09. 문제행동의 종류 ... 198
10. 행동치료 과정 ... 201
11. 행동치료 기본 수법 ... 204
12. 개의 문제행동 ... 205
13. 고양이의 문제행동 ... 208
14. 문제행동 치료 ... 211
15. 문제행동 예방 ... 213

Part 2 예방 동물보건학

1장 동물보건응급간호학 ... 217

01. 응급 동물환자의 평가 ... 218
02. 응급 상황 이해 및 처치 ... 220
03. 응급처치 원리 ... 224
04. 응급동물 모니터링 관리 ... 226
05. 응급약물 ... 229

2장 동물병원실무 ... 233

01. 동물병원 고객관리 ... 234
02. 동물병원 고객 경험관리 ... 237
03. 수의 의무기록 ... 240
04. 동물병원 위생 관리 ... 245

3장 의약품관리학 ... 249

01. 약리학 / 처방전 약어 ... 250
02. 의약품 관리 / 수의사 처방제 ... 256
03. 계통별 의약품 관리 ... 262

4장 동물보건영상학 267

01. 방사선 장비 구성 268
02. 동물 진단용 방사선 안전관리 271
03. 방사선 촬영 기법 278
04. 촬영 부위와 자세 283
05. 조영 촬영법 285
06. 초음파 검사 / CT / MRI 290

Part 3 임상 동물보건학

1장 동물보건내과학 299

01. 투여를 위한 보정 300
02. 입원 환자 간호 304
03. 중환자 동물 간호 314
04. 건강검진 326
05. 백신 관리 337
06. 혈액형 검사와 수혈 / 혈액 검사 345

2장 동물보건외과학 355

01. 수술실 관리 356
02. 기구 등 멸균 방법 359
03. 봉합재료 종류 및 용도 363
04. 수술 도구 366
05. 마취 원리 및 단계 369
06. 마취 모니터링 374

07. 지혈법 / 배액법 / 창상 소독 및 관리 / 붕대법 / 재활치료 379

3장 동물보건임상병리학 385

01. 동물임상병리 개론 386
02. 임상병리 검체 준비 및 관리 389
03. 분변검사 394
04. 요검사 399
05. 피부 및 귀 검사 이해 404
06. 배란주기·혈액 검사 407
07. 호르몬·실험실 의뢰 검사 420

Part 4 동물보건·윤리 및 복지 관련 법규

01. 동물보건복지 총론 426
02. 반려동물 복지 428
03. 동물과의 공존 관계 430
04. 동물원동물, 산업동물, 실험동물의 복지 433
05. 수의사법 436
06. 동물보호법 438

Part. 1
기초 동물보건학

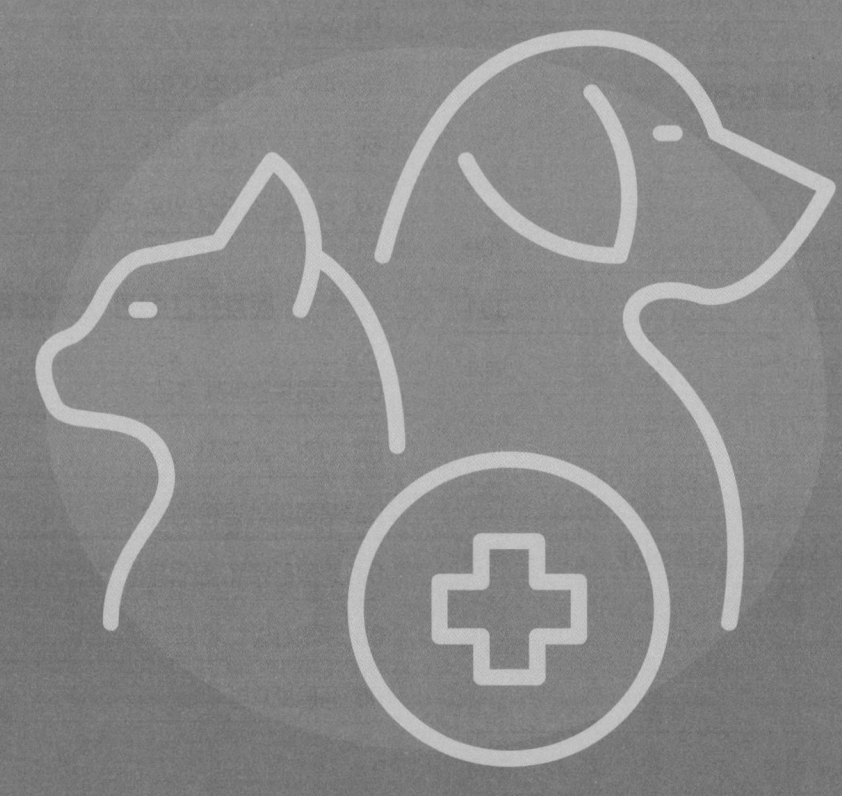

동물해부생리학

동물질병학

동물공중보건학

반려동물학

동물보건영양학

동물보건행동학

동물해부생리학

01 동물의 신체 기본 구조

01 단백질의 농축, 탄수화물 합성의 기능을 가진 세포의 구조는?

① 소포체　　② 골지체
③ 리소좀　　④ 미토콘드리아
⑤ 핵소체

> **정답** ②
>
> **해답풀이** 단백질의 농축, 탄수화물 합성의 기능을 가진 세포 구조는 골지체이다.

02 다음 설명에 해당하는 기능을 가진 세포 구조는?

- 호흡이 활발한 세포일수록 많이 함유
- 산소를 이용해 에너지를 생산하는 세포 발전소

① 소포체　　② 골지체
③ 리소좀　　④ 미토콘드리아
⑤ 핵소체

> **정답** ④
>
> **해답풀이** 미토콘드리아는 자체적인 DNA와 리보솜을 함유하며 세포호흡에 관여하며 산소를 이용해 에너지를 생산하는 세포의 발전소이다.

03 세포의 감수분열에 대한 설명 중 옳지 않은 것은?

① 염색체수가 반으로 줄어 생성되는 세포분열 방식이다.
② 난자의 발생에서 볼 수 있다.
③ 정자의 발생에서 볼 수 있다.
④ 동물의 생식세포 발생과정의 특징적인 분열 방식이다.
⑤ 1, 2감수분열을 통해 2개의 딸세포를 생성한다.

> **정답** ⑤
>
> **해답풀이** 감수분열은 1, 2감수분열을 통해 염색체수가 반으로 줄어든 4개의 딸세포를 생성한다.

04 다음 설명에 해당하는 기능을 가진 조직의 종류는?

> • 보호, 흡수, 분비, 배설 등의 기능을 수행
> • 몸 표면이나 기관의 안쪽 벽을 덮고 분비샘을 형성

① 상피조직   ② 결합조직
③ 근육조직   ④ 신경조직
⑤ 골격조직

정답 ①

해답풀이 상피조직은 피부, 입안, 상피, 망막, 분비샘 등에서 볼 수 있는 구조이다.

05 해부학적 단면에서 오른쪽과 왼쪽을 똑같게 세로로 나누는 단면은?

① 시상단면   ② 정중단면
③ 가로단면   ④ 등단면
⑤ 횡단면

정답 ②

해답풀이 정중단면은 머리, 몸통, 사지를 오른쪽과 왼쪽이 똑같게 세로로 나누는 단면이다.

06 등쪽이 바닥에 닿고 배쪽이 하늘을 향하는 해부학적 자세는?

① 시상자세   ② 등배자세
③ 가로자세   ④ 배등자세
⑤ 횡자세

정답 ④

해답풀이 배등자세는 ventro-dorsal, VD 자세로 등쪽이 바닥에 닿고 배쪽이 하늘을 향하는 해부학적 자세이다.

07 피부의 구성에 대한 다음 설명으로 옳지 않은 것은?

① 피부밑조직은 지방세포나 지방조직덩어리를 가진 성긴결합조직으로 구성된다.
② 진피는 혈관, 신경, 피부 부속기관을 비롯한 섬유성결합조직으로 구성된다.
③ 표피층의 기저층에서부터 세포분열로 증식하여 각질층으로 이동한다.
④ 털주머니에는 기름샘과 부분분비샘이 존재한다.
⑤ 진피의 세포들은 중층편편상피로 구성된다.

정답 ⑤

해답풀이 진피는 표피의 아래 쪽에 위치하며 치밀섬유성결합족직으로 구성된다.

02 동물의 골격계통

01 다음 두개골에 대한 설명 중 옳지 않은 것은?

① 여러 개의 뼈가 섬유관절을 이루며 결합되어 있다.
② 전두골 바닥에 고실블록이 존재한다.
③ 부비동은 머리 무게 경감, 호흡 시 공기를 데워주는 역할을 한다.
④ 뇌에서 척수가 빠져나가는 후두구멍이 형성되어 있다.
⑤ 전두동과 상악오목은 부비동에 해당된다.

정답 ②

해답풀이 고실블록은 측두골 바닥에 내이와 외이를 연결하는 중이 구조물로 존재한다.

02 다음 머리뼈에 대한 설명 중 옳지 않은 것은?

① 개의 영구치 치식은 3 1 4 2 / 3 1 4 3으로 표기할 수 있다.
② 두개골, 후두 및 혀를 연결시켜주는 구조물을 설골장치라고 한다.
③ 고양이의 영구치 치식은 3 1 4 2 / 3 1 3 2로 표기할 수 있다.
④ 두개골 바닥에 뇌신경 및 혈관들이 지나가는 작은 구멍들이 있다.
⑤ 하악골은 좌우 성장이 완료된 후 융합되어 하나의 뼈가 된다.

정답 ③

해답풀이 고양이의 영구치 치식은 3 1 3 1 / 3 1 2 1로 표기할 수 있다.

03 두개골의 형태에 대한 설명 중 옳지 않은 것은?

① 두개골의 형태가 품종을 분류하는 근거가 될 수 있다.
② 스톱에서 코 끝 길이가 후두골 끝 길이보다 짧은 형태는 단형두개라 부른다.
③ 스톱은 이마의 중앙 튀어나온 곳을 말한다.
④ 스톱에서 코 끝 길이가 후두골 끝 길이가 같은 형태는 중형두개라 부른다.
⑤ 스톱에서 코 끝 길이가 후두골 끝 길이보다 긴 형태는 장형두개라 부른다.

정답 ③

해답풀이 스톱은 이마와 코의 중앙에 움푹 들어간 부분을 말한다.

04 척주를 구성하는 뼈들에 대한 설명 중 옳지 않은 것은?

① 목뼈는 경추라 하며 7개로 구성된다.
② 등뼈는 흉추라 하며 13개로 구성된다.
③ 허리뼈는 요추라 하며 7개로 구성된다.
④ 엉치뼈는 천추라 하며 1개의 뼈로 구성된다.
⑤ 꼬리뼈는 미추라 하며 개에서 20-23개로 구성된다.

정답 ④

해답풀이 엉치뼈는 천추라 하며 3개의 뼈로 구성된다.

05 골결계 뼈에 대한 설명 중 옳지 않은 것은?

① 9쌍의 참늑골이 있다.
② 흉골과 직접 관절하지 않는 늑골을 거짓늑골이라 한다.
③ 12번째 늑골은 뜬늑골이라 한다.
④ 척추사이원반은 척추뼈와 척추뼈 사이에 있는 섬유연골이다.
⑤ 쇄골은 앞다리 뼈와 척추를 연결하는 뼈이다.

정답 ③

해답풀이 마지막 13번째 늑골은 인접관절을 형성하지 않아 뜬늑골이라 한다.

06 흉골과 늑골에 대한 다음 설명으로 옳지 않은 것은?

① 가장 앞쪽의 흉골 분절은 칼돌기라 한다.
② 칼돌기 끝은 연골로 되어 있으며 점차 골화되기도 한다.
③ 흉골사이 연골과 결합한 8개의 길고 굵은 흉골분절로 구성된다.
④ 융합 관절된 늑골들은 늑골궁을 형성한다.
⑤ 늑골은 가슴 앞쪽으로 늑골연골관절을 형성한다.

정답 ①

해답풀이 칼돌기는 검상돌기로 흉골분절의 마지막 분절이다.

07 골반뼈에 대한 다음 설명으로 옳지 않은 것은?

① 골반뼈는 장골, 좌골, 치골로 구성된다.
② 관골절구가 형성되어 있어 대퇴골과 관절을 형성한다.
③ 대퇴관절을 형성하는 대퇴골 쪽 부위는 대퇴골두이다.
④ 대퇴관절 이형성이 임상적으로 반려견에서 문제가 된다.
⑤ 성견의 관골은 3종의 독립적인 뼈가 경계부위는 연골로 구성된다.

정답 ⑤

해답풀이 성견의 관골은 경계 부위 연골 없이 융합되어 있다.

08 어깨나 대퇴관절에서 볼 수 있는 관절의 분류는?

① 평면관절   ② 경첩관절
③ 회전관절   ④ 절구관절
⑤ 안장관절

정답 ④

해답풀이 절구관절은 어깨, 대퇴관절에서 볼 수 있는 형태로 절구에 공이가 들어간 형태로 넓은 변경의 운동이 일어난다.

03 동물의 근육계통

01 다음 설명에 해당하는 구조와 기능을 가진 근육의 종류는?

> - 1개의 핵을 가진 방추 모양의 세포
> - 느린 불수의적 운동
> - 소화관, 동맥에서 관찰

① 평활근 ② 심장근
③ 골격근 ④ 횡문근
⑤ 신경근

정답 ①

해답풀이 평활근은 민무늬근으로도 불리며 불수의근에서 볼 수 있는 근육의 종류이다.

02 다음 중 씹을 때 관여하는 근육이 아닌 것은?

① 관자근 ② 깨물근
③ 가시위근 ④ 익상근
⑤ 두힘살근

정답 ③

해답풀이 관여하는 근육은 ① 관자근, ② 깨물근, ③ 익상근, ④ 두힘살근으로 구성된다. 가시위근 어깨쪽 근육이다.

03 다음 중 근육계통과 관련된 설명으로 옳지 않은 것은?

① 흉부와 복부를 나누는 횡격막이 있다.
② 호흡을 내쉴 때 외늑간근이 관여한다.
③ 백선은 복부 좌우의 중앙 경계에 위치한다.
④ 복부근육은 배곧은근, 배가로근, 배속빗근, 배바깥빗근으로 구성된다.
⑤ 안구 위아래 좌우 곧은근과 등쪽빗근, 배쪽빗근들이 위치한다.

정답 ②

해답풀이 호흡을 내쉴 때 내늑간근이 늑골을 아래로 당겨 공기가 밖으로 배출될 수 있도록 하고, 들이킬 때 외늑근간이 늑골을 위로 당겨 공기가 안으로 들어올 수 있게 한다.

04 다음 중 다리근육과 관련된 설명으로 옳지 않은 것은?

① 상완세갈래근은 앞다리굽이관절을 주로 굽히는 데 사용된다.
② 등에서 어깨뼈를 삼각형으로 덮고 있는 근육은 등세모근이다.
③ 앞다리 하부의 근육은 앞발목과 앞발가락을 굽히거나 펴는 기능이 있다.
④ 대퇴두갈래근, 반힘줄근, 반막근은 일명 햄스트링으로 불린다.
⑤ 뒷다리 하부의 근육은 뒷발목과 뒷발가락을 굽히거나 펴는 기능이 있다.

정답 ①

해답풀이 상완세갈래근은 앞다리굽이관절을 주로 펴는 데 사용된다.

05 근육의 수축원리와 관련된 설명으로 옳지 않은 것은?

① 근원섬유는 미오신과 액틴 필라멘트가 교차하여 생긴 근절이라는 기본구조로 구성된다.
② 근절이 모여 근원섬유가 형성되고 이들이 모여 근섬유가 된다.
③ 미오신 필라멘트가 액틴 필라멘트 사이로 미끄러져 들어가 근육 수축이 발생한다.
④ 근육 수축 시 액틴, 미오신 길이의 변화는 없다.
⑤ 근육 수축 시 ATP와 칼슘이온을 사용하게 되어 열이 발생한다.

정답 ③

해답풀이 미오신이 액틴 사이로 미끄러져 들어가 근육 수축이 발생한다.

04 동물의 신경계통

01 다음 신경계통에 대한 설명 중 옳지 않은 것은?

① 신경자극 전달 방향은 축삭말단에서 세포체로 전달된다.
② 신경세포는 세포체와 축삭으로 구분된다.
③ 신경세포와 신경세포가 만나는 부분을 신경연접이라 부른다.
④ 신경연접을 이루기 전 신경을 절전신경이라 부른다.
⑤ 신경연접을 통한 정보 전달은 신경전달물질을 통해 이루어진다.

정답 ①

해답풀이 신경자극 전달 방향은 세포체에서 축삭말단로 전달된다.

02 다음 신경자극에 대한 설명 중 옳지 않은 것은?

① 신경세포 내에서 자극의 생성은 자극의 정도에 비례하여 반응한다.
② 축삭에 수초가 없는 신경을 무수신경이라 한다.
③ 축삭에 수초가 있는 신경이 신경 전달 속도가 빠르다.
④ 수초는 절연체로 작동하여 전기적 신호로 전달할 수 없다.
⑤ 신경연접을 통한 정보 전달은 신경전달물질을 통해 이루어진다.

정답 ①

해답풀이 신경세포 내에서 자극의 생성은 실무율에 따르며 역치를 넘지 않으면 신경 자극이 생성되지 않는다.

03 다음 신경계통의 분류에 대한 설명 중 옳지 않은 것은?

① 중추신경은 뇌와 척수로 구분한다.
② 말초신경계는 뇌신경과 척수신경으로 구분한다.
③ 자율신경계는 교감신경계와 부교감신경으로 구분한다.
④ 수의적 조절이 가능한 정보를 다루는 말초신경계는 체성신경계이다.
⑤ 감각정보를 전달하는 말초신경계 감각신경은 들신경으로만 구성된다.

정답 ⑤

해답풀이 감각정보를 전달하는 말초신경계 감각신경은 들신경과 구심성신경으로 구성된다.

04 다음 중추신경으로 뇌에 대한 설명 중 옳지 않은 것은?

① 전뇌는 대뇌, 시상, 시상하부로 구성된다.
② 중뇌는 간뇌와 뇌교를 연결하는 뇌이다.
③ 후뇌는 소뇌, 교뇌, 연수로 구성된다.
④ 혈압조절 중추는 교뇌에 위치한다.
⑤ 소뇌는 대뇌와 함께 운동을 조절하는 역할을 한다.

정답 ④

해답풀이 혈압조절 중추는 연수에 호흡조절 중추는 교뇌에 위치한다.

05 다음 중추신경으로 척수에 대한 설명 중 옳지 않은 것은?

① 척수는 대후두공을 통해 빠져나온다.
② 척수의 끝쪽은 말총(caudal equina)이라 부른다.
③ 척수신경은 척수분절에서 좌우 한쌍으로 나온다.
④ 척수 피질에는 주로 핵이 분포한다.
⑤ 척수 수질은 회색질이라 부른다.

정답 ④

해답풀이 척수 피질은 백질, 수질은 회색질로 부른다. 피질은 축삭이 분포하고 수질은 핵이 위치한다.

06 다음 설명에 해당하는 뇌신경의 종류는?

- 인두와 후두의 감각섬유 전달
- 후두의 근육에 운동신경 공급
- 심장, 가슴장기, 위장관계 등에 부교감성 내장 운동신경 공급

① 도르래신경　② 미주신경
③ 얼굴신경　　④ 삼차신경
⑤ 혀밑신경

정답 ②

해답풀이 미주신경은 혼합신경섬유로 인두와 후두의 감각섬유 전달, 후두의 근육에 운동신경 공급, 심장, 가슴장기, 위장관계 등에 부교감성 내장 운동신경 공급 기능을 갖는다.

07 다음 설명에 해당하는 뇌신경의 종류는?

- 눈과 얼굴 주변 피부의 감각신경
- 저작근의 운동신경

① 도르래신경　② 미주신경
③ 얼굴신경　　④ 삼차신경
⑤ 혀밑신경

정답 ④

해답풀이 삼차신경은 혼합신경섬유로 눈과 얼굴 주변 피부의 감각신경, 저작근의 운동신경 기능을 갖는다.

05 동물의 감각기관

01 다음 미각 감각에 대한 설명 중 옳지 않은 것은?

① 미뢰는 맛봉오리라고도 불린다.
② 미뢰는 입방상피세포인 미각세포와 지지세로로 구성되어 있다.
③ 미각세포를 화학수용기 세포라고도 부른다.
④ 미각세포 배쪽에는 7, 9, 10번 감각신경 섬유가 분포하고 있다.
⑤ 혀는 골격근을 구성되어 있다.

정답 ②

해답풀이 미뢰는 섬모상피세포인 미각세포와 지지세로로 구성되어 있다.

02 다음 후각 감각에 대한 설명 중 옳지 않은 것은?

① 후각상피의 후각 수용기세포가 냄새를 포착한다.
② 사골에서 앞쪽으로 뻗어나온 판상형 사골갑개를 덮고 있는 점막은 후각상피로 덮여있다.
③ 사골판 바로 뒤에 후각망울이 위치한다.
④ 미주신경을 통해 대뇌로 냄새 자극이 전달된다.
⑤ 비강 내 비갑개와 사골갑개가 있어 공기와 접촉하는 표면적이 증가되어 있다.

정답 ④

해답풀이 1번 뇌신경인 후각신경을 통해 대뇌로 냄새 자극이 전달된다.

03 다음 시각 감각에 대한 설명 중 옳지 않은 것은?

① 안구의 외막 앞쪽은 각막이라 불린다.
② 안구의 외막 뒤쪽은 공막이라 불린다.
③ 공막은 투명하여 빛이 투과될 수 있다.
④ 안구의 중간막은 포도막이라 불린다.
⑤ 모양체는 수정체의 두께를 조절한다.

정답 ③

해답풀이 각막은 투명하여 빛이 투과될 수 있다. 공막은 질긴 불투과성 막으로 안구 형태를 유지한다.

04 다음 청각 감각에 대한 설명 중 옳지 않은 것은?

① 개의 이도는 일자로 직선형으로 되어 있다.
② 중이는 고막과 3개의 이소골로 구성된다.
③ 이소골의 진동이 내이의 달팽이관에 전달된다.
④ 내이는 청각과 평형감각에 관련된다.
⑤ 내이 미로 안에는 림프액이 채워져 있다.

정답 ①

해답풀이 개의 이도는 'ㄴ'자로 수직이도와 수평이도로 구분된다.

05 골결계 뼈에 대한 설명 중 옳지 않은 것은?

- 섬모상피세포인 청세포와 지지세포가 있다.
- 위쪽에 덮개막이 있고 아래쪽에는 기저막이 있다.
- 달팽이관에서 볼 수 있다.

① 서비기관　② 코르티기관
③ 플레멘기관　④ 야콥스기관
⑤ 피트기관

정답 ②

해답풀이 코르티기관은 달팽이관 내부의 청각 수용기로, 이것의 기저막이 위아래로 움직이면서 유모세포를 구부려 뜨려 수용기전위를 발생시킨다.

06 동물의 순환계통

01 다음 포유동물의 적혈구에 대한 설명 중 옳지 않은 것은?

① 골수의 조혈모세포가 분화하여 적혈구를 만든다.
② 순환혈액 속의 성숙 적혈구는 핵이 없다.
③ 적혈구의 세포질 대부분은 골지체로 구성되어 있다.
④ 혈액의 세포 대부분은 적혈구가 차지하고 있다.
⑤ 적혈구는 산소운반이 주 기능이다.

정답 ③

해답풀이 적혈구의 세포질 대부분은 헤모글로빈으로 구성되어 있다.

02 다음 설명에 해당하는 혈액의 성분은?

- 총백혈구의 1%
- 과립내 히스타민 함유
- 급성 알러지 반응에 관여

① 호중구   ② 림프구
③ 호산구   ④ 단핵구
⑤ 호염구

정답 ⑤

해답풀이 호염구는 진한 푸른색의 큰 염기성 과립을 가진 백혈구로 알러지 반응에 관여한다.

03 다음 설명에 해당하는 혈액의 성분은?

- 총백혈구의 20%
- 구형의 세포
- 세포성 및 체액성 면역에 관여

① 호중구 ② 림프구
③ 호산구 ④ 단핵구
⑤ 호염구

정답 ②

해답풀이 림프구는 B cell과 T cell로 면역에 관여한다.

04 다음 포유동물의 심장에 대한 설명 중 옳지 않은 것은?

① 우심실과 우심방 사이 방실판막은 이첨판이다.
② 심실과 동맥 사이 반월판이 있다.
③ 좌심실과 대동맥 사이에 대동맥판이 있다.
④ 포유동물은 4개의 방과 4개의 판막으로 구성되어 있다.
⑤ 심실의 두께는 좌심실이 우심실보다 두껍다.

정답 ①

해답풀이 우심실과 우심방 사이 방실판막은 세조각으로 나뉘어 있어 삼첨판이라 부른다.

05 다음 심장의 자극전도계에 대한 설명 중 옳지 않은 것은?

① 자극전도계는 신경전달물질 없이 전기적 신호를 발생시켜 심장과 심실에 전달하는 특수기관이다.
② 동방결절(SA node)은 우심방 벽에 있는 변형된 심장근육세포이다.
③ 방실결절(AV node)의 수축파동이 동방결절로 흥분이 전달된다.
④ 심장전도근육섬유(Purkinge fiber)에 전달된 자극은 심실 수축을 야기한다.
⑤ 히스속(Bundle of His)에 전달된 자극은 심장전도근육섬유(Purkinge fiber)으로 전달된다.

정답 ②

해답풀이 동방결절의 수축파동이 방실결절(AV node)로 흥분이 전달된다.

06 심장에서 나온 혈액이 기관들에 전달된 후 다시 심장으로 돌아오는 혈액순환은 다음 중 어느 것인가?

① 폐순환　　② 체순환
③ 간문맥순환　④ 소순환
⑤ 태아순환

정답 ②

해답풀이 체순환은 대순환으로도 불리며 좌심실에서 나온 혈액이 전신을 순환하고 우심방으로 들어오는 순환이다.

07 우심실에서 나온 혈액이 좌심방으로 돌아오는 혈액순환은 다음 중 어느 것인가?

① 폐순환　　② 체순환
③ 간문맥순환　④ 대순환
⑤ 태아순환

정답 ①

해답풀이 폐순환은 소순환으로도 불리며 우심실에서 나온 혈액이 폐동맥을 타고 폐로 가서 순환하고 좌심방으로 들어오는 순환이다.

08 다음 부위 중 혈액 중 CO_2 농도가 가장 높은 곳은?

① 대동맥　　② 폐동맥
③ 폐정맥　　④ 모세혈관
⑤ 간문맥

정답 ②

해답풀이 전신 장기의 세포로부터 CO_2를 받아 폐로 들어가기 직전인 폐동맥이 가장 CO_2 농도가 높은 곳이다.

09 다음 부위 중 혈액 중 O₂ 농도가 가장 높은 곳은?

① 대정맥　　② 폐동맥
③ 폐정맥　　④ 모세혈관
⑤ 간문맥

정답 ③

해답풀이 폐로부터 O₂를 받아 심장으로 들어가지 직전인 폐정맥이 가장 O2 농도가 높은 곳이다.

10 다음 설명의 (　)안에 해당하는 내용으로 옳게 짝지어진 것은?

- 우심실이 수축하여 혈액이 (ㄱ)으로 방출되면 폐에서 폐포 모세혈관에서 물질교환을 하고 (ㄴ)을 통해 좌심방으로 들어오는 순환을 소순환이라 한다.
- (ㄷ)로부터 나온 혈액이 전신 장기로 전달되어 모세혈관에서 물질교환을 하고 (ㄹ)으로 들어오는 순환을 대순환이라 한다.

	(ㄱ)	(ㄴ)	(ㄷ)	(ㄹ)
①	폐정맥	폐동맥	좌심실	좌심방
②	대동맥	대정맥	우심실	우심방
③	폐동맥	대정맥	좌심실	좌심방
④	폐동맥	폐정맥	좌심실	우심방
⑤	간문맥	폐정맥	우심실	우심방

정답 ④

해답풀이 폐동맥을 통해 폐로 운반된 혈액은 산소를 받아 폐정맥으로 소순환을 한다. 대순환은 좌심실에서 전신 순환하고 우심방으로 들어오는 것이다.

11 림프계통에 대한 설명 중 옳은 것만을 모두 고른 것은?

(ㄱ) 림프관은 역류 가능성이 높아 판막이 존재한다.
(ㄴ) 비장, 흉선, 편도는 림프조직으로 분류된다.
(ㄷ) 림프계는 폐쇄형 순환계이다.
(ㄹ) 림프절에서는 림프액 내 이물질 탐식, 항체 생성 등의 면역작용이 일어난다.
(ㅁ) 림프액의 흐름은 혈액 순환과 더불어 능동적으로 일어난다.

① (ㄱ), (ㄴ), (ㄷ)
② (ㄱ), (ㄴ), (ㄹ)
③ (ㄱ), (ㄷ), (ㄹ)
④ (ㄱ), (ㄷ), (ㅁ)
⑤ (ㄱ), (ㄴ), (ㄷ), (ㅁ)

정답 ②

해답풀이 (ㄷ) 림프계는 한쪽 끝이 열려있는 개방형 순환계이다. (ㅁ) 림프액의 흐름은 주변 조직의 운동으로 수동적으로 일어난다.

07 호흡기계 구조와 기능

01 폐에서 폐포와 폐포모세혈관 사이 가스교환이 일어나는 현상을 무엇이라 하는가?

① 외호흡　② 폐순환
③ 내호흡　④ 소순환
⑤ 간문맥순환

정답 ①

해답풀이 외호흡은 폐에서 폐포와 폐포모세혈관 사이 가스교환이 일어나는 것이고 내호흡은 동물체내 세포에서 혈액 내 산소 및 이산화탄소분압이 조절되는 것을 말한다.

02 호흡기계로서 코의 구조와 기능에 대한 다음 설명 중 옳지 않은 것은?

① 비강을 형성하는 뼈로는 비골, 상악골, 앞니골, 입천장뼈 등이 있다.
② 비강 안은 판상형의 뼈로 채워져 있다.
③ 사골갑개는 비강의 등쪽을 덮는 미로와 같은 뼈이다.
④ 갑개는 점막으로 덮여 있다.
⑤ 비강 내 점막은 비강 안 공기 중의 이물질 제거, 병원균 제거와 같은 면역 작용이 있다.

정답 ③

해답풀이 사골갑개는 뒤쪽 사골에서 앞쪽으로 뻗어 나온 구조물이다.

03 들숨은 어떤 근육이 수축하여 일어나는가?

① 배경사근(abdominal oblique m.)
② 횡격막(diaphragm)
③ 속늑골사이근(internal intercostal m.)
④ 배곧은근(rectus abdominis m.)
⑤ 외늑골사이근(external intercostal m.)

정답 ②

해답풀이 횡격막의 수축에 의해 들숨 흡기의 압력이 발생한다.

04 다음 중 호흡계통의 기능이 아닌 것은?

① 산-염기 조절
② 발성
③ 이물포착
④ 체온조절
⑤ 가스 교환

정답 ③

해답풀이 이물포착과 탐식은 호흡기 기능이 아니다.

05 후두덮개(epiglottis)를 구성하고 있는 것은?

① 탄성연골　② 유리연골
③ 해면뼈　　④ 평활근
⑤ 인대

정답 ①

해답풀이 후두덮개는 탄성연골이다.

06 다음 중 기관에 대한 설명으로 올바른 것은?

① 섬모상피로 덮여 있다.
② 섬유연골의 불완전한 C 형태의 고리에 의해 단단하게 형성되어 있다.
③ 가로무늬근(striated muscle)으로 되어 있다.
④ O형 연골로 구성되어 있다.
⑤ 모두 맞다.

정답 ④

해답풀이 기관연골은 등쪽이 터진 U자 모양이다.

07 폐포벽을 통한 가스교환 형태는?

① 분압   ② 삼투압
③ 확산   ④ 여과
⑤ 능동수송

정답 ③

해답풀이 폐포벽의 가스교환은 폐포모세혈관 내 이산화탄소가 확산에 의해 폐포로 이동하고 폐포 안의 산소가 폐포모세혈관으로 이동하는 확산의 형태이다.

08 다음의 설명 중 틀린 것은?

① 기관연골은 섬유연골로 이루어져 있다.
② 기관연골의 수효는 개에서 42-46개이다.
③ 기관연골의 형태는 불완전한 고리모양으로 등쪽벽의 일부분이 떨어져 있다.
④ 개의 폐엽수는 왼쪽폐 3엽, 오른쪽폐 4엽 총 7엽으로 구성되어 있다.
⑤ 기관지는 엽기관지, 구역기관지, 세기관지, 종말세기관지, 호흡세기관지로 나누어진다.

정답 ①

해답풀이 초자연골에서는 기질이 반투명하고, 언뜻 보아 균일하며 무구조로 보이나 수분이 많고(60~80 %), 황산콘드로이틴을 가지는 복합단백질(무코이드)을 포함한다. 이것에는 늑연골 ·비연골 ·후두연골 ·관절연골 · 기관연골 등이 속해 있다.

09 정상적인 상태에서 한번 호흡하는데 출입하는 공기의 양을 뜻하는 것은?

① 잔기량(residual volume)
② 흡기용량(inspiratory capacity)
③ 폐용량(lung capacity)
④ 일회호흡량(tidal volume)
⑤ 정답 없음

정답 ④

해답풀이 1회 흡입 공기 양은 일회호흡량(tidal volume)

10 다음 설명 중 올바르지 않는 것은?

① 기관(trachea)은 영구적으로 개방된 관이다.
② 식도는 기관보다 위에 존재한다.
③ 기관연골은 등쪽면이 열려있다.
④ 기관연골은 배쪽면이 열려있다.
⑤ 정답 없음

정답 ④

해답풀이 기관연골은 한쪽이 터져 있는 형태인데 등쪽 면이 열려있다.

11 종격동(mediastinum)에 포함되지 않는 것은?

① 심장   ② 식도
③ 기관   ④ 폐
⑤ 간

정답 ④

해답풀이 종격동(mediastinum)좌우의 흉막강 사이에 있는 부분으로 앞쪽은 흉골, 뒤쪽은 척추, 아래쪽은 횡격막에 의하여 경계지어진다. 전부에는 심장과 심장에 출입하는 대혈관을 비롯하여 흉선·내흉동맥·내흉정맥·횡격신경 등이 포함되고, 후부에는 식도·기관 및 기관지· 미주신경·흉대동맥·기정맥·흉관 등의 중요한 기관이 있다.

12 후두(larynx)의 특징이 아닌 것은?

① 발성 작용
② 음식물의 통로
③ 공기의 흡기와 호기를 조절
④ 기도로 개구
⑤ 정답 없음

정답 ②

해답풀이 후두는 기도의 입구 역할을 한다.

08 소화기계통

01 다음중 개의 영구치아 치식(dental formula)으로 옳은 것은?

① I--$\frac{3}{3}$--C---$\frac{1}{1}$--P---$\frac{3}{4}$--M--$\frac{3}{3}$ ② I---$\frac{3}{3}$--C--$\frac{1}{1}$--P---$\frac{4}{4}$--M--$\frac{3}{3}$ ③ I--$\frac{3}{3}$--C--$\frac{1}{1}$--P--$\frac{4}{4}$--M--$\frac{2}{3}$

④ I--$\frac{4}{4}$--C--$\frac{1}{1}$--P--$\frac{4}{4}$--M--$\frac{2}{3}$ ⑤ I--$\frac{3}{3}$--C--$\frac{1}{1}$--P--$\frac{4}{4}$--M--$\frac{2}{4}$

정답 ③

해답풀이 치아의 종류로는 먹이를 물어 자르는데 편리한 앞니, 물어 찢는데 편리한 송곳니, 깨물고 부수는데 편리한 작은어금니와 큰어금니가 있다. 우선 유치가 나왔다가 일정 시기를 거쳐 탈락하고 대신 영구치가 나와 대치된다. 개의 영구치 표준 치식은 앞니 6/6, 송곳니 2/2, 작은어금니 8/8, 큰어금니 4/6으로 총 42개이며, 유치는 앞니 6/6, 송곳니 2/2, 작은어금니 6/6으로 총 28개이다.

02 다음 중 고양이의 유치(젖니)의 치식(dental formula)으로 옳은 것은?

① I $\frac{3}{3}$ C $\frac{1}{1}$ pm $\frac{3}{3}$ m $\frac{0}{0}$ = 28

② I $\frac{3}{3}$ C $\frac{1}{1}$ pm $\frac{3}{3}$ m $\frac{1}{1}$ = 30

③ I $\frac{3}{3}$ C $\frac{1}{1}$ pm $\frac{3}{3}$ m $\frac{1}{1}$ = 30

④ I $\frac{3}{3}$ C $\frac{1}{1}$ pm $\frac{3}{3}$ m $\frac{0}{0}$ = 26

⑤ I $\frac{3}{3}$ C $\frac{1}{1}$ pm $\frac{3}{3}$ m $\frac{1}{1}$ = 28

정답 ④

해답풀이 I: incisor(앞니), C: canine(송곳니), P: premolar(작은어금니), M: molar(큰어금니)

03 개에서 절단치아(carnassial tooth)에 해당하는 치아는?

① 아래턱의 PM1
② 위턱의 PM3
③ 위턱의 PM4
④ 아래턱의 PM3
⑤ 아래턱의 PM2

정답 ③

해답풀이 개의 치아는 위턱의 넷째작은어금니(PM4)와 아래턱의 첫째큰어금니(M1)가 가장 크고 이 두 개의 치아는 서로 맞물리는데 이 두 치아를 절단치아(carnassial teeth)라고 한다.

04 다음 치아의 조직 중 경도가 가장 단단한 것은?

① 에나멜질   ② 상아질
③ 시멘트질   ④ 치수
⑤ 치근

정답 ①

해답풀이 에나멜질: 몸에서 가장 딱딱한 조직이다. 성숙한 에나멜질은 주로 칼슘과 인산을 함유한 인회석(燐灰石) 결정으로 이루어진다. 에나멜질은 살아 있는 조직이 아니며 신경도 없다.

05 다음 치아의 구조 중에서 혈관과 신경을 포함하고 있는 것은?

① 에나멜질   ② 상아질
③ 시멘트질   ④ 치수
⑤ 치관

정답 ④

해답풀이 치수: 치아의 중심부에 있는 연조직. 상아질로 둘러싸여 있으며, 혈관과 신경이 많다. 치수의 기능은 상아질 형성과 이에 가해지는 자극을 감수(感受)하는 것인데, 일반적으로 신경이라고 하는 부분이다. 치아를 치료할 때의 강한 통증은 치수의 신경섬유가 자극을 받아서 일어난다.

06 다음의 설명 중 틀린 것은?

① 경구개의 뒤쪽에 이어지는 연구개는 골성조직으로 구성된다.
② 편도는 림프기관의 하나로 림프세포를 만들어낸다.
③ 혀의 유두에는 실유두, 원뿔유두, 버섯유두, 성곽유두와 잎새유두가 있다.
④ 기계적인 유두는 실유두이다.
⑤ 버섯유두, 성곽유두 및 잎새유두는 맛봉우리가 있다.

정답 ①

해답풀이 연구개(硬口蓋)는 입천장에서 비교적으로 연한 뒤쪽 부분을 말한다. 여린입천장

07 다음 중 타액에 들어있는 Ptyalin 효소의 기능으로 옳은 것은?

① pH를 알칼리로 유지한다.
② 탄수화물을 분해한다.
③ 점액의 분비를 자극한다.
④ 중탄산염의 분비를 자극한다.
⑤ 지방의 이용을 촉진한다.

정답 ②

해답풀이 침은 혀밑샘(설하선 ; sublingual gland), 턱밑샘(악하선 ; submandibular gland)과 귀밑샘(이하선 ; parotid gland)에서 분비된다. 침의 점액 성분은 음식물을 부드럽게 하고 프티알린(ptyalin)이라는 소화효소가 있어 탄수화물을 분해한다.

08 다음 타액선(침샘) 중에서 육식동물에서 볼 수 있는 큰 침샘은?

① 귀밑샘(이하선)
② 혀밑샘(설하선)
③ 턱밑샘(악하선
④ 림프아랫샘
⑤ 권골샘

정답 ⑤

해답풀이 권골샘(zygomatic gland): 육식동물(개,고양이)의 권골궁 배쪽 안쪽에 존재한다.

09 구강과 식도 사이의 근막성낭으로서 소화기도와 호흡기도의 교차점에 해당되는 곳은?

① 비강   ② 구개
③ 후두   ④ 편도
⑤ 인두

정답 ⑤

해답풀이 인두는 구강과 식도 사이의 근막성낭으로서 소화기도와 호흡기도의 교차점에 해당된다. 공기와 음식물을 구분하여 섭취하게 한다.

10 위샘(위선)에 분포하는 세포 중 세포질이 산호성으로 염색되며 세포내 분비세관을 특징적으로 가지고 있으며, 능동수송에 의해 염산을 분비하는 세포는?

① 주세포   ② 배상세포
③ 점액경세포 ④ 벽세포
⑤ 내분비세포

정답 ④

해답풀이
- 주세포(chief cell) : 점액과 펩시노겐을 분비하고 펩시노겐은 단백질 분해 효소인 펩신으로 전환
- 벽세포(parietal cell) : 염산과 수분 분비, 가스트린에 의해 자극된 벽세포는 염산을 분비하여 단백질 소화를 도움. 장에서 비타민 B12 흡수에 필수적인 내인자(intrinsic factor)를 생산

11 다음 설명 중 옳지 않은 것은?

① 구토중추는 대뇌피질에 있다.
② 연동운동은 1-2cm/sec의 속도로 4-5cm정도 파급되었다가 사라진다.
③ 급속연동은 연동이 장 전체를 25cm/sec 이상의 빠른 속도로 진행된다.
④ 배변반사를 유발시키는 직장내압은 30-40mmHg이다.
⑤ 위점막보호는 점액 경세포에서 분비하는 점액 겔로 뒤덮여 보호된다.

정답 ①

해답풀이 연수 : 중뇌 밑에 있으면서 척수와 연결되어 있다. 연수의 백질에서는 뇌와 척수 사이를 연결하는 신경섬유가 교차되어 있어 대뇌의 좌반구는 우반신을, 우반구는 좌반신을 지배하게 된다. 그리고 회백질에는 호흡운동, 심장 박동, 소화운동 및 소화액 분비 등의 중추와 기침, 재채기, 하품, 구토, 눈물 분비 등의 반사 중추가 있다.

12 소화기관 중 위에서부터 소장의 순서를 바르게 나열한 것은?

① 위 - 십이지장 - 공장 - 회장
② 위 - 십이지장 - 회장 - 공장
③ 위 - 공장 - 회장 - 십이지장
④ 위 - 공장 - 십이지장 - 회장
⑤ 위 - 회장 - 공장 - 십이지장

정답 ①

해답풀이 위에서 소화된 음식물은 소장으로 이행되는데 십이지장, 공장, 회장을 거쳐 대장으로 이행된다.

13 식도와 위가 만나는 부위와 위와 십이지장이 만나는 부위를 각각 무엇이라 하는가?

① 소만, 대만   ② 대만, 소만
③ 위체, 위저   ④ 유문, 분문
⑤ 분문, 유문

정답 ⑤

해답풀이 위는 식도와 소장 사이에 있는 주머니 모양의 기관이며, 분문에서 식도와 연속되고, 유문에서 십이지장과 연속된다.

14 다음 중 개의 위 점막세포에서 분비되는 것은?

① 아밀라제   ② 담즙산염
③ 펩신   ④ 트립신
⑤ 리파제

정답 ③

해답풀이 펩신(pepsin):척추동물의 위액 속에 존재하는 프로테아제(단백질분해효소). 위점막의 주세포로부터 위액 속으로 분비되며 산성 영역에서 활성을 갖는다. 비활성의 전구물질(前驅物質) 펩시노겐이 위액의 산성조 건에서 자기촉매적으로 분자의 일부가 분해되고 활성화하여 펩신이 된다.

15 다음 소화기관들의 순서 데로 바르게 나열한 것은?

㉮ 회장   ㉯ 십이지장   ㉰ 결장   ㉱ 맹장   ㉲ 공장   ㉳ 직장

① 가, 나, 마, 다, 라, 바
② 가, 마, 나, 라, 다, 바
③ 나, 가, 마, 라, 다, 바
④ 나, 마, 가, 라, 다, 바
⑤ 다, 나, 가, 마, 다, 바

정답 ④

해답풀이 소장(십이지장-공장-회장)-대장(맹장-결장-직장)

17 위와 십이지장 근처에 있으며 소화선인 외분비선과 인슐린을 분비하는 내분비 기관인 장기는 무엇인가?

① 간(liver)
② 췌장(pancreas)
③ 비장(spleen)
④ 신장(kidney)
⑤ 부신(adrenal gland)

정답 ⑤

해답풀이 복강 장기로는 위(stomach), 소장(small intestine), 대장(large intestine), 간장(liver), 췌장(pancrease), 비장(spleen), 신장(kidney), 부신(adrenal gland) 등이 있으며, 췌장은 위의 후방에 있으며 십이지장 기시부에 위치하고 소화선인 외분비선과 동시에 인슐린을 분비하는 기관이다.

18 다음 중 췌장(Pancreas)에 대한 설명으로 옳지 않은 것을 고르시오.

① 췌장은 위의 저부와 십이지장에 부착되어 있는 무른 형태의 장기이다.
② 췌장은 십이지장으로 소화효소를 분비한다.
③ 췌장은 글루카곤, 인슐린, 소마토스타틴과 같은 호르몬을 분비한다.
④ 췌장은 담즙을 생산하여 담낭에 저장한다.
⑤ 췌장은 두 개의 췌장관이 십이지장 유두와 연결된다.

정답 ④

해답풀이 췌장은 위의 저부와 십이지장에 부착되어 있는 무른 형태의 장기이다. 췌장은 두 종류의 분비샘을 가지고 있다.
1) 외분비부분은 두 개의 췌장관을 통해 십이지장 유두와 연결되어 십이지장으로 소화효소를 분비한다.
2) 내분비부분은 글루카곤, 인슐린, 소마토스타틴과 같은 호르몬을 분비하여 혈액을 통해 신체의 각 조직으로 전달한다. 이 호르몬들은 췌장섬 일명 랑게르한스섬이라고 하는 세포덩이의 특정 세포에서 생산된다. 글루카곤은 간으로부터 혈당을 동원하고, 인슐린은 혈당을 감소시키며, 소마토스타틴은 뇌하수체로부터 성장호르몬 분비를 억제한다.
담즙을 생산하여 담낭에 저장하는 기관은 간이다.

19 다음 소화기관의 설명 중 옳지 않은 것은?

① 췌장액의 pH는 산성이다.
② 소장의 벽은 평활근을 포함하고 있다.
③ 담즙은 간에서 생성된다.
④ 담즙은 십이지장으로 분비된다.
⑤ 췌장은 소화효소를 분비하는 외분비 기능을 가지고 있다.

정답 ①

해답풀이 췌장액(pancreatic juice) 탄산수소나트륨이 다량 함유되어 있어 pH 8.5인 약알칼리성을 띠는 소화액이다.

20 다음 췌장(Pancreas)에 대한 설명으로 옳지 않은 것은?

① 췌장은 외분비샘과 내분비샘 조직으로 이루어져 있다.
② 췌장은 위의 왼쪽에서 등쪽으로 달린다.
③ 췌장은 불규칙한 세모꼴 또는 V 자형의 납작한 장기이다.
④ 췌장은 담적회색을 나타낸다.
⑤ 췌장관은 총담관과 함께 십이지장의 큰십이지장유두에 연다.

정답 ②

해답풀이 췌장은 큰 소화샘조직으로 내분비부분인 췌장샘(랑게르한스섬)도 포함된다. 위(胃)의 뒤쪽에서 십이지장을 따라 위치한다. 췌장에서 췌장관과 덧췌장관이 십이지장 점막면에 열려 외분비로부터의 분비물 즉 췌액을 흘려보낸다. 췌장관은 총담관과 함께 십이지장에 구멍을 연다. 내분비부의 췌장섬은 췌장실질 중에 넓게 산재되어 그 크기 및 수에는 큰 변화가 있다.

21 다음 췌장(Pancreas)의 외분비샘에서 생산되어 소화과정을 돕는 것만으로 짝지어진 것은?

① 아밀라제, 담즙산, 담즙산염, 트립신
② 아밀라제, 담즙산, 펩신, 중탄산염
③ 아밀라제, 리파제, 트립신, 중탄산염
④ 아밀라제, 리파제, 트립신, 가스트린
⑤ 리파제, 펩신, 프티알린, 가스트린

정답 ③

해답풀이 췌장에서 분비되는 소화관련 물질은 아밀라제, 리파제, 트립신, 중탄산염이다.

22 다음 담즙에 대한 설명 중 옳지 않은 것은?

① 담즙은 지방 소화를 돕는 효소를 포함하고 있다.
② 담즙은 헤모글로빈 파괴에 의해 생성된 색소를 포함하고 있다.
③ 담즙은 간에서 생성된다.
④ 담즙은 중탄산염과 전해질을 포함하고 있다.
⑤ 담즙은 담낭에 보관된다.

정답 ①

해답풀이 담즙은 간세포에서 생성되어, 간관을 지나서 일시 담낭 내에 저류되어 있으며, 총담관으로부터 십이지장으로 배출된다. 담즙의 조성은 담즙산, 담즙색소, 지방질 등으로 이루어지며, 소화효소는 포함하고 있지 않다. 담즙산이 지방질을 유화하여 소화, 흡수를 돕는 기능을 하고 있을 뿐만 아니라, 담즙색소 및 지질은 체내의 불필요한 물질을 배설하는 작용을 한다. 담즙색소는 적혈구의 혈색소가 분해되어 만들어진 bilirubin 이다.

23 다음 소화관에 대한 설명으로 옳지 않은 것은?

① 소장은 융모가 잘 발달하여 같은 크기의 일반 관에 비해서 표면적이 600배에 달한다.
② 소장은 유문에서 회맹조임근까지이며, 십이지장, 공장, 회장이 포함된다.
③ 대장은 맹장, 결장, 직장으로 구성된다.
④ 교감신경이 활성화되면 위운동을 촉진하고 위배출 속도를 빠르게 한다.
⑤ 위배출은 위에서 소화된 미즙이 유문괄약근을 통해 십이지장으로 서서히 내려가는 상태이다.

정답 ④

해답풀이 교감신경: 위액분비 및 위운동 저하시킴. 부교감신경: 미주신경, 위산, gastrin, pepsin등의 위액분비가 증가, 위의 활동 증가시킴

24 다음 소화에 관한 설명 중 옳지 않은 것은?

① 탄수화물과 지방은 소장에서 흡수 시에 공동운반체가 필요하다.
② 담즙산염으로 유화된 지방은 완전히 가수분해되면 글리세롤과 지방산이 된다.
③ 단백질의 소화는 펩신의 작용으로 위에서부터 시작된다.
④ 일반적으로 수분의 흡수는 대장에 비해서 소장에서 더 많이 이루어진다.
⑤ 곡류를 먹고 사는 조류는 소낭이 잘 발달되어 있다.

정답 ①

해답풀이 탄수화물은 입에서 아밀라아제(침)의 소화효소로 인해 엿당으로 분해된다. 단백질은 위에서 펩신에 의해 트립신으로 분해된다. 지방은 소장에서 리파아제의 소화효소로 인해 지방산과 글리세롤로 분해된다. 소화된 영양분은 소장의 점막에 있는 융모로 흡수된다. 흡수된 영양분 중 지방산과 글리세롤 등은 림프관으로, 단당류 및·아미노산 등은 모세혈관으로 들어간다. 영양분의 흡수는 물리적 확산이나 여과뿐만 아니라, 세포막의 선택적 투과성에 의해 이루어진다.

25 다음 소화관에서 음식물의 흡수가 일어나는 곳은?

① 위 ② 십이지장
③ 공장 ④ 결장
⑤ 맹장

정답 ③

해답풀이 소화된 음식물의 대부분은 소장의 융모에서 흡수된다.

26 소화기관에서 볼 수 있는 상피세포는?

① 중층편평상피
② 단층원주상피
③ 섬모원주상피
④ 단층편평상피
⑤ 이행상피

정답 ②

해답풀이 단층원주상피: 위장관 점막상피, 자궁경부, 자궁내막, 선의 도관 등에서 관찰
단층입방상피: 갑상선소포, 외분비선, 난소표면, 선의 도관 등
단층편평상피: 중피세포, 활액낭, 건초, 폐포
중층편평상피: 피부, 구강, 식도, 자궁외경부, 질, 요도 끝, 후두 일부, 성대 등
중층원주상피: 남성요도의 해면체부, 선의 대배설관, 항문의 점막 일부
중층이행상피: 신배, 신우, 요관, 방광

27 다음 개의 소화관 중에서 그 길이가 가장 짧은 것은?

① 공장 ② 회장
③ 맹장 ④ 상행결장
⑤ 하행결장

정답 ③

해답풀이 맹장은 퇴화 기관으로 길이가 짧다.

09 비뇨기계

01 신장의 내부구조 중에 쇄자연이 있어서 아미노산과 포도당 등의 유기물질의 재흡수가 주로 일어나는 곳은?

① 근위곡세뇨관
② 원위곡세뇨관
③ 집합관
④ 신원고리의 얇은 부분(헨레 고리)
⑤ 유두관

정답 ①

해답풀이
- 근위곡세뇨관(proximal convoluted tubule) : 여과된 포도당, 아미노산, 대사산물, 전해질 등을 재흡수한다. 재흡수된 물질은 다시 순환과정으로 돌아간다.
- 쇄자연 : 신장의 근위뇨세관 상피세포 표면에서 볼 수 있는 미융모층

02 다음 중 신장(Kidney)의 기능이 아닌 것은?

① 혈중 유해산물 제거
② 혈액의 삼투압 조절
③ 세포외액량 조절
④ 혈액의 pH조절
⑤ 혈액내 백혈구 생성

정답 ⑤

해답풀이 신장의 기능은 체내의 불필요한 대사산물 또는 유해물질을 체외로 배설(exeretion)하는 기관이며 오줌(urine)의 배설에 의해서 혈중 유해산물 제거, 혈액의 삼투압 조절, 세포외액량 조절, 혈액의 pH조절, 혈장조성의 조절을 하며 혈액의 성상을 유지하며 신체내부 환경으로서 체액의 항상성을 유지하고 있다. 또한 호르몬을 분비하며 혈압조절과 적혈구형성에도 관여하고 있다.

03 개의 신장에 관한 설명 중 틀린 것은?
① 개의 신장은 왼쪽신장이 오른쪽신장보다 약간 앞쪽에 위치한다.
② 비뇨기관은 오줌을 분비하는 신장과 이를 배설하는 요관, 방광 및 요도로 이루어진다.
③ 신장은 암적갈색이며 내측 모서리 중앙부분은 신장문으로 요관, 신장동정맥이 출입한다.
④ 신장의 표면은 비교적 쉽게 벗겨지는 섬유피막으로 덮여있다.
⑤ 신장의 내부는 크게 피질과 수질로 나누어진다.

정답 ①

해답풀이 개의 신장은 오른쪽 신장이 왼쪽 신장보다 약간 앞쪽에 위치한다.

04 네프론(nephron)의 구조 중에서 신장 피질에서 볼 수 없는 것은?
① 사구체(glomerulus)   ② 헨리고리(loop of Henle)
③ 근위세뇨관(PCT)   ④ 원위세뇨관(DCT)
⑤ 보우만주머니

정답 ②

해답풀이 헨리고리(loop of Henle)는 신장의 수질에서 볼 수 있다.

05 혈액이 사구체로 들어가기 전에 경유하는 혈관은?
① 수입세동맥   ② 수출세동맥
③ 신장동맥   ④ 수입세정맥
⑤ 신장정맥

정답 ①

해답풀이 신장의 혈관
1) 동맥: 신장동맥 → 엽사이동맥 → 궁상동맥 → 소엽사이동맥 → 수입세동맥 → 수출세동맥 → 세뇨관주위모세혈관그물(피질부위) 또는 내림곧은혈관(수질부위, 수질곁사구체의 수출세동맥이 피질로 내려온 것이며 수질부위 세관주위모세혈관그물에 혈액 공급)
2) 정맥: 수질 : 궁상정맥, 소엽사이정맥, 오름곧은혈관
       피질 : 별소정맥 → 소엽사이정맥 → 궁상정맥(수질정맥을 유입) → 엽사이정맥 → 후대정맥, 신장정맥

06 신장에서 생산되는 호르몬이 아닌 것은?

① Erythropoietin
② Renin
③ 항이뇨호르몬(anti-diuretic hormone)
④ Thyroxine
⑤ 프로스타글란딘

정답 ④

해답풀이 Thyroxine은 갑상샘으로부터 분비된다.

07 다음 신장의 구조 중에서 혈액의 여과 작용을 하는 부분은?

① 근위세뇨관 ② 사구체
③ 원위세뇨관 ④ 헨리고리
⑤ 집합관

정답 ②

해답풀이 사구체에서 혈액의 여과가 이루어진다.

08 다음 중 방광의 상피세포의 종류는?

① 단층원주상피
② 중층편평상피
③ 이행상피
④ 단층입방상피
⑤ 단층편평상피

정답 ③

해답풀이 이행상피: 방광, 수뇨관, 신우 따위의 내면을 이루고 있는 상피 조직. 내용물이 많을 때는 늘어나서 얇아지고, 내용물이 적을 때는 줄어서 두꺼워진다.

09 다음 중 개의 정상 오줌 pH에 해당하는 것은?

① 3 ② 6
③ 8 ④ 8.5
⑤ 9

정답 ②

해답풀이 개의 정상 오줌 pH는 6으로 약산성에 해당된다.

10 생식기계

01 자궁에 대한 다음 설명 중 옳지 않은 것은?

① 자궁은 난관에 이어지는 생식도로 수정이 이루어지는 곳이다.
② 자궁은 수정된 배자가 착상하며 발육하는 두터운 근육성 조직이다.
③ 가축의 자궁은 일반적으로 Y형으로 두 뿔을 가지고 있다.
④ 개의 자궁은 두뿔자궁에 속한다.
⑤ 동물의 자궁은 복자궁, 양분자궁, 두뿔자궁(쌍각자궁) 및 단자궁으로 분류된다.

정답 ①

해답풀이
- 근수정: 난소에서 배란 된 난자가 수란관을 통하여 서서히 자궁으로 이동하는 동안 정자와 만나는 과정
- 착상 : 수정란은 세포분열을 하며 자궁쪽으로 이동하여 자궁벽에 붙히는 것

02 다음 암컷 개의 출산 과정 중 분만이 임박함을 나타낸 징후에 대한 옳은 설명만을 모두 고른 것은?

가. 복부가 팽대되어 있다.
나. 항상 그렇지는 않지만 종종 음문이 종대되고 이완된다.
다. 질에서 맑은 점액이 주기적으로 방출된다.
라. 젖샘의 크기가 증대된다.
마. 분만 전 24시간 경에 체온이 상승한다.

① 가, 나, 다, 라
② 가, 나, 다, 마
③ 가, 다, 라, 마
④ 나, 다, 라, 마
⑤ 가, 나, 다, 라, 마

정답 ①

해답풀이 암캐의 평균 임신 기간은 63일이다. 출산 과정인 분만이 임박함을 나타내는 몇 가지 징후는
- 복부 팽대 및 음문이 종대되고 이완
- 맑은 점액의 주기적인 방출
- 젖샘의 크기 증가
- 분만 전 24시간 경에 체온이 36.7~37.5 °C 정도로 떨어짐

03 다음 중 암컷 개의 발정주기 4 단계가 순서대로 연결된 것은?

① 발정전기, 무발정기, 발정후기, 발정기
② 발정기, 무발정기, 발정후기, 발정전기
③ 발정전기, 발정후기, 발정기, 무발정기
④ 발정전기, 발정기, 발정후기, 무발정기
⑤ 발정전기, 발정기, 무발정기, 발정후기

정답 ④

해답풀이 암컷 개의 발정주기 4 단계는 발정전기, 발정기, 발정후기, 무발정기이다.

04 개의 발정 전기 증상으로 옳지 않은 것은?

① 음문 종창
② 행동 변화
③ 투명한 분비물
④ 수컷에 대한 교미 허용이 약간 증가
⑤ 출혈성 분비물

정답 ③

해답풀이 맑은 분비물은 분만 전 볼 수 있다.

05 다음 중 자궁을 복막주름에 의해서 복강 내에 부착시키는 것은?

① 자궁넓은인대(broad ligament)
② 자궁원인대(round ligament)
③ 자궁근층(myometrium)
④ 난소인대(ovarian ligament)
⑤ 자궁소인대(small ligament)

정답 ①

해답풀이 자궁 넓은 인대가 자궁을 복강 내에 부착시킨다.

06 자궁의 형태가 복자궁인 동물은?

① 뱀
② 기니피그
③ 거북
④ 토끼
⑤ 원숭이

정답 ④

해답풀이 복자궁: 토끼, 기니픽, 마우스, 랫트, 친칠라
쌍각자궁: 돼지
양분자궁: 개, 고양이, 면양, 소
단자궁: 원숭이

07 암컷 개에서 혈장 프로게스테론 농도의 초기 상승이 의미하는 것은?

① 이미 배란되었고 암컷의 교배 시기는 너무 늦었다.
② 배란이 곧 일어나므로 암컷은 수 일 내에 교배시켜야 한다.
③ 암컷이 임신한 것을 알 수 있다.
④ 암컷은 3일 이내에 출산할 것이다.
⑤ 비임신 기간을 알 수 있다.

정답 ②

해답풀이 배란 전 프로게스테론 농도가 올라간다.

08 개의 평균 임신기간은?

① 21일 　② 30일
③ 63일 　④ 70일
⑤ 90일

정답 ③

해답풀이 개의 평균 임신기간은 63일이다. .

09 발정기 암컷 개의 질세포 도말검사에서 눈에 띄는 상피세포의 형태는?

① 부기저세포(parabasal cells)
② 각화되지 않은 소형 중간세포 및 표층세포
③ 각화된 대형 중간세포 및 표층세포
④ 적혈구
⑤ 핵이 있는 원뿔형 세포

정답 ③

해답풀이 발정기 암컷 개의 질세포에서 각화된 대형 중간세포 및 표층세포를 볼 수 있다.

10 다음 중 암컷 개의 유선의 수는?

① 6   ② 8
③ 10   ④ 12
⑤ 14

정답 ③

해답풀이 암컷 개에서 유선은 5쌍 10개가 있고 고양이는 4쌍 8개가 있다.

11 고환을 덮고 있는 복막층은 무엇인가?

① 바깥막(tunica externa)
② 혈관막(tunica vasculosa)
③ 고환집막(tunica vaginalis)
④ 정관간막(mesoductus deferens)
⑤ 고환내막(tunica interna)

정답 ③

해답풀이 고환과 부고환은 고환집막에 싸여서 음낭 안에 들어 있다. 고환집막은 고환이 복강에서 내려올때 벽쪽복막이 그대로 음낭의 밑바닥까지 밀려 내려온 것이다.

12 음낭의 피부와 밀착되어 있는 구조물은?

① 고환올림근   ② 고유초막
③ 음낭근육층   ④ 정삭
⑤ 고환간막

정답 ③

해답풀이 음낭의 피하조직에 해당하는 부분에는 지방이 없는 대신에 평활근의 층의 음낭근육층이 발달하고 있으며, 평활근이 오그라들게 됨으로써 표면에 가는 주름이 많이 생긴다.

13 개의 생식기계 구조에 대한 다음 설명 중 옳지 않은 것은?

① 개의 음경은 앞쪽부분이 뾰족하다.
② 개의 음낭은 뒷다리 사이에 놓여 있다.
③ 개의 전립샘은 음경뼈 근처에 놓여 있다.
④ 개의 음경뼈는 요도 등쪽에 놓여 있다.
⑤ 고환은 음낭에 쌓여 있다.

정답 ③

해답풀이 전립샘은 골반앞쪽입구 부위에 위치한다.

14 다음 중 웅성호르몬인 테스토스테론을 생성하는 세포는?

① Accessory cells
② Leydig cells
③ Seminiferous cells
④ Sertoli cells
⑤ Astoli cell

정답 ②

해답풀이 고환의 간질세포(interstitial cell)는 'Leydig cells'이라고도 부르며 웅성호르몬인 테스토스테론을 생성한다.

15 다음 중 정자생성(spermatogenisis)이 일어나는 곳은?

① 부고환(epididymis)
② 정낭(seminal vesicles)
③ 정세관(seminiferous tubules)
④ 정관(vas deferens)
⑤ 전립선(prostate gland)

정답 ③

해답풀이 정자생성은 고환 내 정세관(seminiferous tubules)에서 일어난다.

16 정자생성 후에 정자가 사정될 때까지 저장되어 있는 곳은?

① 부고환　② 정낭샘
③ 정세관　④ 정관
⑤ 전립선

정답 ①

해답풀이 부고환은 매우 구불구불한 관으로 채워진 기관으로 정자를 고환으로부터 모아서 저장하고 다시 정관으로 내보낸다.

17 다음 중 정자가 수정 능력을 획득하는 곳은?

① 정낭샘　② 부고환
③ 정세관　④ 정관
⑤ 전립선

정답 ②

해답풀이 정자는 부고환을 지나는 동안 성숙되고 농축되며 수정 능력을 획득한다.

11 내분비계

01 다음 중 외분비 기능에 해당되지 않는 것은?

① 피지샘(sebaceous gland)
② 항문샘(anal gl.)
③ 침샘(salivary gl.)
④ 갑상샘(thyroid gl.)
⑤ 췌장(pancreas)

정답 ④

해답풀이 갑상샘은 호르몬을 분비하는 내분비선이다.

02 호르몬의 작용기전이 아닌 것은?

① 효소(enzyme)처럼 작용한다.
② 효소(enzyme)를 활성화 시킨다.
③ 조효소(coenzyme)처럼 작용한다.
④ 세포막의 투과성을 변화시킨다.
⑤ 단백질을 생성, 파괴 한다

정답 ⑤

해답풀이 호르몬은 효소(enzyme)처럼 작용하고 효소(enzyme)를 활성화 시킨다. 또한 조효소(coenzyme)처럼 작용하며 세포막의 투과성을 변화시킨다. 조효소의 생성을 촉진시킨다. 세포내 소기관에 작용한다.

03 옥시토신과 바소프레신을 분비하는 곳은?
① 부신　　　② 뇌하수체 전엽
③ 시상하부　④ 뇌하수체 후엽
⑤ 시상

정답 ④

해답풀이 호르몬의 종류와 기능

내분비선			호르몬	기능
뇌하수체	전엽		성장호르몬	생장, 단백질합성촉진
			갑상선자극호르몬	갑상선 발육과 티록신 분비 촉진
			부신피질자극호르몬	부신피질호르몬의 분비촉진
			난포자극호르몬	난포성숙 및 정자형성촉진
			황체형성호르몬	황체형성 및 배란촉진
			젖분비 자극호르몬	황체호르몬과 젖분비 촉진
	후엽		옥시토신	자궁근 수축 및 젖분비 촉진
			바소프레신	세뇨관의 수분 재흡수
갑상선			티록신	물질대사촉진
			칼시토닌	혈장내 칼슘농도 저하
부갑상선			파라토르몬	체액중의 칼슘, 인의 농도조절
췌장 (랑게르한스섬)			인슐린	혈당량 감소
			글루카곤	혈당량 증가
부신	피질		당질코르티코이드	혈당량 증가
			무기질코르티코이드	체액중의 무기질량 조절
	수질		아드레날린	혈당량 증가, 혈압상승
			노르아드레날린	
생식선	정소		안드로겐	수컷의 제2차 성징 발현
	난소	여포	에스트로겐	암컷의 제2차 성징 발현
		황체	프로게스테론	배란억제, 임신유지, 젖분비억제

04 뇌하수체 전엽에서 생산되는 호르몬이 아닌 것은?

① Relaxin
② 부신피질자극호르몬(ACTH)
③ 난포자극호르몬(FSH)
④ 간질세포자극호르몬(ICSH)
⑤ 성장호르몬

정답 ①

해답풀이 리랙신(Relaxin) : 난소 황체로부터 분비되고 분만시에 치골결합의 이완을 일으키는 호르몬

05 수컷에서 정자형성을 촉진하는 뇌하수체 전엽 호르몬은?

① 난포자극호르몬(FSH)
② 성장호르몬
③ 황체형성호르몬(LH)
④ 프로락틴
⑤ 바소프레신

정답 ①

해답풀이 난포자극호르몬(FSH)은 수컷에서 정자형성을 촉진한다.

06 뇌하수체 후엽에서 분비되는 호르몬은?

① 프로락틴
② 부신피질자극호르몬(ACTH)
③ 항이뇨호르몬(ADH)
④ 황체형성호르몬(LH)
⑤ 난포자극호르몬(FSH)

정답 ③

해답풀이 항이뇨호르몬(ADH)과 옥시토신은 뇌하수체 후엽에서 분비된다.

07 부갑상선호르몬에 대한 다음 설명 중 옳은 것은?

① 부갑상선호르몬은 신장에서 칼슘의 재흡수를 감소시킨다.
② 부갑상선호르몬 결핍은 갑상선기능항진증을 유발한다.
③ 부갑상선호르몬은 뼈에서 칼슘의 재흡수를 감소시킨다.
④ 부갑상선호르몬은 장에서 칼슘의 흡수를 증가시킨다.
⑤ 부갑상선호르몬은 뼈의 발육에 관여한다.

정답 ④

해답풀이 부갑상선호르몬은 뼈와 신장, 장에서 부갑상선호르몬 수용체에 작용하여 혈중 칼슘농도를 증가시키는 역할을 한다. 뼈에서는 뼈에 저장된 칼슘의 분비를 유도한다. 그리고 신장에서는 원위세뇨관(distal convoluted tubule)에서의 칼슘 재흡수를 증가시키는 역할을 하며, 장에서는 비타민D 합성의 증가에 의해 칼슘의 흡수를 촉진시킨다.

08 다음 중 스테로이드 호르몬인 것은?

① 티록신   ② 난포자극호르몬(FSH)
③ 아드레날린 ④ 코티솔
⑤ 옥시토신

정답 ④

해답풀이 부신피질에서는 코르티노이드라고 총칭하는 스테로이드 호르몬이 만들어진다. 이것들은 모두 생명유지에 불가결한 것이며, 그 중에서도 중요한 것은 알도스테론(무기질 코르티코이드), 코르티코스테론·코르티솔·코르티손(당질 코르티코이드) 등이다.

09 다음 중 췌장에서 분비되는 호르몬이 아닌 것은?

① 인슐린   ② 글루카곤
③ 소마토스타틴 ④ 칼시토닌
⑤ 정답없음

정답 ④

해답풀이 칼시토닌은 갑상샘에서 분리된다.

10 글루카곤이 분비되는 췌장 랑게르한스섬의 세포 종류는?

① Alpha cells
② Beta cella
③ Gamma cells
④ Delta cells
⑤ Sigma cells.

정답 ①

해답풀이 글루카곤은 췌장에 있는 내분비선 조직인 랑게르한섬(langerhans)에 있는 알파세포(α-cells)에서 만들어지고 분비된다. 혈당량이 낮을 때 분비되어 혈당량을 높이는 기능을 한다.

11 다음 갑상선호르몬에 대한 설명 중 옳은 것은?

① 갑상선호르몬은 뼈로부터 칼슘의 재흡수를 증가시킨다.
② 갑상선호르몬은 몸의 대사율을 증가시킨다.
③ 갑상선호르몬은 몸의 대사율을 감소시킨다.
④ 갑상선호르몬은 신장에서 칼슘과 인의 재흡수를 감소시킨다.
⑤ 갑상선호르몬은 뼈의 발육에 관여한다.

정답 ②

해답풀이 갑상선(thyroid gland)은 뇌하수체의 지배를 받는 내분비선으로 목의 앞부분에 위치하고 갑상선호르몬인 티록신(thyroxine), 삼요오드티로닌(triiodothyronine), 칼시토닌(calcitonine)을 분비한다. 티록신과 삼요오드티로닌은 세포의 산화반응 속도(당류를 산화하여 에너지를 내게 하는 반응속도)에 관여 하며 칼시토닌은 칼슘 대사에 작용한다. 칼시토닌은 골격에서 칼슘이 제거되는 것을 방지한다. 부갑상선 호르몬과는 반대로 작용하며 이 두 호르몬은 혈액내의 Ca^{++}의 안정된 균형을 유지하는 역할을 한다.

12 갑상선기능저하증의 임상증상으로 옳지 않은 것은?

① 저체온   ② 체중 감소
③ 식욕 감소   ④ 낮은 운동 내성
⑤ 기초대사율의 감소

정답 ②

해답풀이 갑상선기능저하증의 경우 기초대사율의 감소, 신경장애, 추위에 민감, 근육의 무기력, 동맥경화, 심박동수 및 심박출량의 감소, 성장장애 등의 증상이 나타난다. 식욕이 왕성함에도 불구하고 체중이 감소하는 경우는 갑상선기능항진증이 있는 경우이다.

13 황체나 태반 또는 양쪽에서 분비되며 임신의 유지에 필요한 호르몬은?

① 프로게스테론(progesterone)
② 테스토스테론(testosterone)
③ 안드로겐(androgen)
④ 코티솔(cortisol)
⑤ 에스트로겐(estrogen)

정답 ①

해답풀이 임신에 관계되는 호르몬이며 황체나 태반 또는 양쪽에서 분비되는 프로게스테론(progesterone)은 임신 유지에 없어서는 안 될 호르몬이다. 임신 중간에 황체가 소실되고 임신 후반부터는 전적으로 태반에서 분비되는 프로게스테론(progesterone)에 의해서 임신이 유지된다.

14 다음 중 나트륨의 재흡수를 촉진시키는 호르몬은?

① 알도스테론 ② 비타민 D
③ 레닌 ④ 에리스로포이에틴
⑤ 칼시토닌

정답 ①

해답풀이 알도스테론 (aldosterone): 부신피질에서 분비되는 스테로이드호르몬. 부신피질호르몬에는 주로 탄수화물대사를 조절하는 작용이 있는 글루코코르티코이드와 무기질이나 수분의 균형을 조절하는 미네랄코르티코이드의 두 종류가 있는데, 알도스테론은 특히 미네랄코르티코이드에 의한 작용을 강하게 나타내는 대표적 호르몬이다. 신장에서 일단 오줌 속으로 배출된 나트륨이온을 재흡수함으로써 혈액중의 무기이온 등의 양을 일정하게 유지하는 작용을 한다.

15 암컷에서 임신 유지와 관련된 호르몬은?

① 난포자극호르몬(FSH)
② 황체형성호르몬(LH)
③ Estradiol
④ Progesterone
⑤ 옥시토신

정답 ④

해답풀이 황체는 뇌하수체 전엽에서 분비되는 황체자극호르몬의 자극에 의하여 황체호르몬(프로게스테론)을 분비하는데, 이것은 발정호르몬의 일종으로 주로 난소에서 분비되는 여성호르몬과 함께 작용하여 자궁점막을 두껍게 하고, 자궁선의 분기를 일으켜 수정란이 착상되도록 한다. 또 발정호르몬과 길항적으로 작용하여 발정을 억제시켜 임신이 계속되도록 한다.

16 유선에서 유즙분비를 촉진하는 호르몬을 분비하는 내분비샘은?

① 부신피질　② 뇌하수체 전엽
③ 난소　　　④ 뇌하수체 후엽
⑤ 자궁

정답 ②

해답풀이 프로락틴 (prolactin) : 뇌하수체 전엽에서 분비되는 펩티드 호르몬. 젖분비 자극호르몬이나 황체자극호르몬이라고도 한다. 프로락틴은 포유류에서는 젖의 분비를 자극하고 젖샘의 발달을 촉진한다.

17 다음 중 호르몬을 분비하는 기관과 호르몬의 기능을 옳게 설명한 것만을 모두 고른 것은??

㉮ 췌장에서 분비되는 호르몬은 insulin을 분비하여 혈당을 조절한다.
㉯ 난소에서는 Estrogen과 progesteron을 분비한다.
㉰ 뇌하수체에서 분비되는 호르몬은 GH, LH, TSH, FSH등을 분비한다.
㉱ 갑상선에서는 Thyroyin을 분비하여 대사과정을 조절한다.
㉲ 부산 피질에서는 Epinephrin을 분비하고 부신수질에서는 Androgen을 분비한다.

① 가, 나, 라, 마
② 나, 다, 라, 마
③ 가, 다, 라, 마
④ 가, 나, 다, 마
⑤ 가, 나, 다, 라

정답 ⑤

해답풀이 안드로겐(Androgen)은 수컷의 정소에서 분비된다.

18 다음 중 신장에 작용하여 수분평형조절 기능을 하는 호르몬은?

① 부신피질자극호르몬
② 항이뇨호르몬(ADH)
③ 칼시토닌
④ 옥시토신
⑤ 레닌

정답 ②

해답풀이 바소프레신(vasopressin): 옥시토신과 함께 뇌하수체 후엽에서 분비되는 호르몬. 항이뇨작용 및 혈압상승작용을 하므로 항이뇨호르몬(ADH)이라고도 한다. 주로 신장의 세뇨관에서 물의 재흡수를 높이고 오줌으로 배출되는 수분의 양과 오줌의 농도를 조절하며, 결핍되면 오줌이 묽고 양이 많아져 요붕증(尿崩症)이 생긴다.

동물질병학

01 병리학·미생물학 개론

01 다음 특징을 갖는 병원체의 종류는?

- DNA와 RNA 중 하나만 가지고 있음
- 스스로 에너지를 만들어 낼 수 없음
- 세포내 기생하는 특징을 가지고 있음

① 세균　　② 바이러스
③ 기생충　④ 클라미디아
⑤ 리케치아

정답 ②

해답풀이 바이러스는 DNA와 RNA 중 하나만 가지고 있으며 스스로 에너지를 만들어 낼 수 없어 세포내 기생하는 특징을 가지고 있는 병원체이다.

02 다음 중 염증의 4대 증상이 아닌 것은?

① 통증　　② 발열
③ 전이　　④ 발적
⑤ 부종

정답 ③

해답풀이 염증의 4대 증상은 통증, 발열, 발적, 부종이다.

03 반려견의 피부 질환 원인체로 감염된 반려견의 귀 끝을 손으로 가만히 누르면 뒷다리를 부르르 떠는 '이개족 반사'가 특징이고 자주 긁기 때문에 비듬이 많이 생기게 되고 피부가 헐고 염증을 유발하는 병원체는?

① 링웜　　　　② 렙토스피라
③ 트리코모나스　④ 개선충
⑤ 보렐리아

정답 ④

해답풀이 렙토스피라는 나선형 세균으로 감염 동물이나 사람에서 고열과 황달, 용혈, 간 장애, 신부전을 유발하는 인수공통전염병 병원체이다.

04 다음 중 진드기에 의하여 전파되는 질병으로 사람에 감염이 일어나는 인수공통감염병으로 반려견에서 문제가 되는 질병은?

① 렙토스피라 ② 흑사병
③ 라임병 ④ 묘소병
⑤ 켄넬코프

정답 ③

해답풀이 나선모양의 스파이로헤트 세균이며 그람 음성의 세균인 Borrelia burgdorferi 세균에 의하여 감염이 일어나는 질병으로 감염된 야생 쥐, 다람쥐와 같은 야생 설치류 및 사슴의 피를 진드기 일종인 deer tick(Ixodid)가 흡혈하여 개와 사람에 전파한다. 감염된 개는 열과 식욕부진, 임파절 종창, 관절염 및 보행장애 등의 증상을 보인다. 심한 경우 콩팥의 손상으로 사망에 이른다.

02 심혈관계·호흡기계 질환

01 다음 중 우심방과 우심실 사이의 판막의 질병은?

① 대동맥판 이형성증
② 폐동맥판 이형성증
③ 이첨판 이형성증
④ 삼첨판 이형성증
⑤ 심실중격판 이형성증

정답 ④

해답풀이 우심방과 우심실 사이는 삼첨판의 방실판막이 존재하며 이 부위 질병으로 삼첨판 이형성증이 자주 발생한다.

02 다음 설명에 해당하는 비정상적 상태의 명칭은?

- 심장의 기능이 저하되어 순환부전, 혈압저하가 되는 상태
- 심장이 정상 수축기 혈압을 유지할 수 없을 정도로 손상 받았음을 의미

① 심인성 쇼크 ② 심부전
③ 심장성 쇼크 ④ 부정맥
⑤ 빈맥

정답 ③

해답풀이 심장성 쇼크는 수축기 또는 이완기 심장의 장애와 부정맥에 의해 박출량이 줄고, 심박출량 감소, 혈액흐름 저하, 조직관류 저하에 따라 발생한다.

03 다음 중 심장성 쇼크 시 볼 수 있는 현상과 거리가 가장 먼 것은?

① 조직관류 저하
② 심박출량
③ 혈액흐름 저하
④ 심박출량 감소
⑤ 빈맥

정답 ⑤

해답풀이 심장성 쇼크는 수축기 또는 이완기 심장의 장애와 부정맥에 의해 박출량이 줄고, 심박출량 감소, 혈액흐름 저하, 조직관류 저하에 따라 발생한다.

04 다음 설명에 해당하는 질병의 명칭은?

- 선천적으로 코가 짧아 입천장과 목젖에 해당하는 연구개가 늘어져서 숨길을 막는 증상
- 호흡이 어려운 증상

① 장두종 증후군
② 기관협착
③ 심장성 쇼크
④ 단두종 증후군
⑤ 연구개 증후군

정답 ④

해답풀이 단두종 증후군은 주둥이가 짧은 시츄, 퍼그, 페키니즈, 불독등의 단두종에서 선천적으로 코가 짧아 입천장과 목젖에 해당하는 연구개가 늘어져서 숨길을 막는 증상을 보이며 호흡이 어려운 증상을 보이는 질병이다.

05 다음 호흡기 질병에 대한 설명으로 옳지 않은 것은?

① 기관협착증은 요크셔테리어 품종에서 호발한다.
② 바이러스성 비염은 고열을 수반하는 경우가 많다.
③ 폐렴에 걸리면 흡기는 짧아지고 호기는 길어진다.
④ 급성 비염의 경우에 수양성 콧물의 증상을 보이는 경우가 많다.
⑤ 기관협착증은 고령이나 유전적 원인이 원인으로 많이 관여한다.

정답 ②

해답풀이 세균성 폐렴의 경우에 고열을 수반하는 경우가 많다.

03 전염성 질환: 개

01 다음 반려견의 건강관리에 대한 설명으로 옳지 않은 것은?

① 반려견의 5종 종합백신은 DHPPL이다
② 4종 종합백신 DHPP에는 인수공통전염병이 없다.
③ 개 코로나 바이러스는 반려견의 호흡기 감염으로 폐렴을 유발한다.
④ 광견병은 개 이외 햄스터, 토끼와 같은 다른 동물에도 감염이 된다.
⑤ 중성화 수술을 통해 자궁축농증을 예방할 수 있다.

정답 ③

해답풀이 개 코로나 바이러스는 소화기 바이러스로 반려견에서 설사를 유발한다.

02 어린 신생 강아지에 전신 출혈과 피부 수포를 유발하고 성견에 감염 시 잠복 감염으로 전파원이 되어 문제가 유발되는 바이러스 질병의 명칭은?

① 개 파보바이러스
② 렙토스피라
③ 개 허피스바이러스
④ 개 파라인플루엔자
⑤ 개 코로나바이러스

정답 ③

해답풀이 개 허피스바이러스는 신생자견에 출혈로 집단 폐사를 유발한다. 성견에서는 임상 증상은 심각하지 않으나 평생감염으로 전파원이 된다.

03 반려견의 5종 종합백신에 포함된 인수공통전염병 병원체로 감염된 동물과 사람에서 고열과 황달, 용혈, 간 장애, 신부전을 유발하는 병원체는?

① 개 파보바이러스
② 렙토스피라
③ 개 허피스바이러스
④ 개 파라인플루엔자
⑤ 개 코로나바이러스

정답 ②

해답풀이 렙토스피라는 나선형 세균으로 감염 동물이나 사람에서 고열과 황달, 용혈, 간 장애, 신부전을 유발하는 인수공통전염병 병원체이다.

04 모든 온혈 포유동물에 감염되는 치명적인 법정전염병으로서 사람이나 다른 동물을 물었을 때 타액을 통해 전파되어 사람에게는 공수병으로 불리는 질병은?

① 광우병
② 개홍역
③ 쿠싱증후군
④ 광견병
⑤ 흑사병

정답 ④

해답풀이 광견병은 레오바이러스(Reo virus)에 속하는 광견병 바이러스(Rabies virus)로 감염된 개의 타액 속에 있다가 상처나 공기, 점막감염으로 등으로 침투된 바이러스는 말초신경을 따라 중추신경계로 침범하여 신경증상을 일으킨다.

05 개와 늑대, 여우와 코요테 등의 개과 동물과 족제비, 밍크, 페렛 등의 족제비과 동물에 전염력과 폐사율이 매우 높은 질병으로 어린 연령의 개일수록, 백신 미접종의 개체일 수록 증상이 심하게 나타나며, 심한 구토와 설사로 강아지에게는 치명적인 질병은?

① 개 파보바이러스 감염증
② 렙토스피라 감염증
③ 개 허피스바이러스 감염증
④ 개 파라인플루엔자 감염증
⑤ 개 코로나바이러스 감염증

정답 ①

해답풀이 개 파보바이러스가 원인체로 감염된 개의 변을 통해 접촉이나 경구적으로 전염이 이루어지며 주요 증상은 출혈성 장염의 형태로 많이 나타난다. 다행히 사람에 전파되지 않는다.

06 반려견의 바이러스 감염증으로 감염된 개의 발바닥이나 코가 딱딱해지고 균열이 보이기도 하여 hard pad disease로도 불리는 질병으로 개과와 족제비과의 4~5개 월령의 어린 동물 등이 많이 감염되는 질병은?

① 개 파보바이러스 감염증
② 개 디스템퍼 바이러스 감염증
③ 개 허피스바이러스 감염증
④ 개 파라인플루엔자 감염증
⑤ 개 코로나바이러스 감염증

정답 ②

해답풀이 개 홍역(canine distemper)은 개와 늑대, 여우와 코요테 등의 개과 동물과 족제비, 밍크, 페렛 등의 족제비과 동물에 전염성이 강하고 폐사율이 높은 전신감염증으로서 눈곱, 소화기증상, 호흡기증상, 신경증상 등의 임상 증상을 보인다.

07 다음 중 개 전염성 간염(canine infectious hepatitis)에 감염되지 않는 동물은?

① 여우   ② 밍크
③ 페렛   ④ 코요테
⑤ 고양이

정답 ⑤

해답풀이 개 전염성 간염(canine infectious hepatitis)은 Canine adenovirus에 속하는 개 전염성간염 바이러스(infectious canine hepatitis virus) 감염이 원인으로 개와 늑대, 여우와 코요테 등의 개과 동물과 족제비, 밍크, 페렛 등의 족제비과 동물에 감염된다.

08 반려견의 전염성 질병으로 구토와 설사를 주 증상으로 하는 전염성이 강한 바이러스 감염증은?

① 개 파보바이러스 감염증
② 개 디스템퍼 바이러스 감염증
③ 개 허피스바이러스 감염증
④ 개 파라인플루엔자 감염증
⑤ 개 코로나바이러스 감염증

정답 ③

해답풀이 개 코로나 바이러스(canine corona virus: CCV)는 개와 늑대, 여우와 코요테 등의 개과 동물과 족제비, 밍크, 페럿 등의 족제비과 동물에서 전염성이 강하고 구토와 설사를 주 증상으로 한다. 개 파보 바이러스 감염증과 유사하여 개 파보 바이러스와 감별 진단이 필요하다. 다행히 사람에 감염되지 않는다.

09 반려견의 전염성 질병으로 호흡기 문제를 주 증상으로 하는 전염성이 강한 바이러스 감염증은?

① 개 파보바이러스 감염증
② 개 디스템퍼 바이러스 감염증
③ 개 허피스바이러스 감염증
④ 개 파라인플루엔자 감염증
⑤ 개 코로나바이러스 감염증

정답 ④

해답풀이 Canine parainfluenza 바이러스는 개와 늑대, 여우와 코요테 등의 개과 동물과 족제비, 밍크, 페럿 등의 족제비과 동물에 감염되는 개의 감기로서 켄넬코프와 증상이 유사하지만 병원체가 다르다. 개의 감기는 개 파라인프루엔자 바이러스 감염에 의하며 다행히 사람에 감염되지 않는다.

10 반려견의 전염성 질병으로 어린 강아지에게서 심한 증상을 나타내며 나이든 개에도 감염이 되고 수양성 비루와 폭발적인 건성기침이 특징적이며 연속적인 기침 후에 구토가 뒤따르는 증상을 보이는 바이러스 감염증은?

① 렙토스피라
② 개 디스템퍼 바이러스 감염증
③ 개 허피스바이러스 감염증
④ 개 파라인플루엔자 감염증
⑤ 켄넬코프

정답 ⑤

해답풀이 켄넬코프(kennel cough)는 Bordetella bronchiseptica 세균이 관여해서 일어나는 급성 호흡기 질병으로 번식장(kennel)과 같이 집단 사육하고 환기가 잘 안 되는 불결한 사육환경에서 키우는 개들의 경우에 집단적으로 발생한다.

11 진드기 물림 후 반려견에서 전신 피부에 붉은 반점과 출혈 증상을 보이는 경우 가장 의심되는 바이러스 질병은?

① 렙토스피라
② CD 바이러스 감염증
③ 개 허피스바이러스 감염증
④ CP 바이러스 감염증
⑤ SFTS 바이러스 감염증

정답 ⑤

해답풀이 SFTS 바이러스 감염증은 진드기가 매개하는 바이러스로 중증열성혈소판감소증을 유발하며 전신 출혈이 유발되어 사망에 이르는 치명적인 질병으로 인수공통전염병이다.

04 전염성 질환: 고양이

01 다음 고양이 질병에서 고양이 파보바이러스가 감염되어 발생하는 질병은?

① 고양이 범백혈구 감소증
② 고양이 칼리시 바이러스 감염증
③ 고양이 백혈병 바이러스 감염증
④ 고양이 비기관염 바이러스 감염증
⑤ 고양이 전염성 복막염

정답 ①

해답풀이 고양이 범백혈구 감소증은 고양이 파보바이러스가 감염되어 발생하는 질병이다.

02 다음 고양이 질병에서 고양이 코로나 바이러스가 감염되어 발생하는 질병은?

① 고양이 전염성 복막염
② 고양이 범백혈구 감소증
③ 고양이 백혈병 바이러스 감염증
④ 고양이 칼리시 바이러스 감염증
⑤ 고양이 비기관염 바이러스 감염증

정답 ①

해답풀이 고양이 전염성 복막염은 고양이 코로나 바이러스가 감염되어 발생하는 질병이다.

03 다음 중 고양이 4종 종합백신에 포함되지 않는 것은?

① 고양이 비기관염 바이러스
② 고양이 백혈병 바이러스
③ 고양이 칼리시 바이러스
④ 고양이 범백혈구 감소증 바이러스
⑤ 클라미디아

정답 ②

해답풀이 고양이 4종 종합백신에는 고양이 비기관염 바이러스 감염증, 고양이 칼리시 바이러스 감염증, 고양이 백혈병 바이러스 감염증, 클라미디아가 포함되어 있다. 고양이 백혈병 바이러스는 별도의 단독 백신으로 2회에 걸쳐 기초접종을 한 후 매 년 1회 추가접종을 한다.

04 다음 중 고양이가 감염 시 전파원으로 문제가 되는 병원체로 임산부가 감염되면 유산되거나, 출산할 경우 기형아의 위험이 있는 병원체는?

① 콕시듐   ② 개선충
③ 사상충   ④ 톡소플라즈마
⑤ 클라미디아

정답 ④

해답풀이 톡소플라즈마는 임산부가 감염되면 유산되거나, 출산할 경우 기형아의 위험이 있다.

05 고양이 홍역으로도 불리는 고양이의 전염성 질병은?

① 고양이백혈병
② 고양이비기관염
③ 고양이면역결핍증
④ 고양이범백혈구감소증
⑤ 고양이 전염성 복막염

정답 ④

해답풀이 고양이범백혈구감소증은 고양이 파보바이러스 감염증으로 고양이 홍역 또는 고양이 장염으로 불리는 질병이다.

06 고양이 허피스 바이러스에 의한 감염증으로 유발되는 질병은?

① 고양이백혈병
② 고양이비기관염
③ 고양이면역결핍증
④ 고양이범백혈구감소증
⑤ 고양이 전염성 복막염

정답 ②

해답풀이 고양이 비기관염은 고양이 허피스 바이러스에 의한 감염증으로 구내염, 비염, 폐렴이 유발되는 질병이다. 고양이 3종 종합백신 또는 4종 종합백신으로 예방할 수 있다. 고양이 허피스바이러스는 평생감염으로 감염된 고양이에 지속적으로 호흡기 질병을 유발하며 다른 고양이에 전파원이 된다.

07 고양이가 재채기, 결막염, 콧물, 기침, 침 흘림, 구내염 등이 나타나며 발열을 하며 식욕이 없어지는 증상을 보이는 감염병으로 4종 종합백신에도 포함되어 있는 병원체는?

① 고양이 비기관염 바이러스
② 고양이 백혈병 바이러스
③ 고양이 칼리시 바이러스
④ 고양이 범백혈구 감소증 바이러스
⑤ 클라미디아

정답 ③

해답풀이 고양이 4종 종합백신에는 고양이 비기관염 바이러스 감염증, 고양이 칼리시 바이러스 감염증, 고양이 백혈병 바이러스 감염증, 클라미디아가 포함되어 있다. 고양이 칼리시 바이러스는 고양이과 동물들에만 감염이 이루어지는 바이러스로 고양이 허피스 바이러스 감염에 의한 고양이 비기관염 바이러스 감염증과 같은 증상이 유발되어 감별 진단이 어렵고 고양이 호흡기 바이러스 감염증으로 불린다.

08 고양이 4종 종합백신에도 포함되어 있는 병원체로 사람에서 결막염을 유발하는 인수공통전염병 병원체는?

① 톡소플라즈마
② 고양이 백혈병 바이러스
③ 고양이 칼리시 바이러스
④ 고양이 범백혈구 감소증 바이러스
⑤ 클라미디아

정답 ⑤

해답풀이 고양이 4종 종합백신에는 고양이 비기관염 바이러스 감염증, 고양이 칼리시 바이러스 감염증, 고양이 백혈병 바이러스 감염증, 클라미디아가 포함되어 있다. 클라미디아는 고양이와 사람에서 결막염을 유발하는 인수공통전염병 병원체이다.

09 고양이가 수양성(watery) 설사와 식욕 저하, 심한 점액성 혈변과 치명적인 사망까지 이르게 하는 병원체는?

① 톡소플라즈마
② 고양이 백혈병 바이러스
③ 고양이 칼리시 바이러스
④ 콕시디움
⑤ 클라미디아

정답 ④

해답풀이 콕시디움 감염증은 몸이 약한 고양이가 감염되면 증상이 특히 심하며 장에 많은 병변을 일으킨다. 감염 후 3~5일 정도의 잠복기를 거친 뒤 수양성(watery) 설사가 시작되고 식욕 저하 또는 아무것도 먹지 않고 심한 점액성 혈변을 배출한 후 결국 사망하게 된다.

10 고양이 3종 종합백신과 4종 종합백신의 차이점으로 고양이 4종 종합백신에 추가되어 있는 병원체는?

① 톡소플라즈마
② 고양이 백혈병 바이러스
③ 고양이 칼리시 바이러스
④ 콕시디움
⑤ 클라미디아

정답 ⑤

해답풀이 고양이 3종 종합백신은 고양이 범백혈구감소증(Feline panleukopenia virus, FPV)과 바이러스성 호흡기 질환으로 고양이 바이러스성 비기관염(Feline viral rhinotracheitis, FVR), 고양이 칼리시 바이러스(Feline Calici virus, FCV)의 3개 병원체에 대한 예방을 한다. 고양이 4종 종합백신에는 3종 백신에 Chlamydia psittaci 병원체가 추가되어 있다.

11 고양이 기초접종 스케줄에 대한 다음 설명 중 옳지 않은 것은?

① 고양이 백신은 젖을 뗀 생후 8주령부터 접종한다.
② 고양이 종합백신은 젖을 뗀 생후 8주부터 접종을 시작하여 2-4주 간격으로 3회를 실시한다.
③ 고양이 백혈병 바이러스 백신의 기초 접종은 1차 접종을 시작하여 2-4주 간격으로 2차 접종을 실시한다.
④ 고양이가 젖을 먹는 포유기 동안은 예방접종을 실시하지 않는다.
⑤ 고양이 광견병 예방주사는 1년 이상의 성묘부터 접종을 한다.

정답 ⑤

해답풀이 고양이 광견병 예방 주사는 생후 16주령에 1차 접종한 후 매년 추가 접종을 한다.

05 피부 질환

01 다음 설명에 해당하는 비정상적 상태의 명칭은?

- 피부의 가려움증, 호흡곤란 증상
- 원인 중 하나로 피부결합 느슨함, 건조함이 관여

① 말라세치아　② 지루증
③ 아토피　　　④ 백반증
⑤ 건선

정답 ③

해답풀이 아토피는 유전, 집먼지 진드기, 꽃가루, 벼룩, 피부결합 느슨함, 건조함이 원인으로 피부의 가려움증, 호흡곤란 증상이 유발되며 가려움증으로 인한 2차 세균감염이 유발된다.

02 다음 설명에 해당하는 피부의 질병 명칭은?

- 건성의 경우 건조한 비듬과 분비물이 피부에 많이 생기고 가려움
- 습성의 경우 끈끈한 점액이 묻어 있고 냄새가 남

① 말라세치아　② 지루증
③ 아토피　　　④ 백반증
⑤ 건선

정답 ②

해답풀이 지루증은 유전, 기생충, 영양상의 문제, 아토피, 진균감염 등에 의해 원인으로 건성 또는 습성의 지루 증상을 보인다.

03 다음 설명에 해당하는 피부의 질병 명칭은?

- 식물성 곰팡이
- 코카스파니엘, 시츄, 말티스, 푸들에 호발

① 말라세치아 ② 지루증
③ 아토피 ④ 백반증
⑤ 건선

정답 ①

해답풀이 말라세치아는 식물성 곰팡이로 갈색 염증성 분비물과 피부병을 유발한다.

04 다음 설명에 해당하는 피부의 질병 명칭은?

- 작은 발진이 3-4개 연달아 주로 보임
- 가려움, 딱지, 빈혈, 촌충 감염과 관련

① 말라세치아 ② 지루증
③ 아토피 ④ 백반증
⑤ 벼룩 알레르기

정답 ⑤

해답풀이 벼룩은 알레르기를 유발하며 가려움, 딱지, 빈혈, 촌충 감염과 관련된다.

05 다음 중 반려견의 이개족 반사를 특징으로 하며 피부에 감염되는 외부 기생충은?

① 말라세치아 ② 개선충
③ 벼룩 ④ 이
⑤ 클라미디아

정답 ②

해답풀이 개선충은 옴이라 불리는 피부 기생충으로 이개족 반사를 특징으로 한다.

06 소화기계 질환

01 소화액에 의한 점막 손상이 주원인으로 침 흘림, 구토 등의 증상을 보이는 반려견의 질병은?

① 거대식도증 ② 위확장염전
③ 장중첩 ④ 식도염
⑤ 위장관폐쇄

정답 ④

해답풀이 식도염은 구토와 같은 역류에 의한 식도 점막의 손상이 주원인으로 침 흘림, 구토, 삼킴 통증 등의 증상을 보인다.

02 신경근육반사의 이상이나 갑상선기능저하증의 경우 음식물의 정체 및 오연으로 인해 발생하는 반려견의 질병은?

① 거대식도증 ② 위확장염전
③ 장중첩 ④ 식도염
⑤ 위장관폐쇄

정답 ①

해답풀이 거대식도증은 식도 근육층이 약해져 식도가 넓어진 상태를 의미한다.

03 그레이트댄, 저먼세퍼드, 와이머라너, 세인트버나 등의 품종에서 자주 발생하며 한 번에 많은 양을 빠르게 섭취하는 경우 발생하는 반려견의 질병은?

① 거대식도증 ② 위확장염전
③ 장중첩 ④ 식도염
⑤ 위장관폐쇄

정답 ②

해답풀이 위확장염전은 좁고 깊은 흉강을 가진 대형견에서 자주 발생한다.

04 다음 반려견의 질병에 대한 설명 중 옳지 않은 것은?

① 소장성 설사는 설사변에 점액이 흔히 혼합된다.
② 대장성 설사는 혈변이 혼합되는 경우가 있다.
③ 검은색 설사변은 소장성 설사에서 볼 수 있다.
④ 심한 설사는 탈수를 유발한다.
⑤ 장염의 흔한 원인으로 무분별한 식이가 있다.

정답 ①

해답풀이 소장성 설사는 설사변에 점액이 없는 경우가 많고 대장성 설사에서 점액이 흔히 혼합된다.

05 어린 개체에서 감염성 위장관염에 의해 이차적으로 발생하는 경우가 많으며 장의 일부분이 다른 부위로 말려 들어가는 상태의 질병은?

① 거대식도증
② 위확장염전
③ 장중첩
④ 식도염
⑤ 위장관폐쇄

정답 ③

해답풀이 장중첩은 장의 일부분이 다른 부위로 말려 들어가는 상태를 말한다.

06 반려견의 췌장염 원인으로 가장 거리가 먼 것은?

① 저칼슘혈증
② 지방 대사 이상
③ 고연령
④ 비만
⑤ 당뇨

정답 ①

해답풀이 고칼슘혈증이 췌장염의 원인 중 하나로 분류된다.

07 동물병원에 내원한 반려견의 혈액화학 검사 결과 cPL이 증가하였을 때 의심되는 질병은?

① 쿠싱후군　② 애디슨병
③ 간염　　　④ 췌장염
⑤ 당뇨

정답 ④

해답풀이 췌장염에서는 혈청 CPL 농도가 증가한다.

08 다음 반려동물의 질병에 대한 설명 중 옳지 않은 것은?

① 항문낭 질환은 개보다 고양이에서 호발한다.
② 고양이는 지방간 발생이 많다.
③ 지방간은 고연령, 비만의 경우 더 발생이 증가한다.
④ 간염의 지속으로 황달 증상이 유발될 수 있다.
⑤ 고양이 암컷은 수컷보다 지방간의 위험이 더 크다.

정답 ①

해답풀이 항문낭 질환은 고양이보다 개에서 호발한다.

09 베를링턴 테리어나 웨스트 하이랜드 화이트 테리어와 같은 반려견에서 유전적으로 많이 발생하는 질병은?

① 쿠싱후군　② 애디슨병
③ 간염　　　④ 췌장염
⑤ 당뇨

정답 ③

해답풀이 구리배설 장애에 의한 간염이 베를링턴 테리어나 웨스트 하이랜드 화이트 테리어와 같은 반려견에서 유전적으로 자주 발생한다.

07 근골격계 질환

01 방성으로 나누는 반려견의 질병 명칭은?

① 골관절염　② 십자인대단열
③ 슬개골탈구　④ 고관절탈구
⑤ 고관절이형성

정답 ⑤

해답풀이 골절은 연부 조직의 손상 정도에 따라 폐쇄성 골절과 개방성 골절로 나눌 수 있다.

02 다음 반려견의 십자인대단열에 대한 설명으로 옳지 않은 것은?

① 무릎관절에는 4가지 인대가 있다.
② 안쪽 곁인대의 파열이 십자인대단열의 주 원인이며 관절의 전방전위가 반복된다.
③ 앞쪽 미끄러짐 검사와 정강뼈 압박 검사는 앞십자인대단열의 진단 방법이다.
④ 앞십자인대의 파열은 퇴행성 관절염을 유발할 수 있다.
⑤ 체중감량은 치료에 도움이 된다.

정답 ②

해답풀이 앞십자인대단열 시 관절의 전방전위가 반복된다.

03 다음 반려견의 슬개골 내측 탈구 시 발생하는 다리 변형으로 거리가 가장 먼 것은?

① 넙다리네갈래근육의 안쪽 변위
② 먼쪽 넙다리뼈의 가쪽 비틀림
③ 고관절 굽이 변위
④ 무릎관절 회전 불안정
⑤ 정강뼈의 기형

정답 ③

해답풀이 슬개골 내측 탈구 시 다양한 무릎질환이 유발될 수 있다.

04 소형견에서 주로 발생하며 넙다리 뼈의 활차구 이상으로 자주 발생하는 반려견의 질병 명칭은?

① 골관절염   ② 십자인대단열
③ 슬개골탈구   ④ 고관절탈구
⑤ 고관절이형성

정답 ③

해답풀이 슬개골탈구는 소형견에서 주로 발생하며 넙다리 뼈의 활차구 이상으로 슬개골이 활차구에서 빠져서 일어나는 질병이다.

05 무릎뼈가 대부분 탈구되어 있으나 인위적인 힘을 가하면 원래 위치로 돌아오며 다리뼈와 관절의 이상이 동반된 경우의 반려견 슬개골탈구의 단계는?

① 1단계   ② 2단계
③ 3단계   ④ 4단계
⑤ 5단계

정답 ③

해답풀이 슬개골탈구는 4단계로 나뉘며 3단계는 무릎뼈가 대부분 탈구되어 있으나 인위적인 힘을 가하면 원래 위치로 돌아오며 다리뼈와 관절의 이상이 동반된다.

06 다음 중 오토라니검사로 진단이 가능한 반려견의 질병은?

① 골관절염   ② 십자인대단열
③ 슬개골탈구   ④ 고관절탈구
⑤ 고관절이형성

정답 ⑤

해답풀이 오토라니검사는 고관절이형성의 진단법으로 이용된다.

08 내분비계 질환

01 다음 중 반려동물에서 인슐린이 부족하거나 인슐린 저항성이 생겨 발생하는 질병은?

① 쿠싱증후군　② 애디슨병
③ 간염　　　　④ 췌장염
⑤ 당뇨병

정답 ⑤

해답풀이 당뇨병은 인슐린이 부족하거나 인슐린 저항성이 생겨 발생한다.

02 다음 중 반려동물에서 당뇨병이 진행되면서 증가되는 유해 산물은?

① 니그리소체　② 케톤체
③ 하울리바디　④ 줄리소체
⑤ 소마토소체

정답 ②

해답풀이 케톤체는 당뇨병이 진행되면서 증가되고 당뇨병성 케톤산증을 유발한다.

03 다음 중 나이 든 고양이에서 호발하며 식욕은 왕성하나 체중 감소와 다음, 다뇨 및 시원한 곳을 찾아다니는 증상을 특징으로 하는 질병은?

① 부신피질기능저하증　② 부신피질기능항진증
③ 갑상선기능항진증　　④ 갑상선기능저하증
⑤ 저칼슘혈증

정답 ③

해답풀이 갑상선기능항진증은 나이 든 고양이에서 호발하며 식욕은 왕성하나 체중 감소와 다음, 다뇨 및 시원한 곳을 찾아다니는 증상을 특징으로 한다.

04 다음 중 나이 든 개에서 호발하며 대사 감소, 체중증가, 활동량 감소, 대칭성 탈모 증상을 특징으로 하는 질병은?

① 부신피질기능저하증 ② 부신피질기능항진증
③ 갑상선기능항진증   ④ 갑상선기능저하증
⑤ 저칼슘혈증

정답 ④

해답풀이 갑상선기능저하증은 나이 든 개에서 호발하며 대사 감소, 체중증가, 활동량 감소, 대칭성 탈모 증상을 특징으로 한다.

05 다음 중 나이 든 개에서 호발하며 다음, 다뇨, 다식, 팬팅, pot belly 증상을 특징으로 하는 질병은?

① 부신피질기능저하증 ② 부신피질기능항진증
③ 갑상선기능항진증   ④ 갑상선기능저하증
⑤ 저칼슘혈증

정답 ②

해답풀이 부신피질기능항진증은 쿠싱증후군으로 불리며 나이 든 개에서 호발하며 다음, 다뇨, 다식, 팬팅, pot belly 증상을 특징으로 한다.

06 다음 중 애디슨병으로 불리며 스트레스 상황에서 증상이 악화되는 특징을 보이는 질병은?

① 부신피질기능저하증 ② 부신피질기능항진증
③ 갑상선기능항진증   ④ 갑상선기능저하증
⑤ 저칼슘혈증

정답 ①

해답풀이 부신피질기능저하증은 애디슨병으로 불리며 체내 코티졸 호르몬 감소로 스트레스 상황에서 증상이 악화된다.

09 비뇨기계 질환

01 다음 중 신장의 기능으로 옳지 않은 것은?

① 약물 등의 노폐물 제거
② 체내 수분과 전해질 농도 조절
③ 혈압조절
④ 적혈구 형성 자극 호르몬 분비
⑤ 비타민 K 활성화

정답 ⑤

해답풀이 신장은 비타민 D 활성화에 관여한다.

02 다음 중 신장기능 저하와 함께 소변 배출이 안 되고 체내 축적되어 궤양, 염증, 출혈, 의식 저하 등의 증상이 발생하는 질병은?

① 간염   ② 사구체염
③ 요독증   ④ FLUTD
⑤ 요로결석

정답 ③

해답풀이 요독증은 신장기능 저하와 함께 요독성 물질이 배출이 안 되고 체내 축적되어 궤양, 염증, 출혈, 의식 저하 등의 증상이 발생하는 질병이다.

03 다음 중 비뇨기계 결석, 전립선 질환 등의 배뇨 이상에 의해 발생하는 신장기능 저하 질병은?

① 신전성 급성 신부전   ② 신성 급성 신부전
③ 신후성 급성 신부전   ④ 만성 사구체신염
⑤ 간질성 신염

정답 ③

해답풀이 신후성 급성 신부전은 비뇨기계 결석, 전립선 질환 등의 배뇨 이상에 의해 발생하는 신부전이다.

04 다음 중 동물병원에 내원한 반려동물의 혈액화학 검사에서 SDMA 수치가 상승한 경우 의심되는 질병은?

① 쿠싱증후군　② 애디슨병
③ 간염　　　　④ 췌장염
⑤ 신부전

정답 ⑤

해답풀이 혈액화학 검사에서 SDMAsms 신장의 상태 평가 조기 지표로 이용된다.

05 다음 중 반려동물의 요로결석의 원인으로 거리가 가장 먼 것은?

① 물 섭취량 감소
② 수산염 과량 음식
③ 마그네슘 과량 음식
④ 인 과량 음식
⑤ 트레오닌 과량 음식

정답 ⑤

해답풀이 요로결석의 원인으로 물 섭취량 감소, 수산염, 마그네슘, 인 함량이 많은 음식 섭취가 있다.

06 다음 중 고양이에서 자주 발생하며 스트레스 요인에 의해 원인되어 발생할 수 있는 질병은?

① 간염　　　　② 사구체염
③ 요독증　　　④ FLUTD
⑤ 요로결석

정답 ④

해답풀이 FLUTD는 고양이 하부요로기계 질환으로 방광과 요도에 문제가 발생한다.

10 생식기계 질환

01 다음 중 반려동물의 생식기 질병에 대한 설명 중 옳지 않은 것은?

① 잠복고환의 경우 고환 종양 발생 가능성이 커진다.
② 잠복고환은 유전과 관계없는 질병이다.
③ 중성화하지 않은 수컷 개에서 나이가 들면서 전립선 비대증이 자주 발생한다.
④ 고양이에서는 전립선 비대증은 드물게 발생한다.
⑤ 잠복고환 개에서도 남성호르몬에 의한 마킹 행동을 보인다.

정답 ②

해답풀이 잠복고환은 유전되는 질병이다.

02 다음 중 반려동물의 유선염 질병에 대한 설명 중 옳지 않은 것은?

① 주로 바이러스 감염에 의해 발생한다.
② 다리가 짧고 젖이 늘어진 개체에서 호발한다.
③ 유선염이 있는 경우 새끼들은 인공 포유가 권장된다.
④ 유선의 통증이 유발된다.
⑤ 나이가 들수록 발생 위험이 커진다.

정답 ①

해답풀이 유선염은 주로 세균 감염이다.

03 다음 중 반려동물의 자궁축농증 질병에 대한 설명 중 옳지 않은 것은?

① 다음 및 다뇨 증상을 보인다.
② 개방형의 경우 질 분비물을 볼 수 있다.
③ 새끼를 낳은 경험이 있는 암컷에서 다발한다.
④ 난소자궁적출술이 치료의 한 방법이다.
⑤ 자궁내막증식증이 동반되는 경우가 많다.

정답 ③

해답풀이 자궁축농증은 새끼를 낳은 경험이 없는 암컷에서 다발한다.

04 다음 중 반려동물의 난산 질병에 대한 설명 중 옳지 않은 것은?

① 태아의 사이즈가 큰 경우 위험이 증가된다.
② 산모의 자궁무력증이 원인이 될 수 있다.
③ 장두종 반려견에서 호발한다.
④ 태아 위치 이상도 난산의 원인이 된다.
⑤ 태아 심장 박동이 180 beats/min보다 낮을 때 제왕절개 요구된다.

정답 ③

해답풀이 난산은 단두종 반려견에서 호발한다.

05 반려견이 임신 기간 중 태아 골격 발달과 젖 생산에 의한 혈중 칼슘 농도 급격히 저하되어 발생하는 응급 질환은?

① 유행열
② Q열
③ 애디슨병
④ 쿠싱증후군
⑤ 산욕열

정답 ⑤

해답풀이 산욕열은 임신 기간 중 태아 골격 발달과 젖 생산에 의한 혈중 칼슘 농도 급격히 저하되어 발생하는 응급 질환으로 마비, 경련을 보이는 자간증, 산후마비로 응급 칼슘 보충이 필요한 질병이다.

11 신경계·치과 질환

01 다음 중 뇌혈관과 신경 조직 사이의 장벽에 해당되는 용어는?

① CSF ② BBB
③ TDI ④ CCC
⑤ PNS

정답 ②

해답풀이 BBB는 blood-brain barier로 혈액 내 독성 물질로부터 뇌를 보호하는 역할을 하고 있다.

02 다음 중 머리뼈 안의 압력을 일정하게 유지하고 물리적 충격으로부터 뇌를 보호하며 신경조직에 영양분을 공급하는 기능을 가진 것은?

① 거미막   ② 연막
③ 혈액뇌장벽 ④ 뇌척수액
⑤ 경막

정답 ④

해답풀이 뇌척수액은 뇌실계통과 거미막밑공간을 채우는 투명하고 색깔이 없는 액체로 머리뼈 안의 압력을 일정하게 유지하고 물리적 충격으로부터 뇌를 보호하며 신경조직에 영양분을 공급하는 기능을 가지고 있다.

03 다음 중 반려동물의 신경계 질환에 대한 설명으로 옳지 않은 것은?

① 뇌수막염의 증상 중에 고열이 있다.
② 비감염성 뇌수막염의 경우 면역억제약물 투여가 고려된다.
③ 뇌수막염 환자동물이 발작을 보이는 경우 항경련제가 투여 고려된다.
④ 수두증은 뇌척수액 생산이 기형적으로 늘어나서 발생한다.
⑤ 토이종과 단두종에서 수두증이 유전적으로 호발한다.

정답 ④

해답풀이 수두증은 뇌척수액 배출에 장해가 생겨 뇌척수액 축적으로 발생한다.

04 다음 중 동물병원에 내원한 반려동물의 혈액화학 검사에서 SDMA 수치가 상승한 경우 의심되는 질병은?

① 치주염 ② 치은염
③ 구내염 ④ 유치잔존
⑤ 구비강누공

정답 ②

해답풀이 치은염은 잇몸 염증으로 잇몸이 붉게 부어오르거나 피가 나는 질병이다.

05 고양이의 구내염 원인으로 가장 거리가 먼 것은?

① 애디슨병
② 고양이 칼리시바이러스
③ 고양이 면역부전바이러스
④ 고양이 허피스바이러스
⑤ 당뇨병

정답 ①

해답풀이 고양이의 구내염은 당뇨병, 신장병 등의 전신질환이나 고양이 허피스바이러스, 고양이 칼리시바이러스, 고양이 면역부전바이러스 등의 감염에 의해 유발될 수 있다.

12 안과 질환

01 차우차우, 샤페이 등의 반려견에 호발하며 눈꺼풀이 안구로 말려들어 가는 질환의 명칭은?

① 안검외번증 ② 제3안검탈출증
③ 안검내번증 ④ 각막염
⑤ 유루증

정답 ③

해답풀이 안검내번증은 눈꺼풀이 안구로 말려들어 가는 질환으로 각막염이나 결막염이 유발되는 경우가 많다.

02 다음 반려견의 안검외번증 질환에 대한 설명으로 옳지 않은 것은?

① 말티즈, 요크셔테리어 등의 소형견에 품종소인이 있다.
② 안면신경마비가 안검외번증의 원인이 될 수 있다.
③ 결막 충혈이나 눈 분비물 증가가 유발된다.
④ 염증으로 인한 눈꺼풀 변형이 원인이 될 수 있다.
⑤ 각막염이나 결막염이 유발된다.

정답 ①

해답풀이 안검외번증은 블러드 하운드, 세인트버나드, 그레이트 댄 등의 대형견에 품종소인이 있다.

03 다음 중 체리 아이라 불리며 비글이나 코카스파니엘과 같은 견종에서 품종소인을 가지고 있는 질환은?

① 안검외번증 ② 제3안검탈출증
③ 안검내번증 ④ 각막염
⑤ 유루증

정답 ②

해답풀이 제3안검탈출증은 체리아이로 불리며 비글이나 코카스파니엘과 같은 견종에서 품종소인을 가지고 있다.

04 다음 중 고양이의 결막염 원인으로 가장 거리가 먼 것은?

① 클라미디아
② 고양이 칼리시바이러스
③ 마이코플라즈마
④ 고양이 허피스바이러스
⑤ 바토넬라균

정답 ⑤

해답풀이 바토넬라균은 고양이의 scratch를 통해 사람에게 감염되는 묘소병의 원인체이다.

05 건성 각결막염이 의심되는 반려견의 눈물량을 측정하기 위해 적절한 검사법은?

① 데스메막 테스트
② 보우만 테스트
③ 셔머 테스트
④ 형광 테스트
⑤ 토노 테스트

정답 ③

해답풀이 셔머 테스트(Schimer test)는 눈물량의 검사법으로 사용된다.

06 반려견의 안구 수정체 혼탁도의 증가로 발생하는 질병은?

① 녹내장   ② 결막염
③ 각막염   ④ 백내장
⑤ 홍반증

정답 ④

해답풀이 백내장은 당뇨와 같은 질환이나 노화, 외상 등에 의해 안구 수정체 혼탁도의 증가로 발생한다.

07 반려견의 안구 안방수 배출 장애로 발생하는 질병은?

① 녹내장　　② 결막염
③ 각막염　　④ 백내장
⑤ 홍반증

정답　①

해답풀이　녹내장은 안구 안방수 배출 장애로 안방수가 축적되어 안압의 상승, 망막 시시견의 손상으로 시야 결손이 나타나는 질병이다.

13 기타 질병

01 다음 중 반려견에서 초콜릿 중독의 원인체는?

① 다이프로필 설파이드
② 히스티딘
③ 테오브로민
④ 류신
⑤ 페닐알라닌

정답 ③

해답풀이 테오브로민은 초콜릿의 성분으로 반려견에서 기준 이상 섭취 시 중독 증상을 유발한다.

02 반려견의 초콜릿 중독의 주요 증상은?

① 신부전
② 간독성
③ 핍뇨증
④ 심근증
⑤ 위궤양

정답 ④

해답풀이 테오브로민은 초콜릿의 성분으로 반려견에서 치명적인 심근증을 유발한다.

03 다음 중 반려견에서 적혈구의 용혈을 유발할 수 있어 섭취가 금기되는 식품은?

① 자일리톨
② 양파
③ 포도
④ 상추
⑤ 대추

정답 ②

해답풀이 양파와 마늘에는 다이프로필 설파이드가 들어 있어 적혈구의 용혈을 유발하기 때문에 양파와 마늘은 반려견에 금기 식품으로 분류된다.

04 다음 중 반려견에서 저혈당 유발과 간독성을 유발할 수 있어 섭취가 금기되는 식품은?

① 자일리톨　② 양파
③ 포도　　　④ 상추
⑤ 대추

정답 ①

해답풀이 자일리톨은 개에서 혈중 인슐린 농도를 상승시켜 저혈당 유발과 간독성을 유발할 수 있어 섭취가 금기되는 식품이다.

05 다음 중 반려견에서 급성 신부전을 유발할 수 있어 섭취가 금기되는 식품은?

① 자일리톨　② 양파
③ 포도　　　④ 상추
⑤ 대추

정답 ③

해답풀이 포도는 반려견에서 급성 신부전을 유발할 수 있어 섭취가 금기되는 식품이다. .

동물공중보건학

01 동물공중보건학 총론

01 Leavell과 Clark은 질병 예방의 수준을 3단계로 나누어 설명하였는데 질병 예방 수준의 3단계에 해당되지 않는 것은?

① 1차적 예방단계는 병인, 숙주, 환경 등에 의해서 질병발생의 자극이 있는 시기이다.
② 1차적 예방단계는 생활환경 개선, 건강증진 활동, 안전관리 및 예방접종을 하는 시기이다.
③ 2차적 예방단계는 질병의 재발 방지, 잔여기능의 최대화가 이루어지는 시기이다.
④ 2차적 예방단계는 질병의 조기발견 및 치료 등의 치료의학적 예방활동이 필요한 시기로서 질병의 악화를 예방하는 단계이다
⑤ 3차적 예방단계는 재활활동 등의 재활의학적 예방활동 및 사회복귀 활동이 필요한 단계이다.

정답 ③

해답풀이 3차적 예방단계는 질병의 재발 방지, 잔여기능의 최대화, 재활활동 등의 재활의학적 예방활동 및 사회복귀 활동이 필요한 단계이다.

02 공중보건학의 정의는 학자에 따라 차이가 있는데 Winslow의 정의가 가장 널리 통용되고 있다. 다음 중 Winslow의 정의를 가장 잘 설명한 것은?

① 공중보건은 국민의 행복과 국력을 꾀함에 있어서 기반이 된다.
② 위생관련 과학적 요인을 제거하여 인류의 생명을 연장하게 하고 건강을 증진 시키는 기술 및 학문이다.
③ 공중보건학이란 환경위생의 향상을 위한 노력을 말한다.
④ 공중보건학은 조직화된 지역사회의 공동 노력을 통하여 질병 예방과 생명 연장, 그리고 신체적 및 정신적 효율을 증진시키는 기술이며 과학이다.
⑤ 공중보건은 질병의 예방을 말한다.

정답 ④

해답풀이 Winslow는 공중보건학이란 환경위생의 향상, 전염병의 관리, 개인위생의 개별교육, 질병의 조기진단과 예방을 위한 의료서비스의 조직, 건강을 적절하게 유지하는 데 필요한 삶의 표준을 보장하기 위한 사회적 목표로, "조직화된 지역사회의 공동노력을 통하여 질병 예방과 생명 연장, 그리고 신체적 및 정신적 효율을 증진시키는 기술이며 과학이다."라고 정의하고 있다.

03 로마의 Juvenalis가 남긴 말로써 건강의 개념을 규정하는 기본개념은?

① 건강은 육체와 정신은 상호 연관성이 있다.
② 건강은 신체적, 정신적, 사회적으로 완전히 안녕한 상태를 말한다.
③ 건강은 환경에 적응하여 그 사람의 능력을 충분히 발휘할 수 있는 상태를 말한다.
④ 건강은 개인의 전인적인 능력을 주위환경에 잘 적응하면서 최대로 발휘할 수 있는 상태를 말한다.
⑤ 건강은 신체적 질병이 없는 상태로 정의할 수 있다.

정답 ①

해답풀이 "A sound mind in a sound body"(건강한 정신은 건강한 육체에서)는 로마의 Juvenalis가 남긴 말로써 건강의 개념을 규정하는 기본개념으로 육체와 정신은 상호 연관성이 있음을 뜻하고 있다.

04 WHO(세계보건기구)의 세계보건기구 헌장의 전문에서 건강의 개념을 규정하는 기본개념은?

① 건강은 육체와 정신은 상호 연관성이 있다.
② 건강은 신체적, 정신적, 사회적으로 완전히 안녕한 상태를 말한다.
③ 건강은 환경에 적응하여 그 사람의 능력을 충분히 발휘할 수 있는 상태를 말한다.
④ 건강은 개인의 전인적인 능력을 주위환경에 잘 적응하면서 최대로 발휘할 수 있는 상태를 말한다.
⑤ 건강은 신체적 질병이 없는 상태로 정의할 수 있다.

정답 ②

해답풀이 WHO(세계보건기구)에서는 "건강이란 단순히 질병이 없다거나 허약하지 않다는 것을 의미하는 것이 아니라 신체적, 정신적, 사회적으로 완전히 안녕한 상태"라고 정의하고 있다.

05 질병의 발생에 대한 다음 설명으로 옳지 않은 것은?

① 질병은 신체의 항상성(homeostasis)이 깨어진 상태를 뜻한다.
② 질병의 발생은 숙주와 매개체와 같은 두 가지 요인간의 부조화로 인해 발생한다.
③ 숙주에게 영향을 주는 요인으로는 나이, 병에 대한 저항력, 영양상태, 유전적 요인 등이 있다.
④ 병인은 병원체의 독성, 병원체의 수에 따라 숙주에게 미치는 영향은 차이가 있다.
⑤ 환경은 숙주와 병인간의 관계에서 지렛대 역할을 한다.

정답 ②

해답풀이 질병의 발생은 숙주, 병인, 환경의 세 가지 요인간의 부조화로 인해 발생한다.

06 질병의 발생 3요소인 숙주에게 영향을 주는 요인이 아닌 것은?

① 연령
② 병에 대한 저항력
③ 영양상태
④ 유전적 요인
⑤ 매개체

정답 ⑤

해답풀이 숙주에게 영향을 주는 요인으로는 나이, 병에 대한 저항력, 영양상태, 유전적 요인 등이 있다.

02 환경보건

01 유황함유물질의 연소과정에서 발생하는 것으로써 주로 인체에 만성기관지염 등의 호흡기질환을 발생하는 대기오염 물질은?

① 부유분진 ② 일산화탄소
③ 황산화물 ④ 탄화수소
⑤ 오존

정답 ③

해답풀이 황산화물은 가스형태의 물질로 연료의 연소나 분해, 합성 등 화학반응 과정에서 발생한다.

02 물질의 불완전연소과정에서 발생하며 폐에서 CO-Hb 생성으로 두통, 현기증, 질식 등의 장애를 일으키는 기체는?

① 이산화탄소 ② 오존
③ 아황산가스 ④ 일산화탄소
⑤ 황화수소

정답 ④

해답풀이 일산화탄소(CO)는 무색, 무취의 기체로서 산소가 부족한 상태로 연료가 연소할 때 불완전연소로 발생한다. 동물의 폐로 들어가면 혈액 중의 헤모글로빈과 결합하여 산소보급을 가로막아 심한 경우 사망에까지 이르게 한다.
아황산가스는 벙커C유나 석탄의 연소과정과 자동차배출가스 등에 발생하며 주로 만성기관지염 등의 호흡기계 질환을 유발한다.

03 하천수의 용존산소가 적다는 것은 어떤 의미인가?

① 오염도가 낮다는 의미
② 자정작용이 잘 이루어지고 있다는 의미
③ 어류 서식이 적합하다는 의미
④ 오염도가 높다는 의미
⑤ 유기물량이 적다는 의미

정답 ④

해답풀이 용존산소량(DO) – 하수의 오염도를 알 수 있으며, 용존산소가 부족하면 혐기성 부패에 의하여 메탄가스가 발생해 악취가 나는데, 온도가 하강하면 용존산소는 증가하나 생화학적 산소요구량은 저하한다.

04 "미나마타"병의 원인물질은 무엇인가?

① 수은   ② 비소
③ 구리   ④ 카드뮴
⑤ 규소 분진

정답 ①

해답풀이 일본의 Minamata 시에서 1953년부터 1979년 사이에 발병한 환자 1,583명 중 284명이 사망하였는데, 그 원인을 조사해 본 결과 인근 도시의 공장에서 흘러나온 수은폐수가 어패류에 오염되어 이를 먹은 사람에게 발병한 것을 확인하고 이를 미나마타병이라 하였다. 수은은 주로 뇌나 중추신경계에 영향을 주어 마비를 일으키거나 팔다리, 입술 등에 통증을 일으키며 시력을 약화시키고 두통을 일으키기도 한다.

05 "이따이이따이"병의 원인물질은 무엇인가?

① 수은 ② 카드뮴
③ 동 ④ 납
⑤ 규소 분진

정답 ②

해답풀이 일본의 Toyama 현에 있는 미쯔이 아연 제련공장에서 버린 폐광석에 함유된 카드뮴이 지하수와 지표수에 오염되어 이를 논의 용수로 사용함으로써, 논에 축적된 것이 벼에 흡수되어 이 쌀을 먹어 카드뮴 중독의 원인이 된 것을 확인하였다. 이 병은 전신권태, 피로감, 신장기능 장애, 요통, 골연화증, 보행곤란이 있으며, 특히 심한 전신통증을 일으키는 질병이라는 의미에서 "이따이이따이병"이라고 명명하였다.

06 군집독을 일으키는 중요한 인자는?

① CO_2 증가
② 기온역전
③ 저온, 고기압 상태
④ CO 증가
⑤ 고온, 고습, 연소가스, 분진

정답 ⑤

해답풀이 군집독의 원인-밀폐된 공간에 다수인이 밀집된 곳에서 오염된 실내공기로 인한 구토, 현기증, 식욕부진, 불쾌감 등의 증상을 나타내며, 원인은 기온상승, 습도상승, CO_2 증가 등에 의해 발생된다.

07 일반적인 기압상태에서는 인체에 직접 영향을 주지 않지만 이상 기압일 때 잠함병(Caisson disease)의 원인이 되는 기체는?

① N ② CO2
③ O2 ④ Ar
⑤ O

정답 ①

해답풀이 잠함병이란 해저의 고기압 상태에서 갑작스런 저기압 상태가 되면 혈중 질소가 기포화 되어 혈전을 형성하는 것을 말한다. 질소(N)는 공기의 78%를 차지하지만 인체에 대하여 직접적인 영향은 주지 않는다.

08 생체 내에서 연소에 의해서 생산되며 호기와 함께 배출되고 실내 공기 오탁의 지표이고 군집독의 원인 중 하나인 것은?

① He
② CO_2
③ CO
④ O_2
⑤ O_3

정답 ②

해답풀이 이산화탄소는 인체에 무해하며 생체 내에서는 연소에 의하여 생산되어 호기와 함께 배출되고 물체의 연소, 발효, 부패할 때에도 발생한다. 지적작업을 할 때 시간당 12~20L정도를 배출하고 실내 공기 오탁 정도의 지표가 되며 밀집공간에서의 군집독의 대표적 원인 중 하나이다.

09 불연속점 염소처리(break point chlorination)를 가장 잘 설명한 것은?

① 포화상태까지의 염소처리
② 수중 유기물질이 0이 될 때까지의 염소처리
③ 결합태 잔류염소로 유지될 수 있는 수준의 염소처리
④ 간격을 두고 주기적으로 처리하는 염소처리
⑤ 유리잔류염소의 양이 0.2ppm이 될 때까지의 염소처리

정답 ②

해답풀이 불연속점이란 수중 유기물질을 최하강점까지 산화 처리된 상태

03 식품위생학

01 자연독 식중독은 자연식품 자체가 내포하고 있는 유독물질을 섭취하여 발생하는데 다음 중 특정 조건 하에서만 유독물질을 함유하는 것은?

① 독버섯   ② 모시조개
③ 감자   ④ 복어
⑤ 독꼬치고기

정답 ②

해답풀이 자연 상태에서 유독물질을 함유하고 있는 것: 독버섯, 맥각, 석산초, 독꼬치고기
어떤 특정 조건하에서 유독물질을 함유한 상태로 있는 것: 조개류(검은조개, 모시조개), 감, 청매 등
독물질이 한정된 부분에만 존재하는 것: 복어, 감자

02 포도상구균 식중독은 황색포도상구균에 의해 발생하는 대표적인 독소형 식중독으로 알려져 있는데, 이 균이 생산하는 독소의 명칭은?

① Neurotoxin
② Phalin
③ Enterotoxin
④ Muscarine
⑤ Choline

정답 ③

해답풀이 Enterotoxin: 내열성이 강하여 120℃ 20분의 가열로도 완전하게 파괴되지 않으며 잠복기가 매우 짧은 특징이 있다. 섭식 후 평균 3시간 정도면 증상이 나타나며 빠를 때는 30분 전 후에 급성위장염 증상을 나타내기도 한다.

03 다음 세균 중 독소형 식중독을 일으키는 것은?

① 장염균
② 병원성대장균
③ 장염 Vibrio균
④ Botulinus균
⑤ 돼지콜레라균

정답 ④

해답풀이 세균에 의한 독소형 식중독은 균이 분비하는 독소가 원인이 되는 식중독을 말한다. 세균에 의한 독소형 식중독을 일으키는 것은 보툴리누스균, 포도상구균이 대표적이다.

04 닭, 오리 등의 가금류와 돼지 등 동물의 장내나 자연에 널리 퍼져있는 식중독균으로 다양한 항원형을 가지고 있으며 감염된 동물의 분변에 다량 배출되며 국내에서 달걀 오염에 의한 식중독 사례가 다수 발생하고 있는 병원체는?

① 장염비브리오
② 살모넬라
③ 포도상구균
④ 보툴리즘
⑤ 웰치균

정답 ②

해답풀이 살모넬라균에 이환되거나 보균된 동물의 고기를 먹거나 환자, 보균자, 가축, 쥐들의 소변에 오염된 음식물을 섭취함으로써 감염되는데, 원인이 될 가능성이 큰 식품은 어육제품, 유제품, 어패류, 두부류, 샐러드 등이다.

05 통조림 등 혐기성 상태의 식품에 의해서 발생하는 식중독으로 신경계 증상이 나타나며 치명률이 높은 식중독은?

① 살모넬라 식중독
② 보툴리누스 식중독
③ 병원성대장균 식중독
④ 포도상구균 식중독
⑤ 장염 비브리오 식중독

정답 ②

해답풀이 보툴리누스균은 4℃ 이하 공기가 없는 밀폐된 공간에서도 증식되어 독소를 산출한다. 독소는 80℃에서 수 분간 가열하면 파괴되므로 먹기 전에 가열하면 독소는 사라진다.

06 세균성 식중독과 소화기 전염병과의 차이점을 설명한 다음 중 틀린 항목은?

① 세균성 식중독은 잠복기가 길고 소화기 전염병은 잠복기가 짧다.
② 세균성 식중독은 균량이 많아야 발병하지만 소화기 전염병은 소량의 균으로도 발생한다.
③ 소화기 전염병은 2차 감염이 성립되지만 식중독은 2차 감염이 없다.
④ 소화기 전염병은 면역이 잘 형성되지만 세균성 식중독은 면역이 잘 형성되지 않는다.
⑤ 소화기 전염병 병원체는 인체 내에서 잘 증식하고 식중독 균은 주로 음식물 중에서 잘 증식한다.

정답 ①

해답풀이 세균성식중독은 2차감염이 거의 없고 원인식품에 의해 발병하는 반면, 소화기전염병은 2차감염이 있다. 식중독은 균량이나 독소량이 많이 침입될 때 증상을 유발하며 특히 살모넬라균은 적어도 천만마리 이상의 침입으로 식중독을 유발한다. 식중독은 전염병보다 잠복기간이 짧고 면역이 잘 형성되지 않는다. 전염병의 병원체는 주로 인체 내에서 잘 증식하며 식중독 원인균은 주로 음식물에서 잘 증식하는 특징이 있다.

04 축산식품 위생

01 다음 중 발효식품을 제외하고 식품 중에 다수의 균이 존재한다면 위생적으로 불안전한 것으로 간주되는 지표 세균은?

① 혐기성 중온세균
② 호기성 저온세균
③ 호기성 중온세균
④ 호기성 저온세균
⑤ 호기성 고온세균

정답 ②

해답풀이 호기성 중온세균(Aerobic mesophilic bacteria)은 발효식품을 제외하고 식품중에 다수의 균이 존재한다면 위생적으로 불안전한 것으로 간주된다. 즉, 원료의 오염, 불만족스러운 위생관리, 생산/저장기간 동안의 부적절한 온도 및 시간조건에 노출을 의미한다.

02 다음 중 지표 세균과 알 수 있는 지표 내용과의 짝이 옳지 않은 것은?

① 총균수(Total bacteria count) : 생균/사균, 가열전 위생상태 파악
② 생균수(Total viable bacteria count) : 위생상태의 척도
③ 대장균수 : 분변오염지표균
④ Streptococcus salivarius : 식품제조공장의 분변오염의 위생정도 지표
⑤ 황색포도상구균 : 제조시 손, 피부, 코, 입, 기구로부터의 오염지표

정답 ④

해답풀이 식품제조공장의 분변오염의 위생정도 지표는 장구균(Enterococcus group)이다. Streptococcus salivarius은 구강오염 지표 세균이다.

03 대장균과의 상관관계가 높지 않아 분변오염지표로 많이 사용하지 않으나, 식품제조공장의 분변오염의 위생정도 지표로 사용되는 지표는?

① 총균수(Total bacteria count)
② 장구균(Enterococcus group)
③ 황색포도상구균
④ Streptococcus salivarius
⑤ 클로스트리디움균

정답 ②

해답풀이 장구균(Enterococcus group)은 대장균과의 상관관계가 높지 않아 분변오염지표로 많이 사용하지 않으나, 식품제조공장의 분변오염의 위생정도 지표이다.

04 돼지의 생체 중에 대해서 내장과 피부, 혈액 등을 제거한 나머지에다 머리와 신장을 붙여서 나오는 체중의 비율은?

① 지체율   ② 증체율
③ 분포율   ④ 지육율
⑤ 균체율

정답 ④

해답풀이 돼지의 지육율은 생체 중에 대해서 내장과 피부, 혈액 등을 제거한 나머지에다 머리와 신장을 붙여서 나오는 체중의 비율로 좋은 품종에서의 지육률은 75% 이상이 나온다.

05 식육위생에서 Monvoisin이 제시한 냉장 3원칙에 해당되지 않는 것은?

① 식육 숙성을 위해 도축 후 상온 저장 필요
② 중온미생물의 발육을 억제하기 위하여는 될수록 빨리 냉각
③ 신선원료의 가공에서 제품의 소비에 이르기까지의 cold chain 지속
④ 모든 단계에서 냉장 유지
⑤ 신선원료의 초기오염을 될 수록 억제시킨다.

정답 ①

해답풀이 모든 단계에서 식육은 냉장 유지가 필요하다.

06 다음 중 식용으로 지장이 없으며, 수송 중에 고온 또는 저온상태에서 장기간 노출되거나 도살 전 돼지들이 심하게 소란을 일으키는 등의 심한 스트레스를 받은 돼지에서 흔히 발생하는 식육의 변화는 무엇인가?

① DFD
② SM
③ White muscle
④ PSE
⑤ emphysema

정답 ④

해답풀이 PSE(Pale, Soft, Exudative muscle)는 수송 중에 고온 또는 저온상태에서 장기간 노출되거나 도살 전 돼지들이 심하게 소란을 일으키는 등의 심한 스트레스를 받은 돼지에서 흔히 발생한다. 도살 시 탈모를 위한 숙탕조에서 오래 지체된 도체에서도 나타난다.

07 다음 중 식육의 보존효과에 대한 훈연의 원리에 해당되지 않는 것은?

① 훈연에 의한 일정한 탈수
② 연기 속의 살균성, 항균성 물질을 육질 속에 침투
③ 지방에 대한 항산화작용
④ 49℃(120℉) 정도의 온도가 미생물에 미치는 열작용
⑤ 혐기 상태 유지로 호기성 세균 증식 억제

정답 ⑤

해답풀이 식육의 보존 효과로 혐기 상태 유지는 통조림에 의해 유도되는 효과 원리이다.

05 사료위생

01 다음 중 돼지 간, 돼지 신장, 소시지 등과 같은 장기 내에 잔류로 문제가 되며 섭취 시 인체의 신장 손상 유발 물질로 알려진 것은?

① 아플라톡신 B1
② 오크라톡신 A
③ 아플라톡신 M1
④ 제랄레논
⑤ 테트로도톡신

정답 ②

해답풀이 오크라톡신은 열대지역의 Aflatoxin ochraceus, 온대 및 한대지역의 Penicillium verrucosum과 같은 aspergillus종의 곰팡이가 생산하는 독소로서 곡류나 사료의 저장 중 생성되는 오크라톡신의 독성학적 특성은 신장 독성, 간독성, 기형발생 및 면역독성이다. OTA는 1993년 WHO의 국제암연구소(IARC)에서 발암추정물질(발암 그룹 2B)로 분류하고 있다.

02 다음 중 계란, 돼지 간, 돼지 근육, 돼지 신장 등과 같은 장기 내에 잔류로 문제가 되며 섭취 시 인체에 간암 유발 물질로 알려진 것은?

① 아플라톡신 B1
② 오크라톡신 A
③ 아플라톡신 M1
④ 제랄레논
⑤ 테트로도톡신

정답 ①

해답풀이 아플라톡신 B1은 강력한 간독성 및 간암을 일으키는 물질로 심각한 아플라톡신 감염증상은 간의 출혈괴사, 담관 증식, 부종과 졸음을 동반한다.

03 다음 중 돼지 간, 돼지 근육 등과 같은 장기 내에 잔류로 문제가 되며 섭취 시 인체에 여성화(estrogenic) 유발 물질로 알려진 것은?

① 아플라톡신 B1
② 오크라톡신 A
③ 아플라톡신 M1
④ 제랄레논
⑤ 테트로도톡신

정답 ④

해답풀이 제랄레논(Zearalenone : ZEA)는 밀, 옥수수, 수수, 보리, 쌀 등에 Fusarium graminearum이 오염되어 생기는 곰팡이독소이다. 요즈음 문제가 되고 있는 환경호르몬과 유사하게 여성 호르몬인 에스트로겐의 작용을 한다.

04 동물에서 중요한 감염원은 이 병원체에 감염된 고양이 분변이 오염된 사료로 알려져 있으며 사람에서의 감염은 축산동물의 날고기 취급이나 섭취도 관련이 있으며 임산부 유산을 유발하는 것으로 알려진 병원체는?

① 지알디아   ② 톡소플라즈마
③ 바베시아   ④ 쯔쯔가무시
⑤ 콕시듐

정답 ②

해답풀이 포자원충류인 Toxoplasma gondii는 고양이가 종숙주이며, 혈청학적 조사에 따르면 조류와 면양, 돼지, 산양, 말 등의 가축에서도 발견된다. 감염된 임산부는 유산이나 조산을 할 수도 있으며, 유아는 종종 중추신경계 질환 및 안질환을 앓게 된다.

05 유열(Milk fever)의 원인으로 임신 말기 호흡마비, 근 허약, 경련 등의 증상으로 악화시 혼수상태로 사망에 이르게 되는 원인으로 가장 관계가 높은 것은?

① 인
② 마그네슘
③ 비타민
④ 칼슘
⑤ 망간

정답 ④

해답풀이 Calcium 결핍증은 구루병과 유열(Milk fever)의 대표적 원인 중 하나이다.

06 전염성 해면상뇌증(Transmissible Spongiform Encephalopathies)에 대한 설명으로 옳지 않은 것은?

① 비발열성 신경질환이다.
② 오랜 잠복기를 가지며 결국에는 치명적인 임상 결과를 초래한다.
③ 공수병 바이러스가 원인이다.
④ 프리온 단백질은 열처리에 저항성을 가지고 있다.
⑤ 가축에서 소 해면양 뇌증(BSE)과 양의 스크래피(scrapie)가 전염성 해면상뇌증 질병으로 분류된다.

정답 ③

해답풀이 공수병은 광견병의 다른 명칭으로 광견병 바이러스가 유발한다.

07 다음 중 사료에서 P의 결핍으로 유발되는 가축의 증상이 아닌 것은?

① 식욕 감퇴를 보인다.
② 철편, 목편, 모발을 핥아 먹는다.
③ 만성 결핍 시에는 관절부가 연화된다.
④ 신경의 자극 감수성의 항진이 유발된다.
⑤ 근육의 수축과 에너지 전환 문제 유발된다.

정답 ④

해답풀이 결핍 시 신경의 자극 감수성의 항진이 유발되는 것은 Mg 결핍증이다.

06 역학 및 전염병 관리

01 다음 중 질병 발생의 숙주적 인자와 거리가 먼 것은?
① 성 ② 연령
③ 종족 ④ 직업
⑤ 계절

정답 ⑤

해답풀이 사육 방식과 환경의 영향으로 질병에 대한 감수성의 차이를 보이며, 이에 관여하는 숙주와 관련된 역학적 요인

02 어떤 집단의 체중 등을 조사할 때 개개인의 측정치로서 그 자료 자체로 특성을 나타내는 것을 다음 중 무엇이라고 하는가?
① 도수 ② 급
③ 산술평균 ④ 변량
⑤ 모집단

정답 ④

해답풀이 측정치를 전부 합하여 측정치의 총 개수로 나누는 방법을 산술평균이라 하며, 조사하고자 하는 대상 전체를 모집단이라고 한다.

03 질병과 사망의 측정지표에 해당되지 않는 것은?
① 발생율 ② 생존율
③ 유병율 ④ 이환율
⑤ 사망율

정답 ②

해답풀이 질병과 사망의 측정은 병원기록, 정부자료, 설문조사, 관찰 등에 의해 이루어진다.
질병과 사망의 측정지표는 보통 발생률, 유병률, 이환율, 사망률이다.
발생율은 일정 기간에 새로 발생하는 환자를 말하며, 유병율은 어느 시점에 존재하는 모든 환자의 비율을 의미한다. 발생율은 질병에 걸릴 확률이나 위험율을 추정할 수 있기 때문에 중요하다. 유병율은 면역된 자나 질병을 앓고 있는 자를 포함하므로 급성 전염병의 경우는 감소하고 만성 전염병의 경우는 유병율이 증가한다. 이환율이란 일정 기간 안에 발생한 새로운 환자 총수의 단위인구에 대한 비율로서 좁은 의미에서는 발생률을 뜻한다.

04 환자와 접촉한 동물의 두수 중에서 그 질병에 이환된 동물의 수를 나타내는 통계치는?

① 발병률　② 유병률
③ 치명률　④ 2차 발병률
⑤ 발생률

정답 ④

해답풀이 발병률(Attack rate)은 위험에 폭로된 동종의 감수성을 가진 동물의 두수 중에서 질병에 이환된 동물의 수.

05 불현성 감염의 특징이 아닌 것은?

① 면역력을 갖게 된다.
② 전염력이 있다
③ 자각적 타각적인 임상증상이 있다.
④ 질병 관리 면에서 대단히 중요
⑤ 규모와 발생양식의 파악이 어렵다

정답 ①

해답풀이 불현성감염이란 전염력이 있으면서 감염규모와 발생양식의 파악이 어렵기 때문에 질병 관리 면에서 공중위생학적으로 대단히 중요하다.

07 인수공통전염병

01 중증열성혈소판감소증에 대한 다음 설명으로 잘못된 것은?

① 작은소참진드기가 매개한다.
② 코로나 바이러스가 질병을 유발한다.
③ 소, 사슴, 멧돼지, 쥐 및 야생 동물이 중간 숙주이다.
④ 발열과 혈소판감소증이 주요 증상이다.
⑤ 중국에서 보고된 이후로 일본, 한국에서도 사망 사고가 발생한다.

정답 ②

해답풀이 중증열성혈소판감소증은 SFTS 바이러스가 감염을 유발한다.

02 전염병예방법상 제3군법정전염병으로서 모든 온혈동물에 감수성이 있고 감염 시 뇌 손상에 의한 치명적인 결과를 초래하는 인수공통전염병은?

① 콜레라　　② 광견병
③ 광우병　　④ 보툴리즘
⑤ 파상풍

정답 ②

해답풀이 광견병은 모든 온혈 포유동물에 감염이 일어날 수 있는 바이러스로 뇌 손상이 일어난다

03 다음 ( )에 적합한 내용을 순서대로 올바로 적은 것은?

( )은(는) 동물에서 생식기에 영향을 미쳐, 아무런 증상 없이 ( )를(을) 일으킨다. 그리고 불임을 일으키기도 한다.

① 광견병 – 유산
② 페스트 – 사망
③ 조류인플루엔자 – 폐렴
④ 구제역 – 사망
⑤ 부루셀라 – 유산

정답 ⑤

해답풀이 브루셀라 세균은 감염된 동물에서 유산이나 불임을 유발한다.

04 다음 ( )에 적합한 내용을 순서대로 올바로 적은 것은?

흑사병이라고도 불리는 ( )은(는) 중세 유럽에 많은 인구를 감소시킨 공포의 전염병이다. ( )를(을) 통하여 ( ) 병원체가 전파되어 질병을 유발한다.

① 페스트 – 쥐벼룩 - Yersinia pestis
② 페스트 – 고양이 – Toxoplasma gondii
③ 구제역 – 돼지 – FMD virus
④ 구제역 – 소 - FMD virus
⑤ 천연두 – 쥐 - 천연두바이러스

정답 ①

해답풀이 흑사병은 페스트 세균의 감염에 의해 유발되는 질병의 명칭이다.

05 다음 중 인수공통전염병을 모두 고르시오.

> 가. 야토병   나. 탄저병   다. 살모넬라   라. 광견병

① 가, 다
② 나, 라
③ 가, 나, 다
④ 가, 나, 라
⑤ 가, 나, 다, 라

정답 ⑤

해답풀이 야토병, 탄저병, 살모넬라, 광견병 모두 사람과 동물에 감염이 일어나는 인수공통전염병이다.

06 다음 ( )에 적합한 내용을 순서대로 올바로 적은 것은?

> ( )은 의학적으로도 매우 중요한 의미를 지닌다. 생물체가 아닌 단백질 입자임에도 세균이나 바이러스처럼 인간에게 전염되기 때문이다. ( )에 대한 이해를 돕기 위해선 우선 ( )가(이) 무엇인지부터 알아야 한다.

① 아밀로이드 – 광견병 – 아밀로이드
② 니그리소체 – 광견병 – 글리코겐
③ 니그리소체 – 광우병 – 뇌염
④ 프리온 – 광우병 – 프리온
⑤ 피브리노겐 – 페스트 – 글리코겐

정답 ④

해답풀이 프리온은 단백질 입자로 광우병을 유발하는 병원체이다. .

08 반려동물 위생

01 다음 중 반려견 종합백신 DHPPL에 포함되지 않는 병원체는?

① 개홍역　　② 개코로나바이러스
③ 렙토스피라　④ 개파라인플라인자
⑤ 개간염바이러스

정답 ②

해답풀이 개홍역, 개간염, 개파라인플루엔자, 개파보, 렙토스피라가 종합백신에 포함된다.

02 4주 미만의 어린 신생 강아지에 전신 출혈과 피부 수포를 유발하는 바이러스 질병의 명칭은?

① 개홍역　　② 개파보바이러스
③ 렙토스피라　④ 개허피스바이러스
⑤ 켄넬코프

정답 ④

해답풀이 개허피스바이러스는 신생자견에 출혈로 집단 폐사를 유발한다.

03 반려견에 초유를 꼭 먹여야 하는 이유는?

① 필수 영양소
② 모체항원전달
③ 모체이행항체
④ 능동면역
⑤ 사회화촉진

정답 ③

해답풀이 초유에는 모체이행항체가 많이 들어 있다.

04 다음 반려견의 건강관리에 대한 설명으로 옳지 않은 것은?

① 개의 종합백신은 DHPPL이다
② DHPPL에는 인수공통전염병이 없다.
③ 모기가 있는 계절에는 심장사상충을 예방해야 한다
④ 광견병은 개 이외에 다른 동물에도 감염이 된다.
⑤ 개의 코로나바이러스는 설사를 유발하기 때문에 백신접종으로 예방해야 한다.

정답 ②

해답풀이 렙토스피라는 사람에 감염이 되는 인수공통전염병이다.

05 다음 고양이 질병에서 털이 문제가 되어 유발되는 질병은?

① 타우린결핍증
② 모구증
③ 모낭충
④ 개선충
⑤ 각기병

정답 ②

해답풀이 모구증은 고양이가 털을 먹어서 위에 뭉쳐 생기는 질병이다.

06 다음 고양이 질병에서 고양이 파보바이러스가 감염되어 발생하는 질병은?

① 고양이 비기관염 바이러스 감염증
② 고양이 칼리시 바이러스 감염증
③ 고양이 백혈병 바이러스 감염증
④ 고양이 범백혈구 감소증
⑤ 고양이 면역결핍증

정답 ④

해답풀이 고양이 범백혈구 감소증은 고양이 파보바이러스가 감염되어 발생하는 질병이다.

07 다음 고양이 질병에서 고양이 코로나 바이러스가 감염되어 발생하는 질병은?

① 비기관염 바이러스 감염증
② 칼리시 바이러스 감염증
③ 백혈병 바이러스 감염증
④ 고양이 전염성 복막염
⑤ 고양이 면역결핍증

정답 ④

해답풀이 고양이 전염성 복막염은 고양이 코로나 바이러스가 감염되어 발생하는 질병이다.

08 다음 중 고양이 4종 종합백신에 포함되지 않는 것은?

① 비기관염 바이러스 감염증
② 칼리시 바이러스 감염증
③ 백혈병 바이러스 감염증
④ 고양이 전염성 복막염
⑤ 고양이 면역결핍증

정답 ④

해답풀이 고양이 전염성 복막염은 단독 백신으로 4종 종합백신에 들어가지 않는다.

09 다음 중 임산부가 감염되면 유산되거나, 출산할 경우 기형아의 위험이 있는 병원체는?

① 콕시듐   ② 톡소프라즈마
③ 데모덱스   ④ 사상충
⑤ 지알디아

정답 ②

해답풀이 톡소플라즈마는 임산부가 감염되면 유산되거나, 출산할 경우 기형아의 위험이 있다.

반려동물학

01 개의 종류와 기원

01 조렵견 및 반려견 용도로 털이 풍부하고, 부드러운 표정을 가지고 있는 영국산 대형견 품종은?

① 코카스파니엘
② 비글
③ 도베르만
④ 포메라니안
⑤ 골든 리트리버

정답 ⑤

해답풀이 골든 리트리버는 조렵견 및 반려견 용도로 털이 풍부하고, 부드러운 표정을 가지고 있는 영국산 대형견 품종이다.

02 다음 중 대표적인 국제 애견단체가 아닌 것은?

① 영국켄넬클럽
② AKC
③ FCI
④ 국제애견기구
⑤ KC

정답 ④

해답풀이 국제 애견 단체는 세계애견연맹(FCI)이 영국켄넬클럽(KC), 미국켄넬클럽(AKC)이다.

03 다음 개의 품종 중 스피츠(5그룹)에 속하며 사모예드를 소형화하여 개량한 품종은?

① 말티즈   ② 치와와
③ 포메라니안 ④ 요크셔테리어
⑤ 페키니즈

정답 ③

해답풀이 스피츠(5그룹)에 속하며 사모예드를 소형화하여 개량한 품종은 포메라니안이다.

04 다음 개의 품종 중 엽견으로 토끼사냥에 주로 이용하였던 품종으로 최근 실험동물로 주로 이용되는 품종은?

① 불테리어　② 비글
③ 도베르만　④ 포메라니안
⑤ 골든 리트리버

정답 ②

해답풀이 비글은 토끼 사냥개에서 유래되었다.

05 개의 가축화에 대한 설명으로 옳지 않은 것은?

① 가장 먼저 가축화된 동물이다.
② 현재 주된 학설은 회색늑대 유래설이다.
③ 개의 가축화 시기는 기원전 5천년 경으로 추정되고 있다.
④ 북부이스라엘에서 구석기 원시인과 개의 화석이 발견되었다.
⑤ 개는 인류와 오랜 역사를 함께한 만큼 유대가 강한 동물이다.

정답 ③

해답풀이 개의 가축화 시기는 인류의 조상이 출현한 구석기 시대로 기원전 1만2000년 전 ~ 3만 년 전으로 추정되고 있다.

06 다음 한국의 천연기념물로 등록된 품종으로 꼬리가 없거나 짧은 특징을 가진 품종은?

① 제주개　② 삽사리
③ 풍산개　④ 동경이
⑤ 진돗개

정답 ④

해답풀이 동경이는 꼬리가 없거나 짧은 특징을 가진 경주 유래 한국의 개로 천연기념물로 등록되어 있다.

07 다음 한국의 천연기념물로 등록된 반려견 품종에 대한 설명으로 잘못된 것은?

① 삽사리는 털이 긴 특징을 가진 개로 천연기념물로 등록되어 있다.
② 삽사리의 원산지는 전주 지역이다.
③ 풍산개는 북한의 천연기념물로 등록되어 있다.
④ 동경이는 꼬리가 없거나 짧은 특징을 갖는다.
⑤ 진돗개는 반려견 중에서 처음 한국의 천연기념물로 등록되었다.

정답 ④

해답풀이 삽사리는 털이 긴 특징을 가진 경북 경산시 유래 한국의 개로 천연기념물로 등록되어 있다.

02 반려견의 영양 질병

01 다음 중 반려견에 급여 시 심장질환을 일으키고 심한 경우 사망을 유발할 수 있는 금기 식품은?

① 우유　　② 뼈
③ 초콜릿　　④ 파
⑤ 마늘

정답 ③

해답풀이 초콜릿은 반려견에 급여 시 테오브로민 성분 때문에 심장질환이 유발될 수 있다.

02 반려견의 근육, 뼈, 털, 면역계통 등에 가장 우선시 되는 구성 성분의 영양소는?

① 단백질
② 지방
③ 탄수화물
④ 비타민
⑤ 미네랄

정답 ①

해답풀이 단백질은 3대 영양소의 하나로 근육, 뼈, 털, 면역계통 등에 가장 우선시 되는 구성 성분의 영양소이다.

03 젖뗀 강아지 입양 시 반려견의 건강 상태에 대한 설명 중 옳지 않은 것은?

① 혀와 잇몸이 밝은 분홍빛이어야 한다.
② 항문주위가 깨끗해야 한다.
③ 귓속이 깨끗해야 한다.
④ 유치가 아직 나지 않아야 한다.
⑤ 코는 촉촉하고 윤기가 있어야 한다.

정답 ④

해답풀이 유치가 아직 나지 않았다면 너무 어리다는 증거이다.

04 반려견의 생리의학적 특징에 대한 설명으로 옳지 않은 것은?

① 직장의 온도를 표준 체온으로 한다.
② 맥박 수는 큰 개가 더 낮다.
③ 성견보다 자견의 맥박 수가 높다.
④ 체온은 사람보다 낮다.
⑤ 땀샘은 발바닥에 일부 형성되어 있다.

정답 ④

해답풀이 반려견의 정상 체온은 사람보다 높다.

05 반려견의 행동학적 특징에 대한 설명으로 옳지 않은 것은?

① 반려견은 보라색, 푸른색, 노란색으로 세상을 본다.
② 반려견에서 후각은 중요한 의사소통 수단이 아니다.
③ 청각은 반려견의 일반적인 음성교신 수단이다.
④ 귀를 접는 행동은 두려움이 증가되는 상황의 표현이다.
⑤ 소변을 보는 모습으로도 개의 성별이나 지위를 알 수 있다.

정답 ②

해답풀이 개는 인간이 느낄 수 있는 것보다 백분의 일부터 삼만분의 일 정도까지 냄새를 맡을 수 있어 후각이 중요한 의사소통이다.

06 반려견 사료의 기호도를 결정하는 영양소로 털과 피부의 대사에도 작용하는 것으로 알려진 영양소는?

① 단백질   ② 지방
③ 탄수화물 ④ 비타민
⑤ 미네랄

정답 ②

해답풀이 지방은 사료의 기호도를 결정하는 영양소로 털과 피부의 대사에도 작용한다.

07 반려견에 결핍 시 괴혈병과 근육쇠약이 유발될 수 있는 영양소는?

① 비타민 A   ② 엽산
③ 칼슘   ④ 비타민 C
⑤ 비타민 K

정답 ④

해답풀이 비타민 C 결핍 시 괴혈병과 근육쇠약이 유발될 수 있다..

08 개의 크기 측정에 대한 설명으로 옳지 않은 것은?

① 체장은 가슴에서 엉덩이 좌골 끝까지의 길이이다.
② 개의 크기는 체고와 체중으로 표기한다.
③ 체고는 앞발바닥에서 머리까지의 높이이다.
④ 개에서 체고는 사람의 키와 같은 역할을 한다.
⑤ 체장은 머리와 꼬리 길이는 영향을 주지 않는다.

정답 ③

해답풀이 체고는 앞발바닥에서 기갑까지의 높이이다.

09 반려견의 관리에 대한 설명 중 옳지 않은 것은?

① 항문낭은 정기적으로 짜주어야 한다.
② 발톱은 짧게 잘라 준다.
③ 양치질은 반려견 전용 치약을 이용한다.
④ 눈에는 정기적으로 눈세정제를 넣어 주어야 한다.
⑤ 귀 속털은 뽑아 주어야 한다.

정답 ②

해답풀이 발톱에는 혈관이 들어 있어 적절하게 잘라 주어야 한다.

10 반려견의 중성화 수술에 대한 설명으로 옳지 않은 것은?

① 수컷은 좌우측 고환을 적출한다.
② 수컷의 배뇨 행동 교정에 도움을 받는다.
③ 암컷은 좌우측 난소만 적출한다.
④ 암컷은 자궁축농증 예방에 도움을 준다.
⑤ 암컷은 유방암 예방 효과가 있다.

정답 ③

해답풀이 암컷의 중성화 수술은 난소와 자궁을 적출한다.

11 반려견에서 식욕부진, 다음, 체온 상승, 복부팽만 등의 증상을 보일 경우 의심되는 질병은?

① 유방암
② 자궁축농증
③ 항문낭염
④ 쿠싱증후군
⑤ 갑상선기능저하증

정답 ②

해답풀이 식욕부진, 다음, 체온 상승, 복부팽만 등의 증상을 보일 경우 자궁축농증을 의심해 보아야 한다.

12 반려견의 행동학적 특징에 대한 설명으로 옳지 않은 것은?

① 냄새 자극은 후상피라는 후각계의 감각기에 있는 수용체에서 감지한다.
② 서비기관에서는 주로 페르몬을 감지한다.
③ 주사의 공포로 인해 맥박이 빨리 뛰는 것은 고전적조건화이다.
④ 목줄을 잡으면 산책을 가려하는 것은 조작적조건화이다.
⑤ 공격의 표현으로 꼬리를 낮춘다.

정답 ⑤

해답풀이 꼬리를 낮추는 것은 복종이나 두려움의 표시이다..

03 고양이 특성

01 다음 고양이와 관련된 내용에 대한 설명으로 옳지 않은 것은?

① 교미 후 배란 동물이다.
② 12개월 이후에 교배시키는 것이 바람직하다.
③ 교배하지 않으면 자연 배란이 되지 않는다.
④ 연 2회 발정이 온다.
⑤ 고양이는 육식동물로 분류된다.

정답 ④

해답풀이 고양이는 3~5회 발정이 오는 다발정 동물이다.

02 다음 고양이와 관련된 내용에 대한 설명으로 옳지 않은 것은?

① 임신기간은 개 보다 짧다.
② 타우린이 필요한 동물이다.
③ 등 푸른 생선은 금기 식품이다.
④ 우유는 금기 식품이다.
⑤ 캣닙은 고양이에 활성을 주는 간식으로 소량 제공될 수 있다.

정답 ①

해답풀이 고양이 임신기간은 60~69일로 개와 유사하거나 길다.

03 새끼 고양이의 암수 구별법에 대한 설명으로 옳지 않은 것은?

① 갓 태어난 애기 고양이의 암수를 구별하기는 매우 어렵다.
② 수컷은 항문과 외부 성기 사이의 거리가 1~2cm 정도 떨어져 있다.
③ 불룩한 음낭이 있는 지로 수컷을 쉽게 알아낼 수 있다.
④ 암컷은 항문과 외부 성기가 거의 붙어 있는 것처럼 가까이 위치한다.
⑤ 암컷과 수컷을 동시에 비교함으로써 구분법을 쉽게 알 수 있다.

정답 ③

해답풀이 새끼 수컷 고양이는 음낭이 튀어나와 있지 않아 음낭으로 구분이 어렵다.

04 다음 고양이의 특성에 대한 설명으로 옳지 않은 것은?

① 고양이 발가락은 앞발 4개이고 뒷발 5개이다.
② 고양이는 색을 잘 볼 수 없다.
③ 어두운 곳에서 눈의 반사막에 빛이 반사되어 빛난다.
④ 고양이는 개보다 청각이 좋다.
⑤ 고양이 송곳니는 크고 날카롭다.

정답 ①

해답풀이 고양이 발가락은 앞발 5개이고 뒷발 4개이다.

05 다음 고양이와 관련된 내용에 대한 설명으로 옳지 않은 것은?

① 고양이 1살은 사람에서 15살에 해당된다.
② 집 안에 사는 고양이는 집 밖에 사는 고양이 보다 노령화가 빠르다.
③ 고양이 수명은 약 20년이다.
④ 고양이는 야행성 동물이다.
⑤ 고양이는 입 주변, 눈 위, 턱 밑, 볼에 촉모가 있다.

정답 ②

해답풀이 집 밖에 사는 고양이는 집 안에 사는 고양이 보다 노령화가 빠르다.

06 다음 고양이의 신체 특징에 대한 설명으로 옳지 않은 것은?

① 사람이 볼 수 있는 빛의 양의 7분의 1정도에서도 볼 수 있다.
② 고양이 어금니는 표면이 뾰족하다.
③ Home Area 와 Hunting Area의 세력권을 갖는다.
④ 생후 3개월~ 5개월 사이 영구치로 이갈이를 한다.
⑤ 앞발이 뒷발보다 길어 점프에 적합한 체형을 갖는다.

정답 ⑤

해답풀이 앞발보다 긴 뒷발의 강한 근육과 부드러운 관절이 점프, 나무타기에 최적이다.

07 다음 고양이의 신체 특징에 대한 설명으로 옳지 않은 것은?

① 고양이의 꼬리는 점프나 높은 곳에서 뛸 때 균형유지에 도움을 준다.
② 고양이 혀의 구조는 털을 정돈하는 그루밍에 도움을 준다.
③ 고양이는 개보다 청각이 발달되어 있다.
④ 기분이 나쁠 때 꼬리를 심하게 휘휘 돌리는 모습을 볼 수 있다.
⑤ 기분이 좋은 상태에서 꼬리를 부풀리는 모습을 볼 수 있다.

정답 ⑤

해답풀이 고양이가 꼬리를 부풀릴 때는 흥분 또는 공포를 느낄 때이다.

04 고양이 기르기

01 다음 고양이 질병에서 고양이 파보바이러스가 감염되어 발생하는 질병은?

① 고양이 비기관염 바이러스 감염증
② 고양이 칼리시 바이러스 감염증
③ 고양이 백혈병 바이러스 감염증
④ 고양이 범백혈구 감소증
⑤ 고양이 전염성 복막염

정답 ④

해답풀이 고양이 범백혈구 감소증은 고양이 파보바이러스가 감염되어 발생하는 질병이다.

02 다음 고양이 질병에서 고양이 코로나 바이러스가 감염되어 발생하는 질병은?

① 고양이 비기관염 바이러스 감염증
② 고양이 칼리시 바이러스 감염증
③ 고양이 백혈병 바이러스 감염증
④ 고양이 범백혈구 감소증
⑤ 고양이 전염성 복막염

정답 ⑤

해답풀이 고양이 전염성 복막염은 고양이 코로나 바이러스가 감염되어 발생하는 질병이다.

03 다음 중 고양이 4종 종합백신에 포함되지 않는 것은?

① 고양이 비기관염 바이러스
② 고양이 칼리시 바이러스
③ 고양이 백혈병 바이러스
④ 고양이 범백혈구 감소증 바이러스
⑤ 클라미디아

정답 ③

해답풀이 고양이 4종 종합백신에는 고양이 비기관염 바이러스 감염증, 고양이 칼리시 바이러스 감염증, 고양이 범백혈구 바이러스 감염증, 클라미디아가 포함되어 있다. 고양이 백혈병 바이러스는 별도의 단독 백신으로 2회에 걸쳐 기초접종을 한 후 매 년 1회 추가접종을 한다.

04 다음 고양이와 관련된 내용에 대한 설명으로 옳지 않은 것은?

① 임신기간은 개 보다 짧다.
② 타우린이 필요한 동물이다.
③ 등 푸른 생선은 금기 식품이다.
④ 우유는 금기 식품이다.
⑤ 생후 1주일까지는 반드시 초유 급여를 시킨다.

정답 ①

해답풀이 고양이 임신기간은 60~69일로 개와 유사하거나 길다.

05 다음 고양이 중성화 수술과 관련된 내용에 대한 설명으로 옳지 않은 것은?

① 암컷은 유방암 예방에 도움이 된다.
② 수컷은 고환을 적출한다.
③ 수술은 1살 정도가 적합하다.
④ 암컷은 자궁과 난소를 적출한다.
⑤ 암컷은 자궁축농증 예방에 도움이 된다.

정답 ③

해답풀이 고양이 수컷의 중성화 수술은 6개월 미만에 하는 것이 권장된다.

06 고양이 홍역으로도 불리는 질병은?

① 고양이백혈병
② 고양이범백혈구감소증
③ 고양이면역결핍증
④ 고양이비기관염
⑤ 고양이 전염성 복막염

정답 ②

해답풀이 고양이범백혈구감소증은 고양이 홍역 또는 고양이 장염으로 불리는 질병임

07 고양이 허피스 바이러스에 의한 감염증으로 유발되는 질병은?

① 고양이백혈병
② 고양이범백혈구감소증
③ 고양이면역결핍증
④ 고양이비기관염
⑤ 고양이 전염성 복막염

정답 ④

해답풀이 고양이 비기관염은 고양이 허피스 바이러스에 의한 감염증으로 구내염, 비염, 폐렴이 유발되는 질병이다. 고양이 3종 종합백신 또는 4종 종합백신으로 예방할 수 있다.

08 고양이에게 먹여서는 안 되는 식품에 대한 설명으로 옳지 않은 것은?

① 파류는 빈혈이나 중독, 패혈증의 원인이 된다.
② 닭뼈는 세세하게 부서지기 때문에 목에 찔리는 위험이 있다.
③ 유제품은 유당을 소화할 수 없기 때문에 설사가 유발된다.
④ 염분이 진한 것은 신장병이나 고혈압의 원인이 된다.
⑤ 마늘에는 테로브로민 성분이 있어 심장병을 유발한다.

정답 ⑤

해답풀이 테오브로민은 초콜릿 성분으로 개와 고양이에 심장병을 유발할 수 있다. 마늘은 개와 고양이의 적혈구 용혈을 유발하여 급여하면 안되는 금기 식품으로 구분한다.

05 토끼

01 네덜란드가 원산지이며 기존 토끼들에 비해 작은 크기, 동그란 눈과 얼굴, 짧은 귀, 부드럽고 촘촘한 털이 특징인 토끼의 품종은?

① 롭 이어
② 드워프
③ 더치
④ 라이언 헤드
⑤ 친칠라

정답 ②

해답풀이 드워프는 네덜란드가 원산지이며 기존 토끼들에 비해 작은 크기, 동그란 눈과 얼굴, 짧은 귀, 부드럽고 촘촘한 털이 특징이다.

02 프랑스가 원산지이며 회색톤의 아구티 털이 특징이고 처음에는 모피용으로 개발되었던 토끼의 품종은?

① 롭 이어
② 드워프
③ 더치
④ 라이언 헤드
⑤ 친칠라

정답 ⑤

해답풀이 친칠라는 프랑스가 원산지이며 회색톤의 아구티 털이 특징이고 처음에는 모피용으로 개발되었다.

03 다음 토끼와 관련된 내용에 대한 설명으로 옳지 않은 것은?

① 1일 급여량의 18~20%를 섬유질로 섭취해야 한다.
② 티모시는 단백질 양이 많아 성장기에 좋다.
③ 알파파를 어린 토끼에 급여한다.
④ 건초는 이갈이와 헤어볼 예방에 도움을 준다.
⑤ 가장 이상적인 토끼의 먹거리로 티모시를 꼽는다.

정답 ②

해답풀이 티모시는 단백질 양이 알팔파보다 적어 비만 예방에 도움을 주는데, 성장기에는 알파파를 급여하는 것이 좋다.

04 다음 동물 중에서 암컷의 배란 방식이 다른 동물과 다른 것은?

① 개　　　② 햄스터
③ 토끼　　④ 기니픽
⑤ 말

정답 ③

해답풀이 토끼, 고양이, 페릿, 밍크는 교미배란동물로 수컷과 교배가 되기 전까지는 배란이 되지 않는 동물이다.

05 다음 토끼와 관련된 내용에 대한 설명으로 옳지 않은 것은?

① 영국에서 처음으로 토끼 품평회 개최되었다.
② 위턱의 앞니가 2쌍이 있다.
③ 토끼는 고양이 보다 먼저 가축화 되었다.
④ 교미배란동물이다.
⑤ 토끼과는 굴토끼와 산토끼로 나뉜다.

정답 ③

해답풀이 고양이가 토끼 보다 먼저 가축화 되었다.

06 다음 토끼와 관련된 내용에 대한 설명으로 옳지 않은 것은?

① 시야가 매우 좁다.
② 귀에 혈관이 발달하였다.
③ 치아가 닳지 않아 계속 자란다.
④ 교미배란동물이다.
⑤ 임신기간은 31일이다.

정답 ①

해답풀이 토끼의 시야는 매우 넓다.

07 다음 토끼에 대한 설명으로 옳지 않은 것은?

① 이빨이 평생 성장
② 앞 이빨과 어금니 사이의 송곳니가 없음
③ 윗 턱 2개의 앞 이빨의 안쪽에 중복 된 상문치 존재
④ 가늘고 긴 이빨을 가진 중치목 동물
⑤ 저작기능은 윗턱을 상하로 움직임

정답 ⑤

해답풀이 토끼의 저작기능은 아래턱을 좌우로 움직여 음식물을 씹는다.

08 다음 토끼에 대한 설명으로 옳지 않은 것은?

① 후각은 청각과 함께 상당히 발달
② 넓은 시야에 비해 시력은 발달하지 않았음
③ 토끼 눈이 빨갛게 보이는 원인은 홍채에 멜라닌 색소가 없기 때문
④ 식분증은 자기 분변을 먹는 질병으로 기생충 감염이 원인임
⑤ 윗입술이 2개로 갈라짐

정답 ④

해답풀이 토끼의 식분증은 소화되지 않은 영양분과 무기물을 섭취하기 위해 자기 분변을 먹는 정상적 행동이다.

06 햄스터

01 중앙아시아와 북부 러시아, 몽고, 중국 북부의 사막이나 모래에서 살고, 1970년대에 영국에서 애완용으로 소개된 햄스터는?

① 드워프 윈터 화이트
② 로보로브스키
③ 캠벨러시안
④ 골든
⑤ 중국

정답 ②

해답풀이 캠벨러시안 햄스터는 중앙아시아와 북부 러시아, 몽고, 중국 북부의 사막이나 모래에서 살고, 1970년대에 영국에서 애완용으로 소개된 햄스터이다.

02 꼬리가 좀 길어서 얼핏 보면 쥐로 착각할 만큼 쥐를 닮았고 몸길이는 7~8cm이고 주둥이가 좀 튀어 나와 있는 햄스터는?

① 드워프 윈터 화이트
② 로보로브스키
③ 캠벨러시안
④ 골든
⑤ 중국

정답 ⑤

해답풀이 중국 햄스터는 중국 북부, 몽고 지방에서 서식하고 꼬리가 좀 길어서 얼핏 보면 쥐로 착각할 만큼 쥐를 닮았고 몸길이는 7~8cm이고 주둥이가 좀 튀어 나와 있는 햄스터이다.

03 어린 햄스터의 암수 구분 방법으로 옳지 않은 것은?

① 암컷은 항문과 생식기의 거리가 가깝다.
② 수컷은 항문과 생식기의 거리가 멀다.
③ 엉덩이와 생식기의 거리로 알 수 있다.
④ 수컷은 고환이 커져서 엉덩이가 튀어 나와 있어 쉽게 구분된다.
⑤ 암컷과 수컷의 차이를 동시에 확인하여 암수 구분법을 익힐 수 있다.

정답 ④

해답풀이 어린 햄스터 수컷은 고환이 커져 있지 않아 고환으로 구분이 힘들다.

04 덩치가 큰 편으로 가장 많이 보급된 종의 햄스터는?

① 드워프 윈터 화이트
② 로보로브스키
③ 더치
④ 시리아
⑤ 중국

정답 ④

해답풀이 시리아 햄스터는 덩치가 큰 편으로 가장 많이 보급된 종의 햄스터이다.

05 금갈색의 털 색깔에 독특한 하얀 눈썹이 특징인 햄스터는?

① 드워프 윈터 화이트
② 로보로브스키
③ 더치
④ 시리아
⑤ 중국

정답 ②

해답풀이 로보로브스키 햄스터는 금갈색의 털 색깔에 독특한 하얀 눈썹이 특징이다.

06 햄스터의 생리학적 특성에 대한 설명으로 옳지 않은 것은?
   ① 야행성으로 어두운 곳에서도 잘 볼 수 있다.
   ② 색을 잘 구분한다.
   ③ 후각이 발달해 있다.
   ④ 입안쪽 좌우 볼에는 주머니가 있다.
   ⑤ 상하 4개의 앞이빨은 일생 동안 계속 자란다.

   정답 ②

   해답풀이 햄스터는 색을 잘 구분할 수 없다.

07 시리아 사막에서 발견된 햄스터로 다양한 빛깔과 여러 가지의 털 모양이 있는 햄스터는?
   ① 드워프 윈터 화이트
   ② 로보로브스키
   ③ 더치
   ④ 골든
   ⑤ 중국

   정답 ④

   해답풀이 시리아 햄스터는 덩치가 큰 편으로 가장 많이 보급된 종의 햄스터로 골든 햄스터로 불린다.

08 햄스터에게 알레르기를 일으키는 주된 원인 물질에 대한 설명으로 옳지 않은 것은?
   ① 삼나무 재질의 베딩 깔집은 자연 소재로 알레르기 저감 효과가 있다.
   ② 소나무 재질의 베딩 깔집은 삼나무 재질 보다 알레르기 문제가 적다.
   ③ 종이 재질의 베딩 깔집은 삼나무 재질 보다 알레르기 문제가 적다.
   ④ 소금물에 삶은 옥수수는 피부 염증을 유발한다.
   ⑤ 파, 양파, 마늘은 햄스터에게 알레르기를 유발하는 대표적인 먹이다.

   정답 ①

   해답풀이 삼나무 재질의 베딩 깔집은 햄스터에게 알레르기를 일으키는 주된 원인 물질로 알려져 있다.

09 햄스터의 금기 식품으로 옳지 않은 것은?

① 생감자　② 해바라기씨
③ 아보카도　④ 살구
⑤ 생콩

정답 ②

해답풀이 해바라기씨는 햄스터가 아주 좋아하는 먹이 중 하나이다.

10 햄스터의 생리학적 특성에 대한 설명으로 옳지 않은 것은?

① 야행성으로 어두운 곳에서도 잘 볼 수 있다.
② 색을 잘 구분한다.
③ 후각이 발달해 있다.
④ 입안쪽 좌우 볼에는 주머니가 있다.
⑤ 상하 4개의 앞이빨은 일생 동안 계속 자란다.

정답 ②

해답풀이 햄스터는 색을 잘 구분할 수 없다.

동물보건영양학

01 영양 개념과 소화기능

01 다음 중 동물의 소화기관에 해당되지 않는 것은?

① 입
② 식도
③ 위
④ 항문
⑤ 심장

정답 ⑤

해답풀이 심장은 순환기관임

02 소화에 대한 설명이 옳지 않은 것은?

① 입에서 음식물의 저작과 혼합으로 음식물의 입자를 작게하여 소화관을 통과하기 쉽게 하는 것은 물리적 소화이다.
② 소화기관에서 분비되는 각종 효소에 의해서 고분자화합물이 저분자영양소로 분해되는 것은 화학적 소화이다.
③ 미생물에 의한 소화는 화학적 소화가 아니다.
④ 흡수는 소화에 포함된다.
⑤ 대장에서는 소화가 일어나지 않는다.

정답 ③

해답풀이 미생물에 의한 소화는 화학적 소화이다.

03 다음 중 옳은 것은?

① 위에서는 기계적 소화와 화학적 소화가 함께 일어난다.
② 탄수화물은 아미노산으로 저분자화 된다.
③ 지방은 글루코오스로 저분자화 된다.
④ 소장에서는 연동운동과 분절운동 중 둘 중 하나만 일어난다.
⑤ 아밀라아제는 가수분해되는 것을 도와주지 않는다.

정답 ①

해답풀이 위에서는 음식물이 머무르면서 위벽의 연동운동에 의해 위액과 음식물을 섞는 기계적 소화와 소화효소에 의해 단백질을 분해하는 화학적 소화가 함께 일어난다.

04 반려견과 같은 단위동물의 소화작용 특징으로 옳은 것은?

① 위액은 강염기성의 소화액이다.
② 담즙은 황금색이며, 끈끈하고 쓴맛을 가지고 있다.
③ 탄수화물은 담즙에 의해서 분해된다.
④ 대장은 소장, 맹장, 직장으로 구성되어있다.
⑤ 단위동물은 소화기관의 구조와 기능이 매우 복잡하다.

정답 ②

해답풀이 담즙은 황금색이고 끈끈하다.

05 소화 효소의 특징으로 옳지 않은 것은?

① 주성분은 단백질이다.
② 특정 기질에만 작용한다.
③ 35~40℃에서 가장 활발하게 작용한다.
④ 최적 pH에서만 작용한다.
⑤ 입, 위, 췌장에만 존재한다.

정답 ⑤

해답풀이 입, 위, 췌장, 소장, 간에서 각각 존재한다.

06 수용성 양분의 이동에 대한 설명으로 옳은 것은?

① 융털의 모세혈관〉 간문맥〉 간〉 간정맥〉 하대정맥〉 심장〉 온몸
② 융털의 모세혈관〉 심장〉 하대동맥〉 간〉 간정맥〉 간문맥〉 온몸
③ 융털의 모세혈관〉 간정맥〉 간〉 간문맥〉 하대정맥〉 심장〉 온몸
④ 융털의 암죽관〉 림프관〉 가슴관〉 상대정맥〉 쇄골하정맥〉 심장〉 온몸
⑤ 융털의 암죽관〉 가슴관〉 림프관〉 쇄골하정맥〉 심장〉 상대정맥〉 온몸

정답 ①

해답풀이 수용성 양분의 이동경로는 융털의 모세혈관〉 간문맥〉 간〉 간정맥〉 하대정맥〉 심장〉 온몸 순이다.

07 지용성 양분의 이동으로 옳은 것은?

① 융털의 모세혈관〉 간문맥〉 간〉 간정맥〉 하대정맥〉 심장〉 온몸
② 융털의 모세혈관〉 심장〉 하대동맥〉 간〉 간정맥〉 간문맥〉 온몸
③ 융털의 모세혈관〉 간정맥〉 간〉 간문맥〉 하대정맥〉 심장〉 온몸
④ 융털의 암죽관〉 림프관〉 가슴관〉 쇄골하정맥〉 상대정맥〉 심장〉 온몸
⑤ 융털의 암죽관〉 가슴관〉 림프관〉 쇄골하정맥〉 심장〉 상대정맥〉 온몸

정답 ④

해답풀이 지용성 양분의 이동경로는 융털의 암죽관〉 림프관〉 가슴관〉 쇄골하정맥〉 상대정맥〉 심장〉 온몸 순이다.

02 탄수화물 분류 및 대사과정

01 다음 중 옳지 않은 것은?

① 동물의 영양소는 생명을 유지하고 활동에 필요한 에너지를 만들어준다.
② 동물이 외부에서 섭취하는 물질을 영양소라고 한다.
③ 탄수화물, 지방, 단백질, 비타민, 광물질, 물 등이 있다.
④ 번식 활동에만 쓰인다.
⑤ 탄소, 수소, 질소, 산소 등의 원소로 구성되어 있다.

정답 ④

해답풀이 번식 활동분만 아니라 체온을 유지하거나, 성장하는 등 여러 가지 활동에 사용된다.

02 다음 중 탄수화물의 특징으로 옳지 않은 것은?

① 자연계에서 희귀하게 분포되어 있다.
② 식물성 탄수화물은 당류, 전분, 셀룰로오스, 검 등이 있다.
③ 동물성 탄수화물은 글리코겐, 당 및 그 유도체 등이 있다.
④ 총에너지는 4.2kal 이다.
⑤ 단당류 형태로는 포도당, 과당, 갈락토오스로 존재한다.

정답 ①

해답풀이 자연계에서 널리 분포되어 있다.

03 탄수화물의 기능에 대한 설명으로 옳지 않은 것은?

① 동물체 내에서 분해되면서 1g당 약 4kal의 에너지를 공급한다.
② 지방, 단백질의 합성원료로 쓰인다.
③ 지방대사를 원활하게 해준다.
④ 뇌와 신경조직의 구성에 관여한다.
⑤ 탄수화물의 섭취량이 증가하면 지방의 이용률을 저하시킨다.

정답 ⑤

해답풀이 탄수화물의 섭취량이 부족하면 지방대사의 중간물질인 케톤체의 축적이 일어나 지방의 이용률을 저하시킨다.

04 동물의 젖에 함유되어 있는 유당의 구성성분으로 어린 동물의 신경 조직 성분이 되는 영양소는?

① 포도당　　② 지방
③ 단백질　　④ 갈락토오스
⑤ 셀로로오스

정답 ④

해답풀이 갈락토오스는 동물의 젖에 함유되어 있는 유당의 구성성분으로 어린 동물의 신경 조직 성분이 되는 영양소이다.

05 유당을 분해하여 포도당과 갈락토오스로 분해하는 효소는?

① maltase　　② lactase
③ sucrase　　④ amylase
⑤ cellulase

정답 ②

해답풀이 lactase는 유당을 포도당과 갈락토오스로 분해하는 효소이다.

06 탄수화물 대사 과정에 대한 다음 설명으로 옳지 않은 것은?

① 탄수화물의 해당과정은 세포질에서 일어난다.
② TCA 회로는 산소가 있는 상태에서 일어난다.
③ 체내 과잉 포도당은 만노오스로 저장된다.
④ 외부로부터 탄수화물 공급 부족인 경우 포도당 신합성이 일어난다.
⑤ 글리코겐은 간과 근육에 저장된다.

정답 ③

해답풀이 체내 과잉 포도당은 글리코겐으로 저장된다.

07 체내 포도당의 양을 높이는 호르몬은?

① 코티졸 ② 인슐린
③ 글루카곤 ④ 소마토스타틴
⑤ 멜라토닌

정답 ③

해답풀이 글루카곤은 췌장의 알파세포에서 분비되어 글리코겐 분해를 촉진하고 포도당 신합성으로 체내 포도당 양을 늘린다.

03 지질 분류 및 대사 과정

01 다음 중 지방의 설명으로 옳은 것은?

① 지방이 분해되면 지방산과 글리세린으로 되어 동물의 체내에서 이용될 수 있다.
② 지방은 약 5 kcal의 에너지를 공급해준다.
③ 지방 중 식물유는 동물 체내에서 합성할 수 있다.
④ 지방은 탄수화물이나 단백질보다 탄소와 수소의 가연성 물질 함량이 적기 때문에 높은 에너지를 발생시킬 수 있다.
⑤ 지방은 음식(사료)의 기호성을 떨어뜨린다.

정답 ①

해답풀이 지방의 분해되면 지방산과 글리세린으로 되어 동물의 체내에서 이용될 수 있다.

02 지방의 분류로 옳지 않은 것은?

① 지방과 기름은 본질적인 차이가 있다.
② 단순 지방은 중성지방과 왁스로 분류할 수 있다.
③ 복합지방은 인지방, 당지방, 지방단백으로 분류할 수 있다.
④ 유도지방은 지방의 가수분해로 생기는 물질이고, 지방으로부터 합성되는 물질이다.
⑤ 지용성 비타민은 A, D, E, K이다.

정답 ①

해답풀이 일반적으로 상온에서 굳어 있는 형체를 지방이라고 하고, 그 상태가 액상인 것은 기름이라고 하는데 그 본질적인 차이는 없다.

03 다음 중 필수지방산의 결핍 증세로 가장 거리가 먼 것은?

① 성장 저하
② 세포막 손상
③ 피모 불량 및 피부병 유발
④ 골단비대증 유발
⑤ 성성숙 지연 및 번식 장애

정답 ④

해답풀이 필수지방산은 체내에서 합성되지 않거나 양이 적어 반드시 사료를 통해 보충해야 하는 불포화지방산이다.

04 다음 중 오메가-3계 지방산의 기능으로 가장 거리가 먼 것은?

① 혈청 지질 감소
② 혈소판 기능 변화
③ 골성장 증진
④ 혈압 강하
⑤ 관절염 완화

정답 ③

해답풀이 오메가-3계 지방산은 심장순환계 개선, 암발생 억제, 관절염 및 천식 억제 기능을 가지고 있다.

04 단백질 분류 및 대사 과정

01 단백질의 특징으로 옳지 않은 것은?

① 단백질은 세포의 구성성분 및 생명체의 기본물질이다.
② 단백질은 유전인자의 구성성분으로 유전 및 생명현상에 관여하는 기본 물질이다.
③ 단백질은 우유, 고기, 계란의 주성분이다.
④ 단백질은 다른 영양소로 대체할 수 있다.
⑤ 단백질은 동물의 생명유지와 번식 활동에 없어서는 안 된다.

정답 ④

해답풀이 단백질은 질소를 함유하고 있어 다른 영양소로 대체할 수 없다.

02 외부로부터 공급받는 단백질이 아닌 것은?

① 육류
② 어류
③ 곤충
④ 계란
⑤ 버터

정답 ⑤

해답풀이 버터는 우유 중의 지방을 분리하여 응고시킨 제품이다.

03 단백질의 분류로 옳지 않은 것은?

① 단순단백질은 아미노산과 그 유도체만으로 이루어져 있다.
② 복합단백질은 단순단백질에 유도단백질이 결합한 것이다.
③ 유도단백질은 인공적으로 합성된 단백질 유사물과 단백질의 분해 산물이 포함된 것이다.
④ 단순단백질 종류로는 알부민, 글로불린, 글루텔린이 있다.
⑤ 복합단백질 종류로는 핵단백질, 당단백질, 인단백질, 색소단백질이 있다.

정답 ②

해답풀이 복합단백질은 단순단백질에 비단백질 분자가 결합한 단백질을 말한다.

04 아미노산의 특징으로 옳은 것은?

① 아미노산은 지방의 구성단위다.
② 필수아미노산은 동물의 체내에서 합성됨으로써 음식물로 섭취하지 않아도 된다.
③ 동물체 내에서 아미노산 한두 종류 정도는 부족해도 된다.
④ 아르기닌, 리신, 트립토판, 히스티딘은 필수아미노산이다.
⑤ 아미노산은 균형을 맞추지 않아도 된다.

정답 ④

해답풀이 필수아미노산으로는 아르기닌, 리신, 트립토판, 히스티딘, 류신, 트리오닌 등이 있다.

05 고양이의 필수 아미노산 중 개의 필수 아미노산에 포함되지 않는 1종은?

① 페닐알라닌   ② 발린
③ 트립토판   ④ 타우린
⑤ 아르기닌

정답 ④

해답풀이 타우린은 고양이에 필수 아미노산이다.

06 개 사료를 장기 급여 받은 고양이에서 시력 장애와 심장질환이 발생하였다. 이러한 증상이 유발된 환자 고양이에서 부족한 영양소 명칭은?

① 페닐알라닌   ② 발린
③ 트립토판   ④ 타우린
⑤ 아르기닌

정답 ④

해답풀이 타우린은 고양이에 필수 아미노산으로 부족 시 시력 장애와 심장질환이 발생한다.

05 비타민 분류 및 기능

01 비타민의 특징으로 옳지 않은 것은?

① 비타민은 동물의 정상적인 생명현상과 생산 활동을 위해 소량으로 요구된다.
② 시력, 골격형성, 번식 등의 생리현상에 중요한 역할을 한다.
③ 여러 영양소의 효율적인 이용을 돕는다.
④ 수용성 비타민은 잔여량이 축적된다.
⑤ 지용성 비타민으로는 A, D, E, K가 있다.

> **정답** ④
>
> **해답풀이** 수용성 비타민은 축적되지 않고 잔여량은 소변으로 배출된다.

02 결핍 시 야맹증이나 피부 이상과 같은 증상을 유발하는 비타민은?

① 비타민 A   ② 비타민 B
③ 비타민 D   ④ 비타민 E
⑤ 비타민 K

> **정답** ①
>
> **해답풀이** 비타민 A는 레티놀이라 불리고 결핍 시 야맹증이나 피부 이상과 같은 증상이 유발된다.

03 결핍 시 구루병이나 골연화증과 같은 증상을 유발하는 비타민은?

① 비타민 A   ② 비타민 B
③ 비타민 D   ④ 비타민 E
⑤ 비타민 K

> **정답** ③
>
> **해답풀이** 비타민 D는 콜레칼시페롤로 불리며 결핍 시 구루병이나 골연화증과 같은 증상이 나타난다.

04 항산화 기능으로 세포 보호와 노화 방지 기능을 갖는 비타민은?

① 비타민 A   ② 비타민 B
③ 비타민 D   ④ 비타민 E
⑤ 비타민 K

정답 ④

해답풀이 비타민 E는 항산화 기능으로 세포 보호와 노화 방지 기능이 있다.

05 간에서 생성되는 혈액 응고 인자들의 활성과 단백질 대사에 관여하는 기능을 갖는 비타민은?

① 비타민 A   ② 비타민 B
③ 비타민 D   ④ 비타민 E
⑤ 비타민 K

정답 ⑤

해답풀이 비타민 K는 혈액 응고 인자들의 활성과 단백질 대사에 관여한다.

06 결핍 시 괴혈병이나 체내 출혈과 같은 증상을 유발하는 비타민은?

① 비타민 A   ② 비타민 B
③ 비타민 C   ④ 비타민 D
⑤ 비타민 K

정답 ③

해답풀이 비타민 C는 결핍 시 괴혈병이나 체내 출혈과 같은 증상이 유발된다.

06 무기질 분류 및 기능

01 무기질 영양소의 기능과 가장 거리가 먼 것은?

① 체액의 항상성 유지
② 효소의 구성 성분
③ 체액의 산, 염기 평형 조절
④ 체내 일정 pH 유지에 기여
⑤ 항산화 기능

정답 ⑤

해답풀이 항산화 기능은 비타민 E가 갖는 기능이다.

02 결핍 시 뼈의 석회화, 식욕부진, 폐사가 유발되는 무기질 영양소는?

① 칼슘   ② 인
③ 마그네슘   ④ 나트륨
⑤ 칼륨

정답 ②

해답풀이 인은 골격이나 치아를 형성하는 데 기여하며 산, 염기 평형 조절 기능을 가지고 있다.

03 결핍 시 세포외액 전해질 불균형 유발, 신경자극 및 근육 수축이완의 문제, 경련이 유발되는 무기질 영양소는?

① 칼슘   ② 인
③ 마그네슘   ④ 나트륨
⑤ 칼륨

정답 ③

해답풀이 마그네슘은 근육 이완 및 신경 안정에 관여하여 결핍 시 세포외액 전해질 불균형 유발, 신경자극 및 근육 수축이완의 문제, 경련이 유발된다. 칼슘은 근육 긴장과 신경 흥분에 관여하며 결핍 시 경련이 유발된다.

04 결핍 시 수유 동물에서 젖 생산량 감소가 유발되고 다른 동물에서 성장 정체 및 사료 효율 감소가 유발되는 무기질 영양소는?

① 칼슘 ② 인
③ 마그네슘 ④ 나트륨
⑤ 칼륨

정답 ④

해답풀이 나트륨은 삼투압, 산 염기 평형 및 신경자극 반응 조절에 관여한다.

05 결핍 시 적혈구 크기 감소와 영양성 빈혈이 유발되는 무기질 영양소는?

① 칼슘 ② 인
③ 철 ④ 요오드
⑤ 아연

정답 ③

해답풀이 철은 헤모글로빈의 구성성분으로 적혈구 구성에 관여한다.

06 생체 내 여러 효소의 구성성분으로 인슐린 분비와 관련되며 정자 형성에 중요한 역할을 하는 무기질 영양소는?

① 칼슘 ② 인
③ 철 ④ 요오드
⑤ 아연

정답 ⑤

해답풀이 아연은 생체 내 여러 효소의 구성성분으로 인슐린 분비와 관련되며 정자 형성에 중요한 역할을 하는 무기질 영양소이다.

07 반려동물 사료

01 다음 중 옳지 않은 것은?

① 소화율은 섭취한 사료 중 소화기관에서 소화된 양이 얼마나 되는지를 비율로 표시한 것이다.
② 소화율(%) = (흡수한 영양소/섭취한 영양소) × 100이다.
③ 동물이 배설하는 분 중에는 섭취한 사료 중 소화되지 않은 내용물과 장 점막 상피세포나 소화액 등이 배설된다.
④ 사료의 소화율 측정방법에는 직접측정방법과 지시제를 이용한 간접측정법이 있다.
⑤ 사료의 소화율은 영양소의 이용효율을 판단하지 못하는 기초자료가 되지 못한다.

정답 ⑤

해답풀이 사료의 소화율은 영양소의 이용효율을 판단하는 중요한 기초 자료가 된다.

02 다음 중 사료에 의한 영향으로 옳지 않은 것은?

① 사료를 많이 급여할수록 소화율이 증가한다.
② 사료에 소금, 칼슘, 인 등을 과다섭취하거나 부족하면 소화율을 저하시킨다.
③ 영양률이 높은 사료는 소화율이 떨어진다.
④ 영양률이 높을수록 단백질 비율이 낮아진다.
⑤ 조사료는 분쇄 여부가 소화율에 영향을 주지 않는다.

정답 ①

해답풀이 사료를 많이 급여시키면 소화율이 저하된다.

03 다음 중 옳지 않은 것은?

① 사료가치 평가하는 방법에는 물리적, 화학적, 생물학적 평가방법 등이 있다.
② 화학정 평가방법으로는 일반성분을 분석하는 방법, 반 소에스트법, 미량성분에 의한 평가방법 등으로 나누어 볼 수 있다.
③ 일반성분분석법은 사료에 들어있는 수분, 조회분, 조단백질, 조섬유, 조지방 등을 분석하는 방법이다.
④ 반 소에스트법은 섬유질성 탄수화물 성분을 세분하여 측정하므로 초식가축에 유용한 방법이다.
⑤ 미량성분에 의한 평가법은 사료에 들어있는 필수영양소를 사료가치를 평가하는 방법이다.

정답 ⑤

해답풀이 미량성분에 의한 평가법은 아미노산, 지방산, 미량광물질 및 비타민 등 특정한 미량성분 함량을 측정하는 방법이다.

04 다음 중 소화율 측정방법의 설명으로 옳은 것은?

① 직접측정법은 대사틀에 시험축을 넣고 일정 기간 동안 사육하면서 사료섭취량과 배설분을 모두 채취하여 소화율을 측정하는 방법이다.
② 간접측정법은 대사틀에 시험축을 넣고 일정 기간 동안 사육하면서 사료섭취량과 배설분을 모두 채취하여 소화율을 측정하는 방법이다.
③ 방목하는 경우 일반 동물과 같이 측정해도 된다.
④ 소화시험은 예비기간을 안 거쳐도 된다.
⑤ 표시물을 부착하지 않아도 된다.

정답 ①

해답풀이 직접측정법은 대사틀에 시험축을 넣고 일정 기간 사육하면서 사료섭취량과 배설분을 모두 채취하여 소화율을 측정하는 방법이다.

05 소화율의 사료에 의한 영향요인으로 옳지 않은 것은?

① 가축의 종류
② 급여량
③ 사료의 성분
④ 가공처리
⑤ 영양률

정답 ①

해답풀이 가축의 종류는 가축에 의한 요인에 속한다.

06 사료가치의 평가방법으로 옳지 않은 것은?

① 물리적, 화학적, 생물학적 방법으로 구분할 수 있다.
② 일반성분분석법은 사료의 조성분 함량에 기초를 두고 있는 방법이다.
③ 일반성분분석법은 수분, 조회분, 조단백질, 조지방, 조섬유 등을 분석할 수 있다.
④ 물리적 평가방법은 사료에 들어있는 조성분 함량을 평가할 수 있다.
⑤ 미량성분에 의한 평가법은 특정한 미량성분 함량을 측정하여 사료가치를 평가하는 방법이다.

정답 ④

해답풀이 물리적 평가방법은 사료의 외형, 냄새, 색깔 등을 기준으로 평가하는 방법이다.

07 다음 중 설명이 틀린 것은?

① 가소화 에너지는 섭취한 사료의 총 에너지에서 분으로 손실되는 에너지를 뺀 나머지 에너지이다.
② 대사 에너지는 섭취한 사료의 총 에너지에서 분뇨, 가스로 손실되는 에너지를 제외한 에너지이다.
③ 정미 에너지는 사료의 총 에너지에서 분뇨, 가스, 열량증가 등으로 손실되는 에너지를 제외한 에너지이다.
④ 전분가는 체지방 생산능력을 기준으로 만든 에너지 단위이다.
⑤ FU 전분가이다.

정답 ⑤

해답풀이 FU는 사료 단위이다.

08 단백질 평가방법으로 옳지 않은 것은?

① 단백질의 소화율, NPN의 함량, 체단백질 등이 기준이 된다.
② 가소화 조단백질은 조단백질 x 단백질 분해율 다음과 같이 계산할 수 있다.
③ 조단백질은 순단백질과 기타 질소화합물이 포함된다.
④ 단백질의 소화율은 단백질의 종류에 따라 큰 차이가 있다.
⑤ 단백질 당량이란 조단백질 구성 중 유사단백질을 구성하는 질소화합물의 이용가치를 50%만 인정해주는 단백질 평가법이다.

정답 ②

해답풀이 가소화 조단백질을 조단백질 x 소화율로 다음과 같이 계산된다.

09 가축의 사양표준의 특징으로 옳은 것은?

① 사용목적이 정해져 있다.
② 요구량의 경우는 2일 48시간 중에 필요로 하는 영양소량을 의미한다.
③ NRC 사양표준은 한국의 대표적인 사양표준이다.
④ NRC 사양표준은 미국의 대표적인 사양표준이다.
⑤ NRC 사양표준은 가축으로만 국한되어있다.

정답 ④

해답풀이 NRC 사양표준은 미국의 대표적인 사양표준으로서 오늘날 가장 과학적으로 제정된 사양표준이다.

10 가축의 사양표준의 특징으로 옳지 않은 것은?

① ABC 사양표준은 영국의 가축 사양표준이다.
② 과거에 우리나라는 NRC 사양표준이 주로 이용되었다.
③ 일본의 사양표준은 일본농림수산기술회의 주관 아래 농림성 축산시험장의 공동연구에 의해서 제정되었다.
④ 영국의 사양표준의 대상 가축은 반추동물뿐이다.
⑤ 한국의 사양표준은 농촌진흥청 주관으로 제정하였다.

정답 ④

해답풀이 영국의 사양표준의 대상 가축은 반추동물뿐만 아니라 가금, 돼지도 있다.

08 반려동물 성장 단계 상황에 따른 급여

01 다음 식이 권장량은 어느 동물의 식이 권장량으로 가장 적합한가?

- 단백질 30~45% DM
- 섬유 < 10% DM
- 지방 10~25% DM
- 칼슘: 0.6~1.0% DM
- 인: 0.5~0.7% DM

① 어린 고양이
② 노령 고양이
③ 어린 개
④ 노령 개
⑤ 성견

정답 ②

해답풀이 노령 고양이는 단백질 섭취량의 제한은 없으나 인 함량을 감안하여 급여하고 식이성 인을 제한하여야 한다.

02 다음 중 신체 비만 측정 지표에 대한 내용으로 옳지 않은 것은?

① BCS 9단계 또는 BCS 5단계로 평가
② 체지방 % = 1.5 x (9th Ribcage − LIM) − 9
③ LIM (leg index measurement) = 발바닥부터 어깨까지 길이 (cm)
④ 체지방 30% 이상부터 비만 치료
⑤ BCS는 신체충실지수를 말한다.

정답 ③

해답풀이 LIM (leg index measurement) = 무릎부터 뒷 발목까지 길이 (cm)

03 다음 중 음식 알레르기와 밀접한 관련이 있는 것은?

① IgA   ② IgD
③ IgE   ④ IgG
⑤ IgM

정답 ③

해답풀이 IgE는 음식 알레르기 시 증가한다.

04 다음은 고양이의 식이 결정할 때 고려해야 할 요인에 관한 설명이다. 옳은 것만을 모두 고른 것은?

㉠ 중성화는 에너지 필요량을 감소시킨다.
㉡ 스트레스를 받는 고양이는 에너지 필요량이 적다.
㉢ 어린 고양이가 성장한 고양이 ㅂ다 더 많은 에너지를 필요로 한다.
㉣ 수유 중인 고양이는 에너지 필요량이 증가한다.

① ㉠, ㉡   ② ㉡, ㉢
③ ㉡, ㉣   ④ ㉠, ㉡, ㉢
⑤ ㉠, ㉢, ㉣

정답 ④

해답풀이 스트레스를 받는 고양이는 에너지 필요량이 증가한다.

05 다음은 고양이의 특이한 영양학적 문제에 관한 설명이다. 옳은 것만을 모두 고른 것은?

> ㉠ 채식주의자용 사료는 타우린을 특히 보충해 주어야 한다.
> ㉡ 카르니틴은 필수 아미노산은 아니지만 성장하는 데 꼭 필요한 영양소이다.
> ㉢ 아라키돈산은 고양이에게 필수 지방산이며 육류에만 있어 채식 주의자용 사료에 보충해야 한다.
> ㉣ 비타민 B12는 식물에서 발견되지 않기 때문에 채식 주의자용 사료에 보충해야 한다.

① ㉠, ㉡　　② ㉡, ㉢
③ ㉡, ㉣　　④ ㉠, ㉡, ㉢
⑤ ㉠, ㉡, ㉢, ㉣

정답 ⑤

해답풀이 채식주의자용 사료는 식물 소재로 만들어 있으나 고양이는 육식 동물이라 영양소 부족이 발생할 수 있어 필요 영양소를 파악하고 보충한 사료가 활용되어야 한다.

09 반려동물 질환과 영양학적 관계

01 다음 만성 신부전 반려견의 관리에 관한 내용으로 옳지 않은 것은?

① 고인혈증 관리
② 대사성 알칼리증관리
③ 단백질 식이관리
④ 나트륨 조절
⑤ 칼륨 평형 관리

정답 ②

해답풀이 만성 신부전 반려견의 관리는 대사성 산증관리가 필요하다.

02 다음 수산칼슘 요로 결석이 있는 반려견의 관리에 관한 내용으로 옳지 않은 것은?

① 단백질 제한
② 나트륨 관리
③ 옥살산염 관리
④ 음수량의 요비중은 2.04 이상으로 유지
⑤ 인 관리

정답 ④

해답풀이 수산칼슘 요로 결석이 있는 반려견은 음수량의 요비중은 1.02 미만으로 유지해야 한다.

03 다음 간 질환이 있는 반려견의 관리에 관한 내용으로 옳지 않은 것은?

① 고단백질 식이 급여
② Na 제한
③ 에너지 증가
④ Cu 제한
⑤ 비타민의 급여

정답 ①

해답풀이 간 질환이 있는 반려견은 간성 뇌증 있는 경우 단백질 제한이 필요하다.

04 다음 뼈와 관절에 대한 영양학적 설명에 관한 내용으로 옳지 않은 것은?

① 성장하는 어린 강아지는 에너지가 과잉섭취되는 경우 급속한 체중 증가로 뼈의 변형을 가져올 수 있다.
② 성장기 강아지의 영양 과잉 문제는 대형견보다는 소형견에서 더 문제가 크다.
③ 칼슘 과잉 섭취는 골격 이상을 유발할 수 있다.
④ 육류로된 식이를 많이 섭취하는 개는 인의 과잉섭취가 문제될 수 있다.
⑤ 성장하는 어린 개에서 구리결핍은 성장변형이 유발된다.

정답 ②

해답풀이 성장기 강아지의 영양 과잉 문제는 소형견보다는 대형견에서 더 문제가 크다.

동물보건행동학

01 동물보건행동학의 기초 개념

01 다음 중 동물행동학이라는 학문 분야의 선구자가 아닌 사람을 모두 고르시오

① 로렌츠 ② 게슈탈트
③ 틴베르겐 ④ 프리슈
⑤ 에릭슨

정답 ②, ⑤

해답풀이 유럽에서 동물행동학(Ethology)라는 새로운 학문분야가 탄생하여 로렌츠, 틴베르겐 그리고 프리슈 3인의 선구자들이 함께 노벨상(1973년도 의학생리학상)을 수여한 것이 하나의 계기가 되어 동물행동학은 20세기 후반에 대단한 발전을 이루었다.

02 행동학 연구의 4분야 중 옳지 않은 것을 고르시오.

① 행동의 지근요인
② 행동의 궁극요인
③ 행동의 전달
④ 행동의 발달
⑤ 행동의 진화

정답 ③

해답풀이 행동의 지근요인, 행동의 궁극요인, 행동의 발달, 행동의 진화의 각 관점으로 이것을 '행동학연구의 4분야'라고 부른다.

03 다음 설명을 읽고 빈칸에 들어갈 말을 고르시오.

> 현대의 동물행동학을 지지하는 중요한 기본적 개념 중 하나가 적응도(Fitness)라는 사고이다. 이것은 (   )라고 하며 수치로 나타낼 경우, 어느 동물이 낳은 새끼의 수(즉, 출산수)와 그 새끼들이 번식연령에 도달하기까지의 생존율의 곱으로 나타낸다.

① 생애번식성공도
② 행동성공도
③ 행동전달도식화
④ 행동발달분석도
⑤ 생활환분석도

정답 ①

해답풀이 영어로 Lifetime Reproductive Success라고 하며 행동생태학자의 말대로 '동물의 행동은 적응도를 가장 높일 수 있는 형태로 진화해 왔다.'고 생각하면 지금까지 연구되어 온 다양한 사례들이 잘 들어맞는다고 한다.

04 다음 설명을 읽고 빈칸에 들어갈 말을 고르시오.

> (   )는 어떤 개체가 자신과 혈연관계에 있는 다른 개체의 생존과 번식을 도움으로써 자신과 공유하고 있는 유전자세트가 그 근연개체의 번식성공을 통해 다음 세대로 이어진다는 개념이다.

① 생애적응도
② 포괄적응도
③ 행동전달도
④ 행동발달도
⑤ 생활환적용도

정답 ②

해답풀이 적응도를 높이기 위한 동물의 이기적이라고도 생각되는 행동과는 모순되는, 이타적인 행동의 예도 수없이 알려져 있다. 특히 혈연관계에 있는 어느 개체 간의 경우에는 서로 돕는 행동이 자주 보인다. 늑대의 무리에서는 젊은 암컷이 태어난 새끼들의 포육을 돕고, 소의 무리에서는 어미 소가 먹이를 먹기 위해 초원에 나가 있는 동안 새끼들을 한 곳에 모아놓고 교대로 암소들이 보살피는 탁아소(실제 이러한 집단은 탁아소를 의미하는 creche라 불린다)와 같은 것의 존재도 알려져 있다. 야생동물의 집단에서는 동료 간에 서로 도우며 생활하는 이같이 사례가 수없이 알려져 있다.

05 다음 중 행동의 동기부여 중 옳지 않은 것을 고르시오.

① 호메오스타시스(homeostasis)성 동기부여
② 번식성의 동기부여
③ 정동적 동기부여
④ 사회적 동기부여
⑤ 폭력적 동기부여

정답 ⑤

해답풀이 폭력적 동기부여가 아닌 호기심이나 조작욕, 접촉욕과 같은 내발적 동기부여이다.

02 가축화에 의한 행동 변화

01 다음 문제행동의 분류 중 문제행동으로 볼 수 없는 것을 고르시오.

① 동물이 본래 가지고 있는 행동양식(repertory)을 벗어나는 경우
② 동물이 본래 가지고 있는 행동양식의 범주에 있으면서 그 많고 적음이 정상을 벗어나는 경우
③ 인간의 행동양식에 불편함을 주는 경우
④ 행동양식의 빈도가 많고 적음이 정상을 벗어나지는 않더라도 인간사회와 협조되지 않는 경우
⑤ 인간의 명령어에 복종하는 경우

정답 ⑤

해답풀이 첫째는 동물이 본래 가지고 있는 행동양식(repertory)을 벗어나는 경우로 이것은 이상행동의 범주에 들어간다. 종양이 생길 때까지 발끝을 핥는 상동장해나 환각적인 행동을 보이는 강박증 등을 예로 들 수 있다. 이들은 겉보기에도 정상행동이 아니라고 판단할 수 있는 경우가 많다. 둘째는 동물이 본래 가지고 있는 행동양식의 범주에 있으면서 그 많고 적음이 정상을 벗어나는 경우로 성행동이나 섭식행동 등에서 자주 보인다. 두 행동 모두 너무 많아도 너무 적어도 문제가 되는 것이다. 그리고 셋째는 그 많고 적음이 정상을 벗어나지는 않더라도 인간사회와 협조되지 않는 경우가 있다.

02 구소련시대에 양식된 여우의 큰 집단에서 이루어진 육종 실험에 대한 설명으로 옳지 않은 것은?

① 가장 얌전하고 사람을 잘 따르는 개체를 선발하여 육종을 거듭하였다.
② 결과는 개와 같이 사람에게 순종적인 여우가 만들어졌다.
③ 연구 결과로 육종을 통해 행동 변화를 유도할 수 있음이 증명되었다.
④ 연구 결과로 행동변화 뿐 아니라 여우의 형태적인 변화도 확인되었다.
⑤ 육종 실험은 5세대 정도의 번식을 통해 목표한 형질을 얻어낼 수 있다.

정답 ⑤

해답풀이 육종선발은 20세대 이상의 번식을 통해 목표한 형질을 얻어낼 수 있다. 가장 사람을 잘 따르는 개체를 선발하여 번식시키는 것을 20세대에 걸쳐 반복한 결과, 마치 개와 같이 사람에게 순종적인 여우가 만들어졌다고 한다. 또한 매우 흥미로운 사실은 이렇게 마지막에 남은 여우들에게는 행동 변화뿐 아니라, 개와 같이 귀가 처지고 꼬리가 말리고, 더군다나 얼룩무늬의 모피를 가지는 형태적인 변화도 보인 것이다.

03 다음 설명을 읽고 빈칸에 들어갈 말을 작성하시오.

> 많고 적음이 정상을 벗어나지는 않더라도 인간사회와 협조되지 않는 경우 어떠한 문제행동이 이상행동인지를 확인하는 하나의 수단은 (   )이다.

① 행동의 지근요인
② 동물행동학적인 관점
③ 행동의 전달
④ 행동의 발달
⑤ 행동의 진화

정답 ②

해답풀이 다양한 동물종의 정상행동 레퍼토리를 제대로 밝히는 것이다. 그 동물에게 있어 본래의 서식지인 지역의 자연환경에서 생활하는 경우는 어떠한 행동이 보이며 각각의 행동은 어떠한 메커니즘에 의해 일어나며, 그 행동에는 어떠한 의미가 있고, 어떻게 개체발생(발달) 또는 계통발생(진화)해 왔는지, 이러한 다양한 과제에 대해 체계를 세워 연구하는 것도 동물행동학의 중요한 분야 중 하나이다.

03 행동의 발달

01 다음 중 개의 행동발달 중 해당하지 않는 시기를 고르시오.

① 신생아기 ② 유아기
③ 사회화기 ④ 약령기
⑤ 이행기

정답 ②

해답풀이 강아지의 행동발달단계에 관한 것으로 오랜 세월에 걸친 연구 성과로부터 신생아기(Neonatal period), 이행기(Transition period), 사회화기(Socialization period), 약령기(Juvenile period)의 4단계로 나누어진다는 개념이 제창되었다.

02 다음 중 개의 행동발달 중 이행기의 설명 중 옳지 않은 것을 고르시오.

① 생후 4~12주를 말한다.
② 귓구멍이 열려 소리에 반응한다.
③ 어미개가 음부를 자극하지 않아도 배설이 가능해진다.
④ 형제들과 장난치며 놀기 시작한다.
⑤ 꼬리를 흔드는 등 사회적 행동의 신호를 표현한다.

정답 ①

해답풀이 생후 4~12주가 아닌 생후 2~3주까지의 짧은 기간을 말한다.

03 다음 중 개의 행동발달 중 약령기의 설명 중 옳지 않은 것을 고르시오.

① 이 시기의 놀이는 강아지의 정상적인 행동발달에 중요한 역할을 한다.
② 사회적인 상호관계에서 룰을 배우게 된다.
③ 무리 내에서의 서열의 유지와 침입자를 격퇴하기 위한 투쟁기술을 연습해간다.
④ 적절한 사회적 강화가 없더라도 사회화된 대상에 대해 공포심을 느끼지 않는다.
⑤ 강아지들 간의 사회적 서열도 이러한 놀이나 다른 사회적 행동을 통해 서서히 형성되어 간다.

정답 ④

해답풀이 회화기 후 6~8개월까지 적절한 사회적 강화가 없으면 모처럼 사회화된 대상에 다해 공포심을 갖게 되는 경우도 있다(퇴행현상).

04 발달행동학적으로 본 개의 문제행동 중 옳지 않은 것을 고르시오.

① 꼬리흔들기
② 공격행동
③ 불안
④ 공포증
⑤ 분리불안

정답 ①

해답풀이 발달행동학적으로 본 개의 문제행동으로 공격행동, 불안과 공포증, 분리불안을 꼽을 수 있다.

05 발달행동학적으로 본 개의 공격행동 중 옳지 않은 것을 고르시오.

① 개의 문제행동 중 가장 일반적이고 심각한 것이 공격행동이다.
② 자신의 이 중 세력권이나 행동권에 들어온 침입자에 대한 공격성은 개에게 있어 정상적인 행동반응이다.
③ 늑대에서는 침입자에 대해 명확한 적대행동이 나타나는 것은 8~12주 무렵이다.
④ 기한 자극이나 공포심을 부채질하는 자극에 대해 갑자기 강한 감수성을 나타내기 시작하는 시기와 일치한다고 한다.
⑤ 개에서는 이러한 공격성이 문제행동으로 인식되는 것은 보통 1~3세이다.

정답 ③

해답풀이 늑대에서는 침입자에 대해 명확한 적대행동이 나타나는 것은 16~20주 무렵이다.

04 생식행동

01 다음 빈칸에 올바른 답을 고르시오.

( )이란 한정된 자원인 암컷을 둘러싼 경쟁에서 조금이라도 유리하게 행동하기 위해 수컷이 생존율을 희생해서까지 어떤 형질을 발달시키는 것이다.

① 자연선택 ② 인위선택
③ 성선택   ④ 혈연선택
⑤ 자연선택

정답 ③

해답풀이 공작의 수컷의 화려한 꼬리털은 극단적인 예 중 하나지만 포유류에서도 수컷은 때로 뿔이나 송곳니와 같은 다양한 무기와 장식을 발달시켜, 번식계절에는 섭식행동이나 장식행동, 휴식행동 등의 유지행동을 거의 정지시키면서까지 암컷을 획득하려고 한다. 이와 같은 행동의 진화는 수컷간의 경합을 위함이거나 암컷의 관심을 끌기 위함이다.

02 동물의 다양한 배우시스템 중 옳지 않은 것을 고르시오.

① 일부일처제
② 단혼제
③ 일부다처제
④ 일처다부제
⑤ 다부다처제

정답 ②

해답풀이 동물의 다양한 배우시스템에는 일부일처제, 일부다처제, 일처다부제, 다부다처제(난혼제)가 있다.

03 초식 동물의 성행동 중 옳지 않은 것을 고르시오.

① 암소는 약 21일마다 발정하여 수컷의 교미행동을 허용한다.
② 수소는 멀리서 암소의 이러한 행동변화를 보고 접근하여 최종적으로는 페로몬을 단서로 교미상대를 선택한다.
③ 발정기의 암컷은 수컷이 승가해도 가만히 있고 도망가지 않는다. 이 시간을 스탠딩발정이라 부르며 약20시간 가까이 계속된다.
④ 암컷 말은 발정기에는 독특한 배뇨자세를 보이는 등 수컷을 소극적으로 받아들인다.
⑤ 수컷 말이 승가한 뒤 사정하기까지의 시간도 수십 초로 길다.

정답 ④

해답풀이 암컷 말이 수컷 말에게 보이는 태도는 성주기의 시기에 따라 극단적으로 다르며 발정기 이외의 시기에는 접근하는 수컷을 위협하거나 공격하여 접근이나 접촉을 거절하지만 발정기에는 독특한 배뇨자세를 보이는 등 수컷을 적극적으로 받아들인다.

04 육식동물의 성행동 중 옳지 않은 것을 고르시오.

① 개는 몇 년에 한 번의 주기로 발정기가 오는데 그 안에 1번만 배란을 하는 다발정동물이다.
② 고양이는 교미배란동물의 일종으로 교미하지 않으면 배란이 일어나지 않는다.
③ 암캐에서는 우선 발정전기가 1주정도 계속되며 그 동안 음부에서 혈액이 혼입된 분비물이 배출된다.
④ 암컷 고양이 호르몬의 영향으로 분비된 페로몬을 맡고 수컷들이 모여든다.
⑤ 고양이는 교미 후는 바닥에 드러누워 배란댄스라 불리는 특유한 행동을 보인다.

정답 ①

해답풀이 개는 몇 년에 한 번의 주기로 발정기가 오는데 그 안에 1번만 배란을 하는 단발정동물이다.

05 개와 고양이의 모성행동 중 옳지 않은 것을 고르시오.

① 개나 고양이의 어미는 육아를 위해 둥지를 만들고 출산한 뒤, 얼마 동안은 둥지 안에서 새끼들을 보살피면서 대부분의 시간을 보낸다.
② 어미 개나 어미고양이는 생후 3주 정도까지는 새끼들을 계속해서 핥아 몸을 깨끗이 해준다.
③ 어미고양이에서는 되돌림 행동이라는 특이한 행동이 보인다.
④ 개는 위임신을 할 수 없는 구조를 가지고 있다.
⑤ 이유는 모유에서 고형식으로의 이행인데 야생 개과나 고양이과 동물에서는 각각의 종에 특이적인 방법으로 단계적인 이행이 보인다.

정답 ④

해답풀이 위임신은 사람에서 상상 임신에 해당하는 것으로 실제로는 임신하지 않았는데도 복부가 부풀고 유선이 다소 발달하는 것이 일반적인 특징이다. 개는 불임교미의 유무에 상관없이 위임신이 성립하는 유일한 동물인데, 이것은 임신해도 하지 않아도 황체기의 길이가 그다지 변하지 않는다는 개의 독특한 생식내분비구조도 관여하고 있는 것으로 생각된다.

05 유지행동

01 배설행동의 설명 중 옳지 않은 것을 고르시오.

① 배설행동은 생리학적으로 반드시 필요하지는 않으며 선택할 수 있는 사항이다.
② 초식동물은 자주 배설을 하며 그 횟수는 소나 말에서 1일 10회 이상에 이른다.
③ 개나 고양이 등 육식동물의 배설횟수는 성수의 경우 보통 2, 3회이다.
④ 소나 양처럼 넓은 범위를 이동하면서 생활하는 동물들은 배설장소에 신경 쓰지 않고 어디든 볼일을 본다.
⑤ 개나 고양이처럼 자신의 영역을 만드는 동물에서는 둥지나 잠자리에서 떨어진 장소에 배설하는 행동 패턴이 진화했다.

정답 ①

해답풀이 배설행동은 생리학적으로 반드시 필요한 것으로 어떤 동물에게도 볼 수 있는데 그 행동 패턴은 섭식행동과 마찬가지로 동물 종에 따라 다양하며 음식의 종류나 각각의 동물의 생리학적 특징과 연관되어 있다.

02 개와 고양이의 섭식행동 중 옳지 않은 것을 고르시오.

① 사회적 촉진
② 먹이에 대한 기호성
③ 시각혐오
④ 무식욕증
⑤ 과식증

정답 ③

해답풀이 시각혐오가 아닌 미각혐오이다. 부패한 먹이나 독이 들어간 먹이를 섭취함으로써 식후 구토나 설사를 한 불쾌한 경험을 하면, 동물은 그 먹이의 냄새나 맛을 기억하고는 같은 먹이를 두 번 다시 입에 대지 않는다.

03 다음 단어를 설명하는 올바른 답을 고르시오.

> 동물은 음식에서 탄수화물이나 지방, 단백질과 같은 것뿐만 아니라, 미네랄이나 비타민 등 다양한 영양소를 섭취하고 있다. 이 중 특정성분이 부족한 상태에 놓이면 동물은 결핍된 성분을 적극적으로 섭취하려는 먹이에 대한 자기선택행동을 보이는 것으로 알려져 있다.

① 특이적 기아
② 과식증
③ 섭식량
④ 무식욕증
⑤ 사회적 촉진

정답 ①

해답풀이 특정 아미노산(리신 등)이 결핍된 먹이를 계속 주면 여러 가지 아미노산을 녹인 용액을 늘어놓고 자유롭게 먹도록 했을 때, 리신이 들어간 용액을 선택적으로 섭취한다. 이와 같이 적절한 건강상태를 유지하기 위해 때때로 자신에게 필요한 먹이를 선택할 수 있는 동물의 '영양학적 지혜'에 대해서는 과거 많은 연구에서 동물의 경이로운 능력으로 밝혀져 있다.

04 개와 고양이의 그루밍 행동 중 옳지 않은 것을 고르시오.

① 오럴 그루밍에서는 혀와 이가 사용된다.
② 스크래치 그루밍은 물건을 사용한다.
③ 그루밍에는 가족이나 무리의 동료 간의 친화적 행동으로서의 사회적 의미도 크다.
④ 애완동물을 가리키는 펫(pet)은 원래 '애무하다'라는 말에서 온 것 이다.
⑤ 주인이 개나 고양이를 쓰다듬는 것은 동물들이 충분히 사회화되어 있어 쓰다듬는 것에 불안을 느끼지 않는 한, 동물에게도 주인에게도 서로 즐겁고 기분 좋은 행동이다.

정답 ②

해답풀이 스크래치 그루밍은 뒷발을 사용한다.

06 사회적 행동

01 동물들이 무리를 이루어 사는 이유 중 옳지 않은 것을 고르시오.

① 번식하는데 유리
② 먹이를 잡을 수 있는 가능성 상승
③ 적으로부터 몸을 보호
④ 번식의 상대를 상대적으로 쉽게 발견
⑤ 자원의 무한성

정답 ⑤

해답풀이 먹이나 휴식장소와 같은 자원은 한정되어 있기 때문에 집단이 커지면 곧 무리 내에서 유한한 자원을 둘러싸고 심각한 경쟁이 일어나게 된다.

02 고양이의 사회적 거리에서 가장 바깥쪽에 있는 큰 범위이며 평소의 생활에서 행동하는 범위는 다음 중 어느 것인가?

① 생활권
② 번식 가능 거리
③ 경쟁 거리
④ 개체적 거리
⑤ 도주 거리

정답 ①

해답풀이 가장 바깥쪽에 있는 큰 범위가 평소의 생활에서 행동하는 범위인 생활권(home rage)이다. 인근에 사는 고양이들 간에는 생활권이 겹치지만 그 안쪽에 있는 세력권은 보통 겹치지 않는다. 세력권은 방위해야 할 영역이다. 그 안쪽에는 낯선 고양이가 접근하는 범위인 사회적 거리가 있고 그 이상의 접근은 특별한 관계의 고양이에게만 허용된다. 이와는 달리, 익숙하지 않은 고양이나 타종의 동물이 접근한 경우에 도망가는 거리를 도주거리, 그리고 도주하려고 해도 그렇지 못하거나 알아차리는 것이 늦어서 자기방위의 반격으로 바꿀 수 없는 거리를 임계거리라고 한다. 이러한 거리는 고양이를 둘러싼 다양한 외적 또는 내적인 상황에 따라 시시각각 변할 수 있다.

03 동물의 공격행동의 종류로 옳은 것을 모두 고르시오.

① 포식성 공격
② 암컷간의 공격
③ 즐거움에 의한 공격
④ 영역적 공격
⑤ 비만에 의한 공격

정답 ①, ④

해답풀이 공격행동은 2마리 또는 그 이상의 개체 간에 보이는 경합적인 상호관계로 도주, 방위적 행동, 공격행동에 관련된 자세나 표정에 의해 알 수 있다. 공격행동이라고 하면 동물 간이 싸우고 있는 모습을 떠올리지만 다음에 설명하듯이 공격행동은 그 동기부여의 차이에 따라 몇 종류로 분류할 수 있다. 동종의 동물 간에 일어나는 정동적 반응을 동반하는 공격행동과, 육식동물이 수렵 시 보이는 포식성 공격행동으로 크게 나누어진다. 후자는 다른 공격행동과 달리, 정동적인 반응이 전혀 동반되지 않는다는 것이 특징이다.

04 공격행동 중 수컷간의 공격의 내용으로 옳지 않은 것을 고르시오.

① 많은 동물 종에서 수컷 쪽이 암컷에 비해 원래 싸움을 일으키기 쉬운 성질이 있다.
② 태아기 또는 신생아기의 뇌의 발달의 성적이 형성을 반영한 것으로 추측이 된다.
③ 수컷끼리의 공격성이 발현하는 데는 웅성호르몬인 안드로겐이 필요하다.
④ 성성숙의 시기에 테스토스테론의 대량분비가 일어나면서 공격성이 점차 낮아진다.
⑤ 계절번식동물과 같이 1년의 특정 시기에만 안드로겐분비가 높아지는 동물 종에서는 이 내분비변화와 동시에, 공격행동도 명확해진다.

정답 ④

해답풀이 수컷끼리의 공격성이 발현하는 데는 웅성호르몬인 안드로겐이 필요하며 성성숙의 시기에 테스토스테론의 대량분비가 일어나면서 공격성이 높아진다.

07 커뮤니케이션

01 다음 단어를 설명하는 올바른 답을 고르시오.

> 근거리 또는 중거리 커뮤니케이션에서 (　　)은 효과적이며 상대의 대응을 보면서 즉시 신호를 바꿀 수 있다는 점도 유리하다.

① 후각을 통한 커뮤니케이션 행동
② 시각을 통한 커뮤니케이션 행동
③ 미각을 통한 커뮤니케이션 행동
④ 촉각을 통한 커뮤니케이션 행동
⑤ 청각을 통한 커뮤니케이션 행동

정답 ②

해답풀이 늑대 무리에서는 동료 간의 커뮤니케이션의 대부분이 자세나 표정의 변화로 된 시각표시에 의해 이루어진다. 마찬가지로 시각계를 통한 커뮤니케이션은 개와 개 또는 개와 사람의 커뮤니케이션에서도 중요한 전달양식이다.

02 개의 꼬리에 대한 표현에 대해 옳지 않은 것을 고르시오.

① 꼬리의 위치가 공격적일 때는 낮게 내려간다.
② 복종 시에는 낮게 내리거나 배 밑으로 말린다.
③ 꼬리를 흔드는 행동이 반드시 우호적인 기분을 의미하는 것은 아니다.
④ 복종적인 개가 상대를 진정시키려고 할 때는 꼬리를 낮은 위치에서 어색하게 흔든다.
⑤ 높은 위치에서 꼬리를 흔드는 행동은 우위인 개체에 따른 위협의 경우도 있다.

정답 ①

해답풀이 꼬리의 위치가 공격적일 때는 높게 올라간다.

03 다음 단어를 설명하는 올바른 답을 고르시오.

> (   )은 종이나 성별, 가족과 무리, 그리고 특정 개체의 정체성(identity)에 관련된 매우 많은 정보를 정확하게 전달할 수 있다.

① 후각을 통한 커뮤니케이션 행동
② 시각을 통한 커뮤니케이션 행동
③ 미각을 통한 커뮤니케이션 행동
④ 촉각을 통한 커뮤니케이션 행동
⑤ 청각을 통한 커뮤니케이션 행동

정답 ①

해답풀이 동물이 떠나간 뒤에도 상당히 오랜 시간동안 정보를 남길 수 있다는 특징을 가지고 있다.

04 다음 단어를 설명하는 올바른 답을 고르시오.

> 짖기나 포효 등 개의 음성을 이용한 커뮤니케이션은 장거리에서의 정보전달에 특히 효과적인 방법이다. 한편, 으르렁거리는 소리나 컹컹 짖는 소리도 다양한 상황에서 단거리 또는 중거리의 커뮤니케이션에 이용된다.

① 후각을 통한 커뮤니케이션 행동
② 시각을 통한 커뮤니케이션 행동
③ 미각을 통한 커뮤니케이션 행동
④ 촉각을 통한 커뮤니케이션 행동
⑤ 청각을 통한 커뮤니케이션 행동

정답 ⑤

해답풀이 개의 짖는 방법은 상황에 따라 다르며 예를 들어 영역의식에 관련된 것, 공격적인 소리, 동료에게 경계를 촉진하는 소리 등 다양한 종류가 있는데 조금 익숙해지면 사람도 어느 정도의 식별이 가능하다. 영역의식에 관련된 소리는 개의 흥분레벨이나 침입자의 접근정도에 따라 짖는 법이 달라진다.

08 동물의 학습원리

01 조작적 조건화의 강화에 대해 주의해야 할 점으로 옳지 않은 것을 고르시오.

① 강화 인자
② 강화의 정도
③ 강화의 타이밍
④ 1차적 강화인자
⑤ 플러스 강화와 마이너스 강화

정답 ④

해답풀이 본래의 보상이 아닌, 본래의 보상과 함께 주어짐으로써 강화인자로 작용하는 2차적 보상을 가리킨다. 예를 들어, 간식을 이용하면서 개를 훈련할 때 동시에 칭찬을 해주면 곧 칭찬만으로도 2차적 강화인자로서 보상의 역할을 하게 되는 것이다.

02 유용한 처벌에 필요한 것을 모두 고르시오.

① 적절한 타이밍
② 강력한 강도
③ 한 박자 느린 타이밍
④ 일관성 있는 태도
⑤ 강력한 호통

정답 ①, ④

해답풀이 처벌을 유용하게 이용하기 위해서는 적절한 타이밍, 적절한 강도 및 일관성이 필요하다.

03 강화인자의 제시에 따라 반응이 일어날 가능성이 증가하는 조건화를 무엇이라 하는가?

① 마이너스강화
② 음성강화
③ 플러스강화
④ 부정강화
⑤ 감경강화

정답 ③

해답풀이 강화인자의 제시에 따라 반응이 일어날 가능성이 증가하는 조건화를 플러스강화(양성강화라고도 한다)라 한다.

04 혐오적인 강화인자가 제거됨에 따라 반응이 일어날 가능성이 증가하는 조건화를 무엇이라 하는가?

① 마이너스강화
② 양성강화
③ 플러스강화
④ 부정강화
⑤ 감경강화

정답 ①

해답풀이 혐오적인 강화인자가 제거됨에 따라 반응이 일어날 가능성이 증가하는 것을 마이너스강화(음성강화)라고 한다.

09 문제행동의 종류

01 개의 공격행동 중 옳지 않은 것을 고르시오.

① 우위성 공격행동
② 영역성 공격행동
③ 환호성 공격행동
④ 포식성 공격행동
⑤ 동종간 공격행동

정답 ③

해답풀이 공포성 공격행동(Fear-based aggression) : 공포나 불안의 행동학적·생리학적 징후를 동반하는 공격행동

02 개의 문제행동 중 옳지 않은 것을 고르시오.

① 쓸데없이 짖기·과잉포효
② 부적절한 배설
③ 상동장애
④ 이기
⑤ 주인 명령어 복종

정답 ⑤

해답풀이 개의 문제행동은 그 외로 고령성 인지장애, 성행동과잉, 성행동결여 등이 있다.

03 고양이의 공격행동 중 옳지 않은 것을 고르시오.

① 전가성 공격행동
② 영역성 공격행동
③ 애무유발성 공격행동
④ 포식성 공격행동
⑤ 특별적 공격행동

정답 ⑤

해답풀이 특발성 공격행동(Idiopathic aggression) : 예측불능으로 원인을 알 수 없는 공격행동.

04 고양이의 문제행동 중 옳지 않은 것을 고르시오.

① 수면   ② 과잉증
③ 거식증 ④ 불안기질
⑤ 발톱갈기행동

정답 ①

해답풀이 고양이의 문제행동은 과잉증, 거식증, 불안기질, 발톱갈기행동 고령성 인지장애, 성행동과잉, 성행동결여, 이기, 공포증 등이 있다.

05 겁먹은 동물의 대처방법으로 옳은 것을 고르시오.

① 처벌한다.
② 달래준다.
③ 신경을 분산시키는 행동을 취한다.
④ 주인이 동물을 꼭 안고 있어준다.
⑤ 입마개를 착용하지 않는다.

정답 ③

해답풀이 개의 경우라면 병원 안이나 진찰실 안에서 개가 알고 있는 명령(앉아, 엎드려, 손 등)을 하여 그것을 따르게 하면 겁먹은 마음을 분산시킬 수 있고 자신감도 가질 수 있다. 개가 명령을 잘 따르면 충분히 칭찬하고 보상의 간식을 주면 바람직한 행동이 강화된다. 고양이의 경우라면 진찰실 안에서 강아지풀을 사용하여 놀아주면 좋다. 물론 심하게 겁먹은 경우는 명령이나 강아지풀 따위에 반응하지 않을지도 모른다. 이러한 때는 가능한 무서워할 수 있는 자극을 주지 않도록 노력해야 한다.

06 입원용 우리 안에서 공격성을 보이는 개의 대처법으로 옳지 않은 것을 고르시오.

① 우리의 문을 등지고 서서히 접근하여 인간이 다가오는 공포를 줄인다.
② 개가 위에 있는 단의 우리에 수용되어 있을 경우는 뒤를 돌아서 우리의 문에 다가가 본다.
③ 문을 살짝 열고 개를 감싸듯이 순식간에 확 들어 올려 이동하면 된다.
④ 젠틀 리더와 같은 코에 거는 타입의 목줄을 준비하여 개가 문에서 나옴과 동시에 그것을 착용하도록 한다.
⑤ 입원실 문은 개가 뛰쳐나와 도망가지 않도록 닫아 두어야 한다.

정답 ③

해답풀이 문제가 없으면 문을 살짝 열고 개를 감싸듯이 들어 올려 이동하면 된다.

10 행동치료 과정

01 개의 질문표 내용 중 옳지 않은 것을 고르시오.

① 문제행동의 내용과 경과
② 가정환경
③ 개의 경력
④ 먹이와 섭식행동
⑤ 개의 개인기

정답 ⑤

해답풀이 개의 질문표는 전반적인 정보, 문제행동의 내용과 경과(Q1~8), 가정환경(Q9~13), 개의 경력(Q14~17), 먹이와 섭식행동(Q18~23), 생활습관(Q24~39), 복종훈련(Q40~49), 병력(Q50~51), 공격행동검진표, 주인의 내원동기와 치료에 대한 자세(Q52), 공격행동의 개요 (Q53~63)의 11항목(9페이지)으로 되어 있다.

02 고양이의 질문표 내용 중 옳지 않은 것을 고르시오.

① 고양이의 경력
② 먹이와 섭식행동
③ 주인과 고양이의 대화시간
④ 먹이와 섭식행동
⑤ 사회적 행동

정답 ③

해답풀이 고양이의 질문표는 전반적인 정보, 문제행동의 내용과 경과(Q1~8), 가정환경(Q9~13), 고양이의 경력(Q14~17), 먹이와 섭식행동(Q18~22), 생활습관(Q23~25), 배설행동(Q26~37), 사회적 행동(Q38~43), 성행동(Q44~46), 병력(Q47~48), 주인의 내원동기와 치료에 대한 자세(Q49)의 11항목으로 되어 있다.

03 질문표를 사용하는 진찰의 장점 중 옳지 않은 것을 고르시오.

① 진찰 시 필요한 사항을 정리하도록 하는 것이 가능
② 최소한의 질문을 잊어버리지 않게 해주어 유용
③ 주인이 인식하지 못한 새로운 문제나 문제의 배경이 되는 동기도 발견할 수 있다.
④ 질문표를 진찰받은 본인이 아닌 타인에게 노출시켜 보여줄 수 있다.
⑤ 증례마다 균일한 정보를 입수할 수 있기 때문에 축적된 데이터를 바탕으로 다양한 조사나 분석을 하는 것이 가능하다.

정답 ④

해답풀이 장점으로는 동물의 문제행동에 직면하여 어떻게 하면 좋을지 곤란해 하는 주인에게 알기 쉬운 질문표를 제시함으로써 진찰 시 필요한 사항을 정리하도록 하는 것이 가능하다. 또한 진찰을 하는 수의사에게 있어서도 최소한의 질문을 잊어버리지 않게 해주어 유용하다. 질문표에는 문제가 되는 행동뿐 아니라, 전반적인 정보가 기재되어 있어 주인이 인식하지 못한 새로운 문제나 문제의 배경이 되는 동기도 발견할 수 있다. 사전에 질문표를 회수하는 것이 가능하다면 수의사는 진찰 때까지 치료계획을 세워둘 수 있고, 진찰 시 교상(咬傷)사고 등의 위험을 미연에 방지하는 것도 가능하다. 또한 질문표를 사용함으로써 증례마다 균일한 정보를 입수할 수 있기 때문에 축적된 데이터를 바탕으로 다양한 조사나 분석을 하는 것이 가능하다.

04 질문표에 들어갈 질문으로 옳지 않은 것을 고르시오.

① 문제가 되는 동물의 연령, 성별, 품종, 병력 등과 같은 일반정보
② 의뢰한 주인의 재산 및 개인정보
③ 진찰의 계기가 된 사건의 상세
④ 문제행동을 일으키는 상황 ; 인간, 시간대, 환경요인 등
⑤ 진찰의 원인이 되는 문제행동의 개요(주요증상)와 주인이 희망하는 최종목표

정답 ②

해답풀이 위 내용에 추가로 문제행동을 일으키는 상황 ; 인간, 시간대, 환경요인 등/ 문제행동에 이어서 나타나는 행동/ 문제행동의 경과 ; 최초의 문제발생시기, 빈도, 정도의 변화 등/ 관련된 문제행동/ 마지막으로 (가장 최근에) 일어난 사건의 상세/ 문제행동이 나타나지 않는 경우의 상황 등이 있다.

05 의학적 조사의 내용 중 옳지 않은 것을 고르시오.

① 건강진단   ② 심리검사
③ 피부검사   ④ 혈액성상 검사
⑤ 배변검사

정답   ②

해답풀이   의학적 조사에는 건강, 혈액, 오줌, 배변, 피부, 중추검사가 있다.

11 행동치료 기본 수법

01 다음 단어를 설명하는 올바른 답을 고르시오.

> 이것은 무시나 타임아웃(개가 바람직하지 않은 행동을 보인 직후에 어둡고 좁은 방에 가두어 개가 짖는 동안에는 풀어주지 않는다) 등과 같이 인간과의 상호관계를 단절함으로써 주는 처벌을 말한다.

① 직접처벌 ② 원격처벌
③ 학습처벌 ④ 사회처벌
⑤ 강력처벌

정답 ④

해답풀이 이러한 종류의 처벌은 인간과의 사회적 관계가 강력히 요구되는 개에게 특히 유용하나 개에게 과도한 애착을 가진 주인에게는 실행이 어려운 수법이다.

02 행동수정법을 돕는 도구로써 옳지 않은 것을 고르시오.

① 헤드 홀터 ② 체벌
③ 입마개   ④ 짖음 방지 목걸이
⑤ 뛰어오름 방지장치

정답 ②

해답풀이 행동수정법을 돕는 도구에는 헤드 홀터, 입마개, 짖음 방지 목걸이, 뛰어오름 방지장치, 노즈워크 장난감, 쥐잡기, 물대포, 깡통, 기피제 등이 있다.

12 개의 문제행동

01 우위성 공격행동으로써 인간이 취한 태도를 도전적으로 받아들이는 경우 중 옳지 않은 것을 고르시오.

① 개에게 사료 혹은 간식을 주려고 하는 경우
② 개가 먹이나 장난감을 소중하게 지키고 있는데 그것을 가져가려고 한 경우
③ 소파나 침대 등 좋아하는 곳에서 자고 있거나 쉬고 있는 것을 방해한 경우
④ 자신의 주인(리더)이라고 생각하는 사람에게 다른 가족이 접근하거나 만지는 경우
⑤ 개가 자신의 순위를 위협받았다고 느낀 경우

정답 ①

해답풀이 개가 자신의 순위를 어디에 두는가에 따라 모든 가족에 대해 공격적이 되는 경우도 있고, 특정 구성원(여성이나 아이들 등)만이 대상이 되는 경우도 있다. 이러한 공격은 어렸을 때부터 시작되기도 하지만 보통은 1~2세의 사회적 성숙을 맞이하면서부터 심해지는 경우가 많다

02 영역성 공격행동의 원인 중 옳지 않은 것을 모두 고르시오.

① 견종에 따른 유전적 경향
② 과도한 영역방위본능
③ 암컷
④ 주인의 과도한 칭찬
⑤ 강화학습(마이너스강화)

정답 ③, ④

해답풀이 견종에 따른 유전적 경향: 도베르만, 아키타견, 미니추어슈나우저, 로트와일러, 저먼셰퍼드, 차우차우 등의 견종은 유전적으로 영역성 공격행동을 발현하기 쉽다.
과도한 영역방위본능: 개가 자신의 세력권을 방위하는 것은 본능적인 행동이지만 개체에 따라서는 이것이 과도하게 나타나는 경우가 있다.
강화학습(마이너스강화): 공격행동에 의해 위협을 느낀 대상이 사라진다는 것을 학습함에 따라 영역성 공격행동이 악화된다.

03 공포성 공격행동의 원인 중 옳지 않은 것을 고르시오.

① 과도한 공포나 불안
② 생득적 기질
③ 사회화 부족
④ 과거의 혐오경험
⑤ 발정시기

정답 ⑤

해답풀이 일반적으로 겁이 많은 개는 으르렁거리거나 짖거나 하지만 무는 경우는 드물다. 그러나 자신이 공포적인 상황에서 벗어날 수 없다는 것을 깨달으면 공격적으로 행동을 하는 경우도 적지 않다.

04 가정 내 동종간 공격행동의 원인 중 옳지 않은 것을 고르시오.

① 개들 간의 우열순위의 불안정 또는 결여
② 개들 간의 우열순위에 대한 주인의 적절한 간섭
③ 주인의 애정을 구하려는 개들 간의 경합
④ 견종에 따른 유전적 경향
⑤ 수컷

정답 ②

해답풀이 개들 간에는 확고한 우열순위가 존재함에도 불구하고 주인의 마음에 따라 순위를 역전하는 간섭을 하면 개들 간의 공격행동이 나타나기 쉽다.

05 개의 분리불안 원인 중 옳지 않은 것을 모두 고르시오.

① 주인의 외출에 대한 순화부족
② 주인의 구타
③ 개의 비만
④ 주인의 갑작스런 생활변화
⑤ 외출시나 귀가시의 주인의 애정표현의 과다

정답 ②, ③

해답풀이 주인 또는 가족이 항상 함께 있는 환경에서 자란 개는 분리불안을 나타내기 쉬우며 주인의 취직 등에 의해 갑자기 지금까지 없던 장시간의 빈 집을 경험하게 되면 분리불안이 나타내기 쉽다. 또한 주인이 외출시나 귀가시 강한 애정표현을 보임으로써 개에게 주인이 있을 때와 없을 때의 차이를 강하게 인식시키게 되어 결과적으로 부재시의 개의 불안을 증가시킨다.

06 개의 부적절한 배설 원인 중 옳지 않은 것을 모두 고르시오.

① 의학적 질환
② 마킹
③ 화장실 교육 부족이나 그 장애
④ 복종배뇨
⑤ 굶주림

정답 ⑤

해답풀이 일반적으로 개에게 화장실 예절을 가르치는 것은 그렇게 어렵지 않다. 원래 개에게는 자신의 둥지를 청결하게 유지하는 생득적 행동패턴이 존재하기 때문이다. 그러나 배설행동은 매일 일어나는 일인 만큼 실내에서 개를 사육하는 주인에게 이러한 종류의 문제가 있는 경우는 고민이 심각하다. 이러한 종류의 문제는 다양한 요인에 의해 일어나기 때문에 원인을 특정한 뒤 대응이 필요하다.

13 고양이의 문제행동

01 고양이의 스프레이 행동 원인 중 옳지 않은 것을 모두 고르시오.

① 골격계 질환
② 세력권에 관한 불안이나 사회적 불안
③ 정서적 불안
④ 다른 고양이에 의한 도발적 자극
⑤ 주인에 대한 애착

정답 ①, ⑤

해답풀이 실내에서도 여기 저기 스프레이를 하는 고양이는 의외로 많다. 주인에 따라서는 전형적인 스프레이행동을 배뇨행동으로 인식하는 경우가 있으므로 부적절한 배설과의 유증감별이 중요하다. 스프레이자세를 보이지 않고 오줌이 수직면에 남아 있지 않은 경우라도 냄새 마킹행동이라고 의심되는 경우는 이 범주에 넣어 치료한다. 또한 소량의 오줌만이 남아 있는 경우에도 냄새마킹행동이 시사되면 이 범주에 포함시켜 생각할 필요가 있다.

02 고양이의 부적절한 배설 원인 중 옳은 것을 모두 고르시오.

① 굶주림
② 의학적 질환
③ 화장실에 대한 불만
④ 피부 질환
⑤ 즐거움을 느끼는 상황

정답 ②, ③

해답풀이 요로질환을 가진 고양이는 배설할 때 아픔을 느끼므로 그 아픔을 떠올려 화장실을 피하게 된다. 마찬가지로 변비나 설사가 원인인 경우도 있으므로 행동치료를 시도하기 전에 엄밀히 검사를 해두어야 한다. 또한 고양이에게는 화장실의 위치, 형상, 고양이모래에 대해 좋고 싫음이 많이 보인다. 상용하기 불편한 장소에 있는 이상한 모래가 있는 화장실을 처음에는 참고 사용해도 다른 좋아하는 곳이 생기면 그쪽을 사용하게 되는 경우도 많다. 또한 몇 마리의 고양이가 공동화장실을 이용하는 경우 입장이 약한 고양이는 이 화장실에서 마음 놓고 배설하지 못하여 다른 장소를 택하는 경우도 있다.

03 고양이의 공포성 공격행동 원인 중 옳지 않은 것을 고르시오.

① 과도한 공포나 불안
② 골격계 염증
③ 생득적 기질
④ 사회화 부족
⑤ 과거의 혐오경험

정답 ②

해답풀이 고양이에서도 공포성 공격행동은 존재한다. 고양이에서는 천성적 공포이거나 사회화 부족인 경우는 보통 도망가 버리므로 공포성 공격행동이 나타나는 일은 드물지만 도망갈 곳이 없는 경우나 체벌이 가해지는 경우는 방어적 공격으로 바뀌는 일도 적지 않다.

04 고양이의 놀이 공격 행동 원인 중 옳지 않은 것을 모두 고르시오.

① 놀이행동의 연장·격화
② 놀이시간의 부족
③ 놀이행동의 만족감
④ 생득적 기질
⑤ 배고픔

정답 ③, ⑤

해답풀이 강아지풀과 같은 고양이의 놀이 중에는 수렵본능을 불러일으키는 것이 적지 않다. 특히 새끼고양이의 경우는 이러한 놀이에 열중해 있는 동안 흥분하여 공격적으로 행동하는 경우가 자주 있다. 이와 같은 상황을 허용하고 오랫동안 계속하면, 흥분하면 곧바로 공격적으로 되어버리므로 주의해야 한다.

05 고양이의 부적절한 발톱갈기 행동 원인 중 옳지 않은 것을 고르시오.

① 세력권의 마킹
② 새로된 발톱의 제거
③ 수면 후의 스트레치
④ 소재의 선호성
⑤ 구속에서 해방욕구

정답 ②

해답풀이 오래된 발톱의 제거: 오래된 발톱을 제거하기 위해 다양한 장소에서 발톱갈기행동을 하는 개체가 있다.

14 문제행동 치료

01 고양이의 오줌분사행동에 대해 유용한 분무제로 고양이의 불안을 없애는 분사행동이 감소에 효과적인 행동수정 도구는?

① 페로몬양 물질 방산제
② 기피제
③ 방지목걸이
④ 기저기
⑤ 불안방지장난감

정답 ①

해답풀이 페리웨이®는 고양이의 오줌분사행동에 대해 유용한 분무제로 고양이의 불안을 없애는 페로몬효과에 의해 분사행동이 감소된다. DAP®는 개의 불안을 경감한다. 모두 콘센트 접속형 분무기에 장착하여 사용한다.

02 개나 고양이가 불쾌하게 느끼는 냄새나 맛이 나는 분무제나 크림 등으로 특히 파괴행동에 대해 적용에 사용되는 행동수정 도구는?

① 페로몬양 물질 방산제
② 기피제
③ 방지목걸이
④ 기저기
⑤ 불안방지장난감

정답 ②

해답풀이 전용의 것이 아니라도 식초나 타바스코, 인간용 구취예방제 등을 이용하는 것도 가능하다.

03 웅성호르몬인 테스토스테론이 원인이 되는 문제행동의 치료에 효과적인 방법은?

① spay
② 기피제 사용
③ 방지목걸이 활용
④ 페로몬양 물질 방산제 활용
⑤ castration

정답 ⑤

해답풀이 개에서는 중성화 수술 수컷 castration에 의해 마킹, 마운팅, 방랑벽, 함께 사는 개에 대한 공격, 주인에 대한 공격에 대해 일정 효과가 기대되며, 고양이에 대해서는 방랑벽, 고양이 간의 싸움, 오줌분사에 대해 상당히 효과적이라는 것이 확인되었다.

15 문제행동 예방

01 반려동물의 문제행동 예방방법 중 옳지 않은 것을 고르시오.

① 적절한 반려동물의 선택
② 충분한 사회화
③ 주인과 개의 서열 미정리
④ 주인의 계발
⑤ 강아지교실, 고양이교실의 참가

정답 ③

해답풀이 문제행동의 예방방법으로는 '적절한 반려동물의 선택' '충분한 사회화' '강아지교실, 고양이교실의 참가' '주인과 개의 관계구축' '주인의 계발'인데 '주인과 개의 관계구축' '주인의 계발'에 대해서는 고령 동물에서도 충분히 유용한 방법이다.

02 다음은 문제행동 예방을 위해 입양 시 적절한 반려동물 선택에 관한 설명이다. 옳은 것만을 모두 고른 것은?

㉠ 양육 환경을 고려한 동물 종의 선택이 이루어져야 한다.
㉡ 품종에 따라 성격이나 특성이 달라 입양자의 주거 환경을 고려한 품종 선택이 이루어져야 한다.
㉢ 성별에 따른 특성도 다르기 때문에 암수에 대한 검토도 이루어져야 한다.
㉣ 부모 동물을 보고 선택이 가능하다면 부모 동물의 성격이나 상태를 보는 것도 권장된다.

① ㉠, ㉡
② ㉡, ㉢
③ ㉡, ㉣
④ ㉡, ㉢, ㉣
⑤ ㉠, ㉡, ㉢, ㉣

정답 ⑤

해답풀이 반려동물의 입양 시 사전 검토를 충분히 하여 적절한 반려동물 선택이 필요하다.

Part. 2
예방 동물보건학

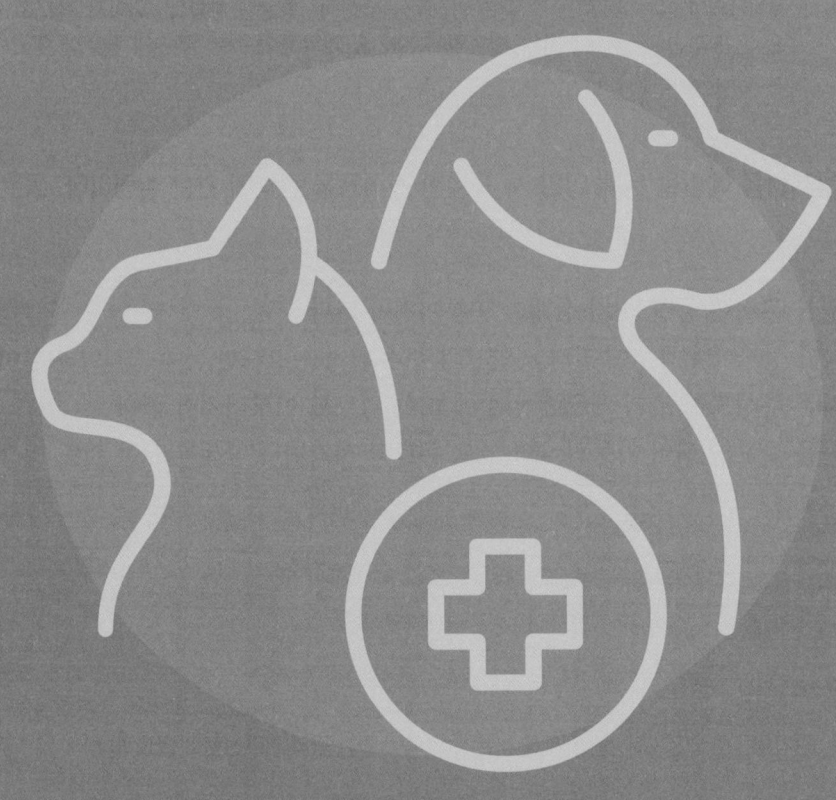

동물보건응급간호학

동물병원실무

의약품관리학

동물보건영상학

동물보건
응급간호학

01 응급 동물환자의 평가

01 응급 환자동물의 심각성을 분류하고 치료의 우선권을 확보하기 위한 조치를 말하는 용어는?

① Class E ② Triage
③ Code A ④ Label Red
⑤ Yellow Label

정답 ②

해답풀이 응급 상황에서 치료의 우선순위를 정하기 위해 의학적 상태 심각도에 따라 환자 동물을 분류하는 것을 Triage라고 한다.

02 개와 고양이의 활력징후에 대한 다음 설명 중 옳지 않은 것은?

① Heart rate의 정상 범위 수치는 고양이 보다 개가 더 높다.
② Respiratory rate의 정상 범위 수치는 고양이와 개가 같다.
③ 정상적인 점막의 색깔은 분홍색이다.
④ 개의 capillary refill time 정상 범위는 2 seconds이다.
⑤ 고양이의 체온 정상 범위는 38.3~39.2℃이다.

정답 ①

해답풀이 Heart rate의 정상 범위 수치는 고양이 160-220 bpm, 개 60-120 bpm이다.

03 응급 환자동물의 2차 평가의 하나로 심전도에 대한 다음 설명 중 옳지 않은 것은?

① 심실의 수축을 일으키는 탈분극은 QRS wave로 이루어진다.
② 심전도는 비침습적인 심장 모니터링 방법이다.
③ 심실의 재분극을 일으키는 재분극은 SA wave로 이루어진다.
④ P wave는 심방의 수축을 일으키는 탈분극을 표현한다.
⑤ ECG는 심전도로 심장에서 발생하는 전기 전도 과정을 알려 준다.

정답 ③

해답풀이 심실의 재분극을 일으키는 재분극은 T wave로 이루어진다.

04 신경계 평가 후 다음 설명에 해당하는 상태의 기록으로 적합한 용어는?

> • Mild 정도의 기면, 무기력 상태
> • 외부적 환경과의 상호 작용에 약간의 어려움을 겪음

① Paresis   ② Coma
③ Alert   ④ Paraplegia
⑤ Lethargy

정답 ⑤

해답풀이 Mild 정도의 기면, 무기력 상태, 외부적 환경과의 상호 작용에 약간의 어려움을 겪는 상태를 'Lethargy'라 한다.

05 응급 환자동물에 대한 START 분류 기준에 대한 다음 설명 중 옳지 않은 것은?

① START 분류는 피해자 엔드포인트의 2차 평가를 말한다.
② 4가지 상태로 분류하고 Red, Yellow, Green, Black 4개 색깔로 표기한다.
③ Black은 사망 또는 가망 없음에 해당한다.
④ Green은 경상이나 치료 없이도 생존이 가능한 그룹을 말한다.
⑤ RAP 상태에 대해 신속한 평가를 할 수 있다.

정답 ①

해답풀이 피해자 엔드포인트의 2차 평가는 SAVE(Secondary Assessment of Victim Endpoint)이다.

06 응급 환자동물에 대한 Modified VTL 분류 기준에 대한 다음 설명 중 옳은 것은?

① START 분류는 피해자 엔드포인트의 2차 평가를 말한다.
② Orange 그룹은 Yellow 그룹 보다 시급성이 높지 않다.
③ 단순 분류 및 신속한 치료 분류 기준으로 알려져 있다.
④ Red, Orange, Yellow, Green, Blue 5단계로 분류한다.
⑤ 즉시 치료가 이루어져야 하는 그룹은 Red로 분류한다.

정답 ④

해답풀이 Modified VTL은 Modified Veterinary Triage List로서 Red, Orange, Yellow, Green, Blue 5단계로 분류한다.

02 응급 상황 이해 및 처치

01 다음 설명에 해당하는 용어는?

- 피부가 모양을 바꾸고 정상적으로 돌아가는 능력을 의미
- 환자동물의 피부를 손가락으로 집어 올렸다가 놓았을 때 원래대로 되돌아가는 정도 측정

① Skin lineage
② Skin damage grade
③ Skin turgur
④ Skin volume
⑤ Skin score

정답 ③

해답풀이 Skin turgur는 피부긴장도로 피부가 모양을 바꾸고 정상적으로 돌아가는 능력을 의미한다. 피부 장도가 감소하면 탈수 상태를 의미한다.

02 쇼크의 네 가지 유형에 해당되지 않은 것은?

① 저혈량성 쇼크
② 심원성 쇼크
③ 폐쇄성 쇼크
④ 분포성 쇼크
⑤ 부전성 쇼크

정답 ⑤

해답풀이 쇼크의 네 가지 유형은 저혈량성 쇼크, 심원성 쇼크, 폐쇄성 쇼크, 분포성 쇼크이다.

03 다음 특징을 갖는 쇼크의 형태는?

- 빈맥
- 모세관 재충전 시간 연장
- 창백한 점막

① 심원성 쇼크
② 저혈량성 쇼크
③ 폐쇄성 쇼크
④ 분포성 쇼크
⑤ 부전성 쇼크

정답 ②

해답풀이 저혈량성 쇼크의 특징으로는 빈맥, 모세관 재충전 시간 연장, 창백한 점막, 심한 경우 저혈압이다.

04 다음 특징을 갖는 쇼크의 형태는?

- 비정상적 붉은 점막
- 신체 혈관이 정상적으로 수축할 수 없는 상태
- 전신 혈관 확장에 따른 체액의 비정상적 분포

① 심원성 쇼크
② 저혈량성 쇼크
③ 폐쇄성 쇼크
④ 분포성 쇼크
⑤ 부전성 쇼크

정답 ④

해답풀이 분포성 쇼크는 패혈증, 전신염증반응증후군, 심각한 알레르기 반응 등의 원인으로 전신혈관 확장에 따른 체액의 비정상적 분포와 비정상적 붉은 점막 소견을 보인다.

05 생명을 위협하는 출혈의 일반적 징후에 대해 옳은 것만을 모두 고른 것은?

┌───┐
│ ㉠ CRT 감소   ㉡ 창백한 점막   ㉢ 발열   ㉣ 기립불능   ㉤ 빠르고 약한 맥박 │
└───┘

① ㉠㉡㉢
② ㉡㉢㉣
③ ㉡㉣㉤
④ ㉠㉡㉢㉣
⑤ ㉡㉢㉣㉤

정답 ③

해답풀이 생명을 위협하는 출혈의 일반적 징후로는 capillary refill time(CRT) 증가, 창백한 점막, 체온 저하, 기립불능, 빠르고 약한 맥박을 들 수 있다.

06 다음 증상을 보이는 경우 가장 의심되는 질병은?

┌───┐
│ • 증가된 팬팅과 타액 분비   │
│ • 구토   │
│ • 흥분 및 불안   │
│ • 고체온   │
└───┘

① 쿠싱증후군   ② 혈전증
③ 중독증   ④ 라임병
⑤ 열사병

정답 ⑤

해답풀이 열사병은 증가된 팬팅과 타액 분비, 구토, 흥분 및 불안, 고체온 등의 증상을 보인다.

07 골격 손상에 대한 설명으로 옳지 않은 것은?

① 염좌는 고관절에서 가장 많이 발생한다.
② 긴장은 관절 가까운 근육의 찢어짐 및 스트레칭 손상을 포함한다.
③ 탈구는 관절에서 나타난 변위를 의미한다.
④ 염좌와 긴장 모두 국소 통증, 부종, 파행이 발생할 수 있다.
⑤ 그레이하운드 종의 경우 레이스 중 근육 수축 후 피로 골절이 발생할 수 있다.

정답 ①

해답풀이 염좌는 앞발목 및 뒷발목 부위에서 가장 흔하게 발생한다.

08 난산에 대한 설명으로 옳지 않은 것은?

① 난산은 태아 출산이 곤란한 상황을 뜻한다.
② 머리가 큰 품종에서 난산 빈도가 증가한다.
③ 난산의 모체 쪽 가장 큰 원인은 자궁무력증이다.
④ 난산의 태아 쪽 가장 큰 원인은 태반박리이다.
⑤ 자궁무력증은 일차성과 이차성으로 구분된다.

정답 ④

해답풀이 난산의 태아 쪽 가장 큰 원인은 이상 태위이다.

03 응급처치 원리

01 응급실 준비에 대한 다음 설명 중 옳지 않은 것은?

① 중환자실은 조명이 밝고 환기가 잘되며 넓고 깔끔해야 한다.
② 응급 환자동물은 쉽게 흥분할 수 있어 스텝들이 다칠 수 있다는 점을 고려해야 한다.
③ 산소 조절 공급장치 사용 시 습도가 높기 때문에 건조한 환경을 조성하여야 한다.
④ 집중치료실은 필수 스텝들의 출입 외에는 제한이 가능해야 한다.
⑤ 응급실에서는 처치 중인 환자동물들의 평가를 수시로 실시해야 한다.

정답 ③

해답풀이 산소 조절 공급장치 사용 시 순수한 산소는 수분이 없어 환자에게 직접 제공 시 호흡기를 건조하게 만들기 때문에 가습 장치가 부착된 산소 조절 공급장치가 권장된다.

02 Crash chart의 심폐소생 약물과 관련이 없는 것은?

① Epinephrine ② Atropine
③ Vasopressin ④ Amiodarone
⑤ Omeprazole

정답 ⑤

해답풀이 Omeprazole은 위궤양 치료제로 심폐소생 약물과 관련이 없다.

03 다음 예시된 약물들의 용도 기준으로 분류가 옳은 것은?

> Buprenopine, Carprotn, Meloxicom, Medetomidine, Methadone

① 항생제
② 항발작 약물
③ 순환호흡기계 약물
④ 진통제
⑤ 해독제

정답 ④

해답풀이 Buprenopine, Carprotn, Meloxicom, Medetomidine, Methadone 등은 진통제로 사용되는 약물이다.

04 심폐소생술에 대한 다음 설명 중 옳지 않은 것은?

① 횟수는 분당 10~12회 속도로 실시한다.
② 기도 유지 및 호흡 여부 확인이 필수적이다.
③ 호흡을 하지 않는 경우 인공호흡을 실시한다.
④ 동물 품종별 정확한 흉부압박 지점 확인이 필요하다.
⑤ 회복체위 유지와 보온이 필요하다.

정답 ①

해답풀이 심폐소생술 횟수는 분당 100~120회 속도로 실시한다.

05 환자동물에 대한 응급처치의 목적에 대한 다음 설명 중 옳지 않은 것은?

① 동물의 생명을 구함
② 보호자의 건강 회복
③ 통증 경감
④ 합병증 및 부가적 상해 예방
⑤ 환자동물이 삶을 영위할 수 있도록 함

정답 ②

해답풀이 환자동물에 대한 응급처치의 목적은 '동물의 생명을 구함, 통증 경감, 합병증 및 부가적 상해 예방, 환자동물이 삶을 영위할 수 있도록 함'이다.

06 기관절개 간호에 대한 다음 설명 중 옳지 않은 것은?

① 기관삽관을 위해 필수적인 과정이다.
② 절개 부위 감염 예방을 위해 매일 소독해야한다.
③ 기관삽관으로 점막 미란, 점막 허혈 또는 괴사와 같은 부작용이 발생할 수 있다.
④ 기관삽관이 장기간 지속되는 경우 협착 유발의 위험성이 있다.
⑤ 기관삽관에 사용되는 삽관튜브는 소독이 사전에 실시되어야 있어야 한다.

정답 ①

해답풀이 기관절개는 상부 기관이 막혀 호흡부전의 상황인 경우에 한해 실시한다.

04 응급동물 모니터링 관리

01 응급 환자동물의 간호를 위한 4대 활력징후(vital sign) 지표에 해당되지 않는 것은?

① 혈압   ② 맥박
③ 동공반사   ④ 호흡수
⑤ 체온

정답 ③

해답풀이 환자동물의 4대 활력징후(vital sign) 지표는 혈압, 맥박, 호흡수, 체온이다.

02 응급 환자동물의 간호를 위해 혈압의 측정이 수행되는데 혈압에 대한 다음 설명 중 옳지 않은 것은?

① 환자동물의 경동맥 혈압 측정이 주로 이용된다.
② 수축기압과 이완기압을 측정한다.
③ 혈압은 혈액량, 심장의 수축능력, 말초혈관 저항 등의 영향을 받는다.
④ 동맥혈관 벽에 부딪히는 혈액의 압력으로 심장에 의해 발생한다.
⑤ 심장 수축의 힘과 횟수는 자율신경계의 지배를 받는다.

정답 ①

해답풀이 환자동물의 뒷다리에 간접 혈압측정기를 이용하여 주로 측정한다.

03 응급 환자동물의 간호를 위해 맥박의 측정이 수행되는데 맥박에 대한 다음 설명 중 옳지 않은 것은?

① 4대 활력징후 지표 중 하나이다.
② 심장 수축에 따른 혈액의 파동을 말한다.
③ 개의 정상 맥박은 30~60회/분이다.
④ 정상 맥박 범위 이하를 서맥이라 한다.
⑤ 맥박 수치가 정상보다 높은 상태를 부정맥이라 한다.

정답 ⑤

해답풀이 부정맥은 맥박이 불규칙한 것을 말하며 정상 맥박 범위 이상의 상태를 빈맥이라 부른다.

04 심전도에 대한 다음 설명 중 옳지 않은 것은?

① 심장 기능을 알아보는 데 심전도는 필수적인 검사 방법이다.
② 심전도는 심장 리듬의 확인 방법으로 심박동수는 심전도로 알 수 없다.
③ 심전도를 통해 협심증, 심근비대 등의 심장 이상을 알아낼 수 있다.
④ 마취 유지 시 환자동물의 모니터링 방법으로도 이용된다.
⑤ 비침습적인 검사 방법이다.

정답 ②

해답풀이 심전도는 심장 리듬의 확인과 심박동수 측정을 통해 심장의 이상을 알아 낼 수 있다.

05 수혈요법에 관한 다음 설명 중 옳지 않은 것은?

① 개의 혈액형은 8개 그룹으로 분류할 수 있다.
② 개의 혈액형은 DEA 항원에 근거하여 분류한다.
③ 상반된 혈액형의 시에 용혈이 발생할 수 있다.
④ DEA 1.1 혈액형은 isoantibody 발생률이 가장 높다.
⑤ 공혈견은 심장사상충과 같은 혈액 감염 질병이 없어야 한다.

정답 ④

해답풀이 DEA 1.1, DEA 1.2 혈액형은 isoantibody 발생이 매우 낮다.

06 고양이의 수혈요법에 관한 다음 설명 중 옳지 않은 것은?

① 고양이의 혈액형은 8개 그룹으로 분류할 수 있다.
② 고양이 혈액형은 AB system으로 분류한다.
③ A type의 혈액형이 고양이에서 가장 많은 것으로 알려져 있다.
④ 공혈 고양이는 FeLV, HIV, Hemobartonella에 음성이어야 한다.
⑤ PCV가 낮은 빈혈 환자동물에 전혈 또는 packed cell로 수혈이 시행된다.

정답 ①

해답풀이 고양이의 혈액형은 A, B, AB와 같은 3개 그룹으로 분류할 수 있다.

07 수혈에 관한 다음 설명 중 옳지 않은 것은?

① 항응고제로 구연산제제는 칼슘 이온과 결합하여 응고기전을 차단할 수 있다.
② 포도당은 적혈구에 ATP 생산에 도움을 주어 혈액 저장에 기여한다.
③ CPDA-1은 항응고제 역할을 하며 적혈구의 보존 기간 연장에 관련이 없다.
④ 헤파린은 혈소판 군집과 미세혈전의 원인이 될 수 있다.
⑤ 헤파린 처리된 혈액은 냉장 상태에서 48시간 정도의 짧은 저장 시간을 보인다.

정답 ③

해답풀이 CPDA-1은 항응고제 역할을 하며 적혈구에 ATP 생산에 도움을 주어 혈액 저장에 기여한다.

05 응급약물

01 응급약물 관리에 관한 다음 설명 중 옳지 않은 것은?

① 모든 동물의약품은 냉장보관을 원칙으로 한다.
② 대부분 가루약은 알약보다 유효 기간이 짧다.
③ 좌약은 직사광선과 온도가 높은 곳을 피해 서늘한 곳에 보관하도록 한다.
④ 가루약은 습기에 약하므로 건조한 곳에 보관하여야 한다.
⑤ 인슐린은 개봉 전에는 냉장보관, 개봉 후에는 실온 보관한다.

정답 ①

해답풀이 의약품 본래 효능과 효과를 위해서는 제조사의 보관 방법 제시 사항에 맞게 보관하여야 한다.

02 다음 예시의 약물들의 용도에 따른 분류를 옳게 고른 것은?

> Adenosine, Atropine, Epinephrine, Magnesium sulfate

① 심정지 및 부정맥
② 호흡기
③ 위장관약
④ 순환기
⑤ 심박출과 혈압 조절

정답 ①

해답풀이 Adenosine, Atropine, Epinephrine, Magnesium sulfate 등은 심정지 및 부정맥과 같은 응급 상황에서 사용하는 약물이다.

03 Atropine에 관한 다음 설명 중 옳지 않은 것은?

① 무스카린성 수용체의 경쟁적 길항제이다.
② 대뇌 피질에 작용하여 항경련 효과를 보인다.
③ 부교감 신경을 억제한다.
④ 침샘 등의 외분비선을 억제한다.
⑤ 순환기 심박수 증가 효과가 있다.

정답 ②

해답풀이 대뇌 피질에 작용하여 항경련 효과를 보이는 약물은 Magnesium sulfate이다.

04 다음 예시의 약물들의 용도에 따른 분류를 옳게 고른 것은?

> Dopamine, Digoxin, Dobutamine, Calcium gluconate

① 심정지 및 부정맥
② 호흡기
③ 위장관약
④ 순환기
⑤ 심박출과 혈압 조절

정답 ⑤

해답풀이 Dopamine, Digoxin, Dobutamine, Calcium gluconate 등은 심박출과 혈압 조절을 위해 사용하는 약물이다.

05 다음과 같은 작용을 나타내는 약물을 옳게 고른 것은?

- 심박급속
- 타액, 기관지점액, 위액 분비 억제
- 모양근 마비, 안압 상승, 동공 산대
- 위장관운동 억제, 기관지 확장
- 담낭, 뇨관, 방광운동 억제

① Atropine
② Epinephrine
③ Magnesium sulfate
④ Adenosine
⑤ Sodium bicarbonate

정답 ⑤

해답풀이 Sodium bicarbonate는 해독 및 약물의존성 치료제로서 아세틸콜린 작용을 상경적으로 길항하는 약물이다.

06 다음 설명을 읽고 해당되는 약물을 옳게 고른 것은?

- dompamine과 화학적으로 유사하며 inotropic 작용이 있다.
- 심장의 베타2 수용체에 선택적으로 작용한다.
- 심기능 개선 효과가 있다.

① Atropine
② Epinephrine
③ Magnesium sulfate
④ Dobutamine
⑤ Sodium bicarbonate

정답 ④

해답풀이 Dobutamine은 inotropic 작용으로 심장개선 효과를 나타낸다.

07 다음과 같은 작용을 나타내는 약물을 옳게 고른 것은?

> • 판막증, 고혈압, 허혈성 선청성 심질환 등의 울혈성 심부전증
> • 심방세동, 발작성 심방성 빈박 등의 부정맥
> • 심낭염, 심근질환, 갑상샘 기능장애

① Digoxin
② Epinephrine
③ Magnesium sulfate
④ Dobutamine
⑤ Sodium bicarbonate

정답 ①

해답풀이 Digoxin은 심근 수출력과 심박동출량을 증진시킨다.

08 다음 수액 중에서 pH가 가장 낮은 것은?

① 유산링거액   ② Oxyglobin
③ 5% 포도당   ④ procalAmine
⑤ Plasmalyte-A

정답 ③

해답풀이 5% 포도당은 pH 4.0이다.

09 수액요법에 대한 다음 설명 중 옳지 않은 것은?

① 탈수 동물에서 수액은 순환혈액량 증가에 기여한다.
② 새에서 수액은 요골 부위에 주사를 할 수 있다.
③ 혈장나트륨의 부족 시 저장용약을 투여하여야 한다.
④ 수액 속도가 빠르거나 과량 투여의 경우 심장 부담 증가로 부작용이 일어난다.
⑤ 염류수액제 과잉 투여는 폐수종, 심장 정맥압 상승이 유발된다.

정답 ③

해답풀이 혈장나트륨의 부족 시 고장용약을 투여하여야 한다.

동물병원실무

01 동물병원 고객관리

01 다음 설명에 해당되는 직업군의 명칭은?

> 동물의 생명과 건강을 최우선으로 하며 수의사의 진료를 돕고 수의사와 보호자, 환자의 원활한 소통과 상호작용을 통해 환자의 질병 예방과 치료 효과가 극대화될 수 있도록 하는 전문가

① 동물방역사
② 동물보건사
③ 동물행동지도사
④ 반려동물관리사
⑤ 동물간호복지사

정답 ②

해답풀이 동물보건사는 수의사의 진료를 돕고 수의사와 보호자, 환자의 원활한 소통과 상호작용을 통해 환자의 질병 예방과 치료 효과가 극대화될 수 있도록 하는 전문가이다.

02 동물보건사에 대한 다음 설명 중 옳지 않은 것은?

① 국가자격 제도로 동물간호를 담당하는 전문가를 말한다.
② 동물병원 또는 수의임상과 관련된 기관에서 수의사를 지원하고 진료를 돕는다.
③ 입원한 동물이 회복에 이르는 전체 기간에 걸쳐 환자동물 모니터링을 진행한다.
④ 동물을 사랑하고 마음으로 이해할 수 있는 교감 능력이 필요하다.
⑤ 환자동물 돌봄이 주 업무로 보호자와 관계가 없다.

정답 ⑤

해답풀이 동물보건사는 환자동물의 돌봄 뿐 아니라 보호자 상담 및 교육도 담당한다.

03 동물보건사가 갖추어야 할 역량과 가장 거리가 먼 것은?

① 사랑
② 보건
③ 의존
④ 안전
⑤ 의사소통 능력

정답 ③

해답풀이 동물보건사가 갖추어야 할 역량으로 사랑, 보건, 안전, 의사소통 능력이 있다.

04 다음 설명에 해당되는 용어는?

- 사람과 사람 사이에 생기는 상호신뢰 관계를 말하는 심리학 용어
- 서로 마음이 통하고 말하는 것이 충분히 감정적으로나 이성적으로 이해하는 상호 관계를 말함

① 공감
② 감정이입
③ 이타심
④ 라포
⑤ 복리

정답 ④

해답풀이 라포는 상호 신뢰를 뜻하는 프랑스어 rapport이다. 동물보건사는 보호자 고객과 라포 형성을 통해 보호자 고객에 신뢰를 바탕으로 한 상담과 교육이 효과적으로 이루어질 수 있다.

05 다음 설명에 해당되는 이론의 명칭은?

- 상대방에 대한 인상이나 호감을 결정하는 데 있어서 보디랭귀지는 55%, 목소리는 38%, 말의 내용은 7%만이 작용한다는 이론

① 레빈슨의 법칙
② 보리스의 법칙
③ 엘리엇의 법칙
④ 엘더슨의 법칙
⑤ 메라비언의 법칙

정답 ⑤

해답풀이 심리학자이자 UCLA 교수였던 앨버트 메라비언은 인상이나 호감의 결정에 보디랭귀지가 크게 작용한다는 결과를 바탕으로 호감을 결정하는 요인에 대한 이론을 발표하였다. 동물보건사는 메라비언의 법칙에 따라 호감 가는 표정과 몸짓을 통해 보호자 고객의 공감과 호감을 유도해야 한다.

06 다음 설명에 해당되는 용어는?

> • 처음 제시된 정보 또는 인상이 나중에 제시된 정보보다 기억에 더 큰 영향을 끼치는 현상으로 심리학자 솔로몬 애쉬의 실험으로 알려짐

① 부메랑효과 ② 초두효과
③ 나비효과   ④ 엘리뇨효과
⑤ 타임효과

정답 ②

해답풀이 초두효과는 primary effect로 첫 인상이 사람의 이미지를 결정한다는 이론

07 수의사법에 명시된 동물보건사의 업무와 가장 거리가 먼 것은?

① 수의사와 독립적으로 동물의 간호 또는 진료 보조 업무 수행
② 동물의 기초 검진 자료 수집
③ 요양을 위한 동물의 간호
④ 약물도포
⑤ 경구투여

정답 ①

해답풀이 동물보건사는 수의사의 지도하에 동물의 간호 또는 진료 보조 업무를 수행할 수 있다.

08 수의진료기록에 대한 다음 설명 중 옳지 않은 것은?

① 개인정보보호법을 준수하여야 한다.
② 전자차트로 작성된 내용 또한 전자서명법에 따라 서명날인의 효력을 갖는다.
③ 수의사법에 따라 동물병원은 진료기록을 작성 보관하여야 한다.
④ 다른 병원으로 전원 시 보호자 동의 없이 환자동물의 진료기록을 전달할 수 있다.
⑤ 보호해야 하는 개인정보에는 보호자 이름, 전화번호, 연락처, 주소, 이메일을 포함한다.

정답 ④

해답풀이 개인정보보호법에 따라 다른 병원으로 전원 시에도 보호자 동의를 받아야 환자동물의 진료기록을 전달할 수 있다.

02 동물병원 고객 경험관리

01 다음 괄호 안의 ㉠과 ㉡에 들어갈 내용이 순서대로 옳게 짝지어진 것은?

- 동물보건사는 고객과의 대화에 단답형으로 응대하는 것 보다 말의 충돌을 피하기 위해 충격 완화 장치를 활용한 (㉠) 언어를 사용하여 정확한 의미전달과 더불어 상대방에 대한 배려를 느끼도록 해야한다.
- 동물병원에서 내원한 보호자와 환자동물을 대면으로 가장 먼저 마주하는 곳은 (㉡) 단계이다.

① 문답 - 비대면
② 쿠션 - 진료접수
③ 일상 - 집중관리
④ 삼각 - 응급
⑤ 중도 - 간호

정답 ②

해답풀이 동물보건사는 보호자 고객과 쿠션언어를 사용한 쿠션화법으로 대화를 부드럽게 효율적으로 진행할 수 있다. 보호자 고객과의 대면은 진료접수 단계에서 가장 먼저 이루어진다.

02 기본 문진표에 포함되는 항목과 가장 거리가 먼 것은?

① 보호자 이름
② 환자동물 이름
③ 중성화 여부
④ 품종
⑤ 보호자 차량 정보

정답 ⑤

해답풀이 기본문진표에는 보호자 및 환자동물 관련 정보와 환자동물 관련 병력이나 백신 접종 및 구충 내력과 기타 정보 항목들이 포함된다.

03 동물병원 소득과 연관된 8가지 경영기법에 해당되지 않는 것은?

① 경영방침
② 고도투자
③ 고객 로열티
④ 재무 데이터 점검 주기
⑤ 협상기술

정답 ②

해답풀이 동물병원 소득 연관 8가지 경영기법으로는 경영방침, 재무 데이터 점검 주기, 직원개발, 협상기술, 고객 로열티, 리더십-타인에 대한 동기 부여, 고객 유지, 신규 고객 창출이 있다.

04 다음 괄호 안의 ㉠과 ㉡에 들어갈 내용이 순서대로 옳게 짝지어진 것은?

- 수의사법에 따라 동물병원의 수의사는 수술 등 (㉠) 진료를 하는 경우에는 동물의 소유자 등에게 진단명, 진료의 필요성, 후유증 등의 사항을 설명하고 (㉡)(으)로 동의를 받아야 한다.

① 중도 - 구두
② 모든 - 서면
③ 일상 - 대면
④ 중대 - 서면
⑤ 응급 - 구두

정답 ④

해답풀이 개정 수의사법에 의해 2022년부터 동물병원에서 중대 진료를 하는 경우에 진단명, 진료의 필요성, 후유증 등의 사항을 설명하고 서면으로 동의를 받아야 한다.

05 다음은 동물병원 고객의 유형에 대한 설명이다. 괄호 안의 ㉠과 ㉡에 들어갈 내용이 순서대로 옳게 짝지어진 것은?

(㉠)고객	개인 및 우리 동물병원과 거래하는 기업. 동물병원의 서비스를 제공받는 사람
(㉡)고객	동물병원 스텝. 수의사와 동물보건사 등과 같이 동물병원 업무와 관련된 모든 사람
동물고객	동물환자와 진료를 받고 있지만 동물병원을 방문하는 모든 동물

① 업체 - 직원   ② 외부 - 내부
③ 회사 - 외부   ④ 전문 - 내부
⑤ 응급 - 외부

정답 ②

해답풀이 동물병원 고객은 외부고객, 내부고객, 동물고객으로 구분하여 볼 수 있다.

03 수의 의무기록

01 다음 설명에 해당되는 용어는?

> • 반려동물을 가족처럼 여기고 투자를 아끼지 않는 사람들을 의미하며 그 중에서도 반려동물과 함께 살아가는 1인 가족을 별도로 지칭하기도 함.

① 딩펫족　② 펫팸족
③ 펫코노미　④ 펫휴머니제이션
⑤ 펫뷰어

정답 ②

해답풀이 펫팸족은 pet + family의 합성어로 반려동물을 가족처럼 여기는 사람들을 의미한다.

02 다음 설명에 해당되는 용어는?

> • 아이 없이 반려동물을 키우는 맞벌이 부부를 의미하는 신조어.

① 딩펫족　② 펫팸족
③ 펫코노미　④ 펫휴머니제이션
⑤ 펫뷰어

정답 ①

해답풀이 딩펫족은 DINK(Double Income No Kids) + pet의 합성어로 아이 없이 반려동물을 키우는 맞벌이 부부를 의미한다.

03 다음은 동물병원 마케팅을 위한 4P 전략에 대한 설명이다. 괄호 안의 ㉠과 ㉡에 들어갈 내용이 순서대로 옳게 짝지어진 것은?

(㉠)	제품의 품질, 선호, 브랜드 등 부가적 가치, 본질적 가치, 소비자의 니즈
Price	가성비, 비교 우위, 프리미엄, 박리다매
(㉡)	SNS 광고, PPL, 컨텐츠 광고 등
Place	온라인, 오프라인, 온오프 병행, 채널별 제품 구분, 구분 유통망을 통해 가능한 수익 여부

① Provision - Publication
② Pride - Peace
③ Promotion - Pride
④ Pride - Prospect
⑤ Product - Promotion

정답 ⑤

해답풀이 4P 마케팅 전략은 Product, Price, Promotion, Place이다.

04 다음은 동물병원 마케팅을 위한 4S 전략에 대한 설명이다. 괄호 안의 ㉠과 ㉡에 들어갈 내용이 순서대로 옳게 짝지어진 것은?

Speed	시장 진입 속도
(㉠)	사업 확장 진행
Strength	강점 강화
(㉡)	고객 만족 향상, 고객 불만 해소

① Safeness - Stability
② Sociability - Satisfaction
③ Spread - Satisfaction
④ Satisfaction - Sociability
⑤ Sucession - Stability

정답 ③

해답풀이 4S 마케팅 전략은 Speed, Spread, Strength, Satisfaction이다.

05 수의사법에 의하면 수의사는 진료부나 검안부를 갖추어 두고 진료내용을 기록하고 서명하여 보존해야 한다. 다음 중 진료부와 검안부의 보존 기한으로 옳은 것은?

① 1년 이상
② 2년 이상
③ 3년 이상
④ 4년 이상
⑤ 5년 이상

정답 ①

해답풀이 진료부나 검안부를 수의사법에 따라 1년 이상 보관하여야 한다.

06 다음 중 검안부에 작성해야 할 내용이 아닌 것은?

① 동물 품종
② 동물 성별
③ 병리학적 소견
④ 사망 원인
⑤ 처치 내역

정답 ⑤

해답풀이 검안부에는 처치 내역이 포함되지 않는다.

07 다음 설명에 해당되는 용어는?

• 동물병원에서 필요한 정보를 신속하게 얻을 수 있도록 환자가 가지고 있는 문제를 중심으로 기록하는 방법.

① EMR
② POVIDR
③ POVMR
④ SOAP
⑤ SVMR

정답 ③

해답풀이 문제 중심의 수의의무 기록법 POVMR은 problem oriented veterinary medical record로 환자동물의 기록을 효율적으로 기록하는 방법이다.

08 다음 설명에 해당되는 용어는?

> • 환자동물에 대한 모든 진료 정보를 전자 문서로 전산화하여 컴퓨터에 입력, 관리, 저장하여 기록하는 방법.

① EMR
② POVIDR
③ POVMR
④ SOAP
⑤ SVMR

정답 ①

해답풀이 현재 동물병원에서 문서 작성 및 기록은 전자의무 기록으로 Electronic Medical Record를 작성한다.

09 다음은 수의간호기록 작성을 의미하는 SOAP에 대한 설명이다. 괄호 안의 ㉠과 ㉡에 들어갈 내용이 순서대로 옳게 짝지어진 것은??

Subjective	보호자의 주관적 관찰과 불편 호소 내용, 환자동물의 관찰 내용 기록
(㉠)	체온, 맥박수, 체중, 혈액 검사 결과 등 기록
(㉡)	주관 및 객관적 자료 바탕으로 환자동물 상태의 판단 기록
Plan	환자동물의 회복을 위한 간호 및 보호자 교육 계획 수립 및 실시

① Overproduct - Ace
② Objective - Assessment
③ Objective - Academy
④ Obediency - Addiction
⑤ Obduracy - Assessment

정답 ②

해답풀이 수의간호 기록 작성은 SOAP 방법에 의해 기록으로 Subjective(주관적 자료), Objective(객관적 자료), Assessment(평가), Plan(계획)을 말한다.

10 다음은 차트에 사용되는 표준화된 약어에 대한 설명이다. 괄호 안의 ㉠과 ㉡에 들어갈 내용이 순서대로 옳게 짝지어진 것은?

BID	하루 2번
(㉠)	모세혈관 재충전 시간
Dx	진단
(㉡)	하루걸러

① CPR - TID
② TPR - Tx
③ QID - SID
④ CRT - QOD
⑤ PI - PHx

정답 ④

해답풀이 모세혈관 재충전 시간은 CRT, 하루걸러는 QOD로 표기한다.

04 동물병원 위생 관리

01 동물등록제에 대한 다음 설명 중 옳지 않은 것은?

① 동물보호법에 따라 반려견은 의무적으로 등록을 해야 한다.
② 반려견은 3개월령 이상부터 동물등록을 할 수 있다.
③ 소유자 변경 시 사유 발생일 30일 이내에 신고하여야 한다.
④ 외출할 때 인식표를 부착하여야 한다.
⑤ 내장형 마이크로칩은 동물병원에서 수의사에 의한 파하 주사로 시술 받아야 한다.

정답 ②

해답풀이 동물보호법에 따라 반려견은 2개월령 이상의 개는 의무적으로 동물등록을 해야 한다.

02 다음 중 동물보호법 시행규칙의 별지 1호 서식에 의해 동물등록 신청서 작성 시 포함되지 않는 내용은?

① 신청인 주민등록번호
② 신청인 주소
③ 신청인 성별
④ 동물 중성화 여부
⑤ 동물 털색깔

정답 ③

해답풀이 신청인의 성명, 주민등록번호, 전화번호, 주소는 작성하여야 하나 성별은 작성하지 않는다.

03 반려견의 출입국을 위해 준비해야할 사항에 포함되지 않는 내용은?

① 광견병 접종 증명서
② 종합백신 예방접종 증명서
③ 건강진단서
④ 내장형무선식별장치
⑤ 혈통증명서

정답 ⑤

해답풀이 반려견의 출입국을 위해 준비 사항은 국가에 따라 조금씩의 차이는 있으나 광견병 접종 증명서, 종합백신 예방접종 증명서, 건강 진단서, 무선식별장치 등이 있으나 혈통증명서는 필요하지 않다.

04 다음 설명에 해당되는 용어는?

• 세균이 외부의 물리화학적 작용에 저항하여 장기간 생존하기 위해 형성하는 작은 형체

① 협막　② 편모
③ 캡슐　④ 아포
⑤ 캡시드

정답 ④

해답풀이 일부 세균은 아포를 형성하는데 아포 형성 세균은 소독제에도 저항을 해서 위생 관리에 심각한 문제를 유발한다.

05 다음 중 소독제의 살균력을 표시하는 방법은?

① 소독지수　② 페놀계수
③ 알콜계수　④ 희석배수
⑤ 멸균지수

정답 ②

해답풀이 소독제의 살균력은 페놀계수로 페놀 대비 소독력 비교로 표시한다.

06 다음 설명에 해당되는 소독제로 가장 적합한 것은?

• 가격이 저렴하고 빠른 효과와 바이러스 사멸이 가능한 높은 소독력을 보유한 소독제
• 가바이러스 소독 시 30~40배, 일반 소독 시 150배 희석하여 사용

① 알콜
② 과산화수소
③ 치아염소산 나트륨
④ 포비돈 요오드
⑤ 클로르헥시딘 글루코네이트

정답 ③

해답풀이 치아염소산 나트륨은 락스로 불리며 저렴한 가격에 대비하여 높은 소독력을 갖는다.

07 다음 설명에 해당되는 소독제로 가장 적합한 것은?

> • 상처 부위 소독에 0.05%, 구강 소독 0.1%, 진균 소독 2%로 사용
> • 피부, 창상 부위, 기구 소독에 사용

① 알콜
② 과산화수소
③ 치아염소산 나트륨
④ 포비돈 요오드
⑤ 클로르헥시딘 글루코네이트

정답 ⑤

해답풀이 클로르헥시딘 글루코네이트는 피부와 수술 부위 소독에 사용되는 소독제이다.

08 동물병원에서 발생하는 의료폐기물 중 아래 내용에 해당되는 폐기물을 구분하기 위해 부착하는 색깔 표지는?

> • 검사 후 배양액, 배양용기, 시험관
> • 폐기 백신 및 약제
> • 혈액, 배설물, 체액 분비물

① 붉은색　② 노란색
③ 오렌지색　④ 검정색
⑤ 파란색

정답 ②

해답풀이 노란색은 위해의료폐기물을 표시하는 색깔 표지이고 동물병원의 의료폐기물은 대부분 이에 해당된다.

09 다음 설명에 해당되는 동물병원의 기자재로 가장 적합한 것은?

• 소형 동물에게 수액이 과다 투여되는 과수화로 인해 발생하는 폐수종, 심부종 예방

① 도플러 장치
② 인퓨전 펌프
③ 네블라이져
④ 오실로메트릭
⑤ ICU

정답 ②

해답풀이 인퓨전 펌프는 수액량을 정확한 양으로 일정한 시간에 주입해 주는 장치로 소형 동물에게 수액이 과다 투여되는 과수화를 예방하는 데 기여하는 장치이다.

의약품관리학

01 약리학 / 처방전 약어

01 약리학과 관련된 다음 설명에 적합한 용어는?

- 의약품의 설명서에 사용상의 주의사항으로 표기
- 해당 약물의 이상반응, 상호작용, 일반적 주의 등이 해당됨

① 유효성　② 안정성
③ 독성　　④ 신속성
⑤ 안전성

정답 ⑤

해답풀이 사용상의 주의사항으로 약품 설명서에 이상반응이나 주의 사항으로 표기된다.

02 다음 설명에 해당되는 용어는?

- 의약품의 설명서에 '저장방법 및 사용 기간'으로 표기된다.

① 유효성　② 안정성
③ 독성　　④ 신속성
⑤ 안전성

정답 ②

해답풀이 안정성은 stability는 약물의 유효기간을 말한다.

03 다음 설명에 해당되는 용어는?

- 약물을 환자 동물에게 투여한 후 체내에서 발생하는 복잡한 일련의 약물의 변화들에 대한 내용

① 약물치료학　② 약물독성학
③ 약물동태학　④ 약물제형학
⑤ 약물병리학

정답 ③

해답풀이 약물동태학은 pharmacokinetics로 약물의 투여 후 체내 흡수-분포-대사-배설의 변화에 대한 내용을 다룬다.

04 다음 약물 투여 경로의 약어로 정맥내 투여 경로의 약어로 옳은 것은?

① SC ② IM
③ ID ④ PO
⑤ IV

정답 ⑤

해답풀이 정맥내 투여는 intravenous로 IV로 약자 표기한다.

05 다음 약물 투여 경로의 약어로 피하 투여 경로의 약어로 옳은 것은?

① SC ② IM
③ ID ④ PO
⑤ IV

정답 ①

해답풀이 피하 투여는 subcutaneous로 SC로 약자 표기한다.

06 다음은 약물동태학에서 약물의 변화에 대해 다루는 단계이다. 괄호 안의 ㉠과 ㉡에 들어갈 내용이 순서대로 옳게 짝지어진 것은?

흡수 → (㉠) → 대사 → (㉡)

① 흡착 - 분해
② 배설 - 합성
③ 분해 - 운반
④ 분포 - 배설
⑤ 운반 - 흡수

정답 ④

해답풀이 약물동태학은 약물이 체내에서 분해되어 흡수 후 배설되는 과정에 대한 내용을 분석한다.

07 다음은 환자동물에 약물을 투여 후 변화되는 단계에 대한 설명이다. 괄호 안의 ㉠과 ㉡에 들어갈 내용이 순서대로 옳게 짝지어진 것은?

흡수	약물이 작용 부위에 도달하기 전에 투여 부위의 세포막을 통과하는 과정
(㉠)	약물이 흡수 부위에서 작용 부위로 운반되는 과정
대사	약물을 신체에서 제거할 수 있는 형태로 화학적으로 변화하는 단계
(㉡)	약물이 대사되어 신장 등에 의해 체내에서 제거되는 과정

① 흡착 – 분해
② 배설 – 합성
③ 분해 – 운반
④ 분포 – 배설
⑤ 운반 – 흡수

정답 ④

해답풀이 분포는 흡수 부위에서 작용 부위로 운반되는 과정을 말하며 배설은 약물이 대사되어 신장 등에 의해 체내에서 제거되는 과정이다.

08 다음 약물 투여 후 흡수에 영향을 주는 요인에 대한 설명으로 가장 거리가 먼 것은?

① 약물 pH
② 약물 용해도
③ 투약 형태
④ 다른 약물과 상호작용
⑤ 환자동물의 체중

정답 ⑤

해답풀이 약물 흡수에 영향을 주는 요인으로 약물 pH, 약물 용해도, 투약 형태, 다른 약물과 상호작용, 흡수성 표면적, 흡수 메커니즘, 위장관 상태 등이 있다.

09 다음 설명에 해당되는 용어는?

> • 원하는 효과를 달성하는 약물의 능력과 독성 효과를 생성하는 경향 사이의 관계

① 효능
② 약물이상반응
③ 치료지수
④ 효과계수
⑤ 약물동태

정답 ③

해답풀이 원하는 효과를 달성하는 약물의 능력과 독성 효과를 생성하는 경향 사이의 관계를 치료지수 therapeutic index라 한다.

10 다음은 바람직하지 않은 결과를 초래할 수 있는 약물 조합에 대한 설명이다. 괄호 안의 ㉠과 ㉡에 들어갈 내용이 순서대로 옳게 짝지어진 것은?

촉진 약물	주 약물	결과
Antacids	Tetracycline	Tetracycline 흡수 감소
(㉠)	Fluroquinolone	quinolones 흡수 감소
Omeprazole	Ketoconazole	대상 약물의 대사 증가
(㉡)	Penicillins	페니실린 효과 억제

① Ketoconazole - Cimetidine
② MAO 억제제 - Diazepam
③ Amitaraz - Doxycycline
④ Sucralfate - Tetracyclines
⑤ Doxycycline - Ketoconazole

정답 ④

해답풀이 Sucralfate는 quinolones 흡수 감소를 초래할 수 있고 Tetracyclines은 페니실린 효과를 억제할 수 있다.

11 다음 의약품 제형에 대한 설명으로 가장 거리가 먼 것은?

① 가장 보편적인 투여 경로는 경구 투여이다.
② 가장 많이 사용되는 경구 제형은 알약이다.
③ 국소용제는 주로 피부에 적용하는 연고나 크림 형태가 있다.
④ 임플란트는 주로 피하 삽입 형태로 성장호르몬과 같은 제재가 사용되고 있다.
⑤ 액상 경구제제는 가능한 빨리 투여하여야 환자동물의 거부반응을 줄일 수 있다.

정답 ⑤

해답풀이 모든 액상 경구제제는 더 많은 액상제제를 투여하기 전 삼킬 수 있게 천천히 투여해야 한다. 경구제제를 너무 급하게 투여하면 흡인성 폐렴이 유발될 수 있다.

12 다음 설명에 해당되는 투여의 경로로 옳은 것은?

- 가장 빠르고 효과적인 약물 투여 경로

① SC   ② IM
③ ID   ④ PO
⑤ IV

정답 ⑤

해답풀이 정맥 주사는 intravenous IV로 약물의 빠른 흡수로 빠른 효과를 유도한다.

13 다음은 처방전에 자주 사용되는 약어이다. 괄호 안의 ㉠과 ㉡에 들어갈 내용이 순서대로 옳게 짝 지어진 것은?

bid	1일 2회
(㉠)	2일 간격으로
npo	비경구
(㉡)	매 시간

① qd – sih
② prn – od
③ qid – qod
④ eod – qh
⑤ tid – tsp

정답 ④

해답풀이 eod는 2일 간격으로 every other day의 약어이고 qh는 매 시간으로 every hour의 약어로 사용된다.

14 다음 조건을 읽고 투여할 A 약물 tablet 개수를 계산하여 제시하시오.

- 환자동물 복돌이의 체중: 5kg
- 투여 요구량 10mg/kg
- 약물 제제 20mg/tablet

① 2 ② 2.5
③ 3 ④ 3.5
⑤ 4

정답 ②

해답풀이 환자동물 복돌이의 투여요구량 : 5kg × 10mg/kg = 50mg, 투여 약물 A의 tablet 개수 = 50mg × tablet/20mg = 2.5 tablet

02 의약품 관리 / 수의사 처방제

01 다음 동물병원의 의약품 관리에 대한 설명으로 중요성이 가장 작은 것은?

① 문서화를 한다.
② 마약류는 주요 관리 품목이다.
③ 정기적 재고 조사를 한다.
④ 유사 시 재고관리를 대신할 수 있는 대리 관리자를 선정해 둔다.
⑤ 연간 1회 회전율 유지를 목표로 한다.

정답 ⑤

해답풀이 재고관리는 수시로 진행을 하고 연간 최소 4회 회전율 유지를 목표로 한다.

02 다음은 동물병원의 의약품 관리에 대한 재고 관리자의 책임에 대한 내용이다. 해당되는 내용으로 옳은 것만을 모두 고른 것은?

㉠ 직원들에 단종 품목에 대한 지속적 정보 제공
㉡ 약품의 효능 제시
㉢ 제품 재주문 시기 파악
㉣ 주문 물품 도착 시 수량 파악
㉤ 약품 투여 방법 제시

① ㉠, ㉡, ㉢
② ㉠, ㉢, ㉣
③ ㉡, ㉢, ㉣
④ ㉢, ㉣, ㉤
⑤ ㉠, ㉡, ㉢, ㉣, ㉤

정답 ②

해답풀이 ㉡ 약품의 효능 확인과 ㉤ 약품 투여 방법 제시는 재고 관리자의 책임 범위를 넘어 수의사가 맡아야 될 내용이다.

03 다음 동물병원의 재고관리 목적에 대한 설명으로 거리가 먼 것은?

① 재고 자산 보유 원가의 최대화
② 판매 물품의 품절 예방
③ 유통기한 경과 제품 판매 및 사용 예방
④ 효율적 관리에 의한 운영비 절감
⑤ 고객 요구에 맞는 제품 수량 확보

정답 ①

해답풀이 동물병원의 재고관리 목적으로 재고 자산 보유 원가의 최소화하여야 한다.

04 다음 동물병원의 재고관리에 대한 설명으로 옳지 않은 것은?

① 동물병원 간접비 중에서 가장 비용이 높은 항목이다.
② 제품의 판매 및 사용 시 선입선출을 원칙으로 한다.
③ 규제 물질은 잠금 장치가 있는 서랍장에 보관해야 한다.
④ 유통기한은 조기 파악하여 기한이 지난 제품을 판매하거나 사용되지 않도록 해야 한다.
⑤ 마약류는 마약류통합관리시스템을 이용하여 관리를 해야 한다.

정답 ①

해답풀이 동물병원 간접비 중에서 가장 비용이 높은 항목은 인건비이다.

05 다음 동물병원에서 마약류통합시스템을 이용한 관리가 필요한 약품이 아닌 것은?

① 케타민   ② 졸레틸
③ 프로포폴   ④ 멕페란
⑤ 졸피뎀

정답 ④

해답풀이 동물병원에서 마약류통합시스템을 이용한 관리가 필요한 약품은 마약류로서 멕페란은 비마약류 약품이다.

06 동물병원에서 자주 사용되는 해독 목적 응급의약품으로 다음 설명에 해당되는 약품으로 가장 가까운 것은?

- 특정 약물 또는 독소 전신 흡수 방지 및 감소 목적
- 경구 투여제로 많이 사용
- 구토, 변비, 설사, 검은색 대변 등의 이상반응이 나올 수 있음

① 칼슘에틸렌디아민테트라아세트산
② 염산날록손
③ 활성탄
④ 항콜린제
⑤ 플루마제닐

정답 ③

해답풀이 활성탄은 특정 약물 또는 독소 전신 흡수 방지 및 감소 목적으로 경구 투여제로 많이 사용한다.

07 다음 설명에 해당되는 약품으로 동물병원에서 자주 사용되는 해독 목적 응급의약품으로 가장 가까운 것은?

- 동물병원에서 납중독 치료에 사용
- 신독성, 우울증, 구토, 설사 등의 이상반응이 발생할 수 있음
- 장기간 사용 시 아연결핍 유발 위험이 있음

① 칼슘에틸렌디아민테트라아세트산
② 염산날록손
③ 항히스타민제
④ 항콜린제
⑤ 플루마제닐

정답 ①

해답풀이 Ca-EDTA는 중금속 킬레이크제로서 납중독 치료에 사용된다.

08 다음 설명에 해당되는 약품으로 동물병원에서 자주 사용되는 해독 목적 응급의약품으로 가장 가까운 것은?

- 알레르기 반응이나 상부 호흡기 질환과 같은 급성 염증 치료에 사용
- 뇌와 신경계에 효과가 있어 항구토제로도 사용할 수 있음

① 칼슘에틸렌디아민테트라아세트산
② 염산날록손
③ 항히스타민제
④ 항콜린제
⑤ 플루마제닐

정답 ③

해답풀이 항히스타민제는 알레르기 반응이나 상부 호흡기 질환과 같은 급성 염증 치료에 사용된다.

09 다음 설명에 해당되는 약품으로 동물병원에서 자주 사용되는 해독 목적 응급의약품으로 가장 가까운 것은?

- 기관지 확장 작용을 나타냄
- 서맥 치료, 호흡기 및 위장관 분비물 감소 목적으로 사용

① 칼슘에틸렌디아민테트라아세트산
② 염산날록손
③ 항히스타민제
④ 항콜린제
⑤ 염산날록손

정답 ④

해답풀이 항콜린제는 서맥 치료, 호흡기 및 위장관 분비물 감소 목적으로 사용된다.

10 다음 설명에 해당되는 약품으로 동물병원에서 자주 사용되는 해독 목적 응급의약품으로 가장 가까운 것은?

- 마약의 길항제 작용
- 마약성 억제 치료, 예방 및 조절에 사용

① 칼슘에틸렌디아민테트라아세트산
② 염산날록손
③ 항히스타민제
④ 항콜린제
⑤ 염산날록손

정답 ⑤

해답풀이 염산날록손은 마약의 길항제 작용을 하며 마약성 억제 치료, 예방 및 조절에 사용한다.

11 다음은 수의사 처방제에 대한 설명이다. 괄호 안의 ㉠과 ㉡에 들어갈 내용이 순서대로 옳게 짝지어진 것은?

관련 법령	(㉠) : 처방대상 동물용 약품 투약 시 처방전 발급
처방대상 약품 현황	• 처방대상 성분 - (㉡): 18종 - 호르몬제: 34종 - 항생항균제: 32종 - 생물학적제제: 26종 - 기타: 47종

① 약사법 - 항히스타민류
② 수의사법 - 혈액제제
③ 약사법 - 항암제
④ 수의사법 - 마취제
⑤ 수의사법 - 세포치료제

정답 ④

해답풀이 수의사법에 의해 처방대상 약품은 처방전을 발급해야 한다.

12 도매상에서 동물용 약품을 판매하는 경우 수의사의 처방이 있어야 하는데, 이를 규정한 법령은?

① 수의사법
② 약사법
③ 축산법
④ 가축전염병예방법
⑤ 동물약품법

정답 ②

해답풀이 약사법에 따라 도매상에서 동물용 약품을 판매하는 경우 수의사의 처방이 있어야 한다.

13 다음 성분 중 수의사 처방제에 해당되지 않는 제제의 약품은?

① 마취제
② 호르몬제
③ 항생항균제
④ 생물학적제제
⑤ 지사제

정답 ⑤

해답풀이 수의사 처방제에 해당되는 제제는 마취제, 호르몬제, 항생항균제, 생물학적제제와 기타 전문지식이 필요한 약품이 해당된다.

14 마약류 물품에 관한 다음 설명 중 옳지 않은 것은?

① 향정 의약품은 이동이 불가능한 잠금장치가 설치된 장소에 보관한다.
② 마약류 의약품은 별도의 냉장고에 보관한다.
③ 마약류 물품 입고 시 마약류통합관리 시스템에 구입보고를 해야 한다.
④ 동물 투약 시 소유자의 주민번호를 입력해야 한다.
⑤ 동물병원에서 마약류 투약 후 마약류통합관리 시스템에 투약보고를 해야 한다.

정답 ②

해답풀이 마약류 의약품은 이중으로 잠금장치가 된 이동이 불가능한 철제금고에 보관하여야 한다.

03 계통별 의약품 관리

01 다음 보기의 약물이 작용하는 계통으로 가장 가까운 것은?

- 아트로핀
- 프랄리독심
- 메스스토폴라민
- 아미노펜타미드

① 아드레날린성 작용제
② 진해제
③ 항히스타민제
④ 콜린성 차단제
⑤ 이뇨제

정답 ④

해답풀이 아트로핀, 프랄리독심, 메스스토폴라민, 아미노펜타미드는 콜린성 차단제로 작용한다.

02 다음 보기의 임상적 사용에 해당되는 약물을 옳게 고른 것은?

- 중증근무력증의 진단
- 녹내장 안압 낮춤
- 위장관 운동성 자극
- 요 정체 치료, 구토 조절
- 신경과 근육계 차단 약물 해독제

① 점액용해제
② 항히스타민제
③ 콜린성 약물
④ 세로토닌 수용체 길항제
⑤ 제산제

정답 ③

해답풀이 콜린성 약물은 아세틸콜린에 의해 매개되는 수용체 부위를 자극하는 약물이다.

03 다음 약물 중 아드레날린성 작용제에 해당하지 않는 것은?

① 하이드록시진
② 에피네프린
③ 도파민
④ 도부타민
⑤ 알부테롤

정답 ①

해답풀이 하이드록시진은 호흡기 치료를 위한 항히스타민제이다.

04 다음 약물 중 점액용해제에 해당하는 것은?

① 하이드록시진
② 에피네프린
③ 도파민
④ 도부타민
⑤ 아세틸시스테인

정답 ⑤

해답풀이 아세틸시스테인은 수의학에서 임상적으로 중요한 점액용해제이다.

05 다음 중 흡입마취 시 사용하는 약제는?

① 하이드록시진
② 이소플루란
③ 도파민
④ 도부타민
⑤ 아세틸시스테인

정답 ②

해답풀이 이소플루란은 세보플루란, 할로탄, 메톡시플루란, 아산화질소, 프로포폴과 함께 흡입 마취제에 해당된다.

06 다음 보기의 약물이 공통적으로 작용하는 효과로 분류한 것으로 가장 가까운 것은?

- 피리라민
- 하이드록시진
- 아타락스
- 히스탈

① 아드레날린성 작용제
② 진해제
③ 항히스타민제
④ 콜린성 차단제
⑤ 이뇨제

정답 ③

해답풀이 항히스타민제는 히스타민 차단제로 알레르기 반응으로 인한 호흡기 질환 치료에 이용한다.

07 다음 보기의 약물이 공통적으로 작용하는 효과로 분류한 것으로 가장 가까운 것은?

- 아포모르핀
- 과산화수소

① 아드레날린성 작용제
② 진해제
③ 항히스타민제
④ 구토제
⑤ 이뇨제

정답 ④

해답풀이 아포모르핀과 과산화수소는 구토제로 작용한다.

08 다음 보기의 약물이 공통적으로 작용하는 효과로 분류한 것으로 가장 가까운 것은?

- 시메티딘
- 오메프라졸
- 파모티딘

① 제산 및 항궤양제
② 진해제
③ 항히스타민제
④ 구토제
⑤ 이뇨제

정답 ①

해답풀이 시메티딘, 오메프라졸, 파모티딘은 제산 및 항궤양제로 작용한다.

09 다음은 오피오이드 수용체에 대한 설명이다. 괄호 안의 ㉠과 ㉡에 들어갈 내용이 순서대로 옳게 짝지어진 것은?

뮤	• 뇌의 통증 조절 부위에서 발견 • 진통, 희열, 호흡억제, 신체 의존 및 저체온 작용
(㉠)	• 대뇌 피질과 척수에서 발견됨 • 진통, 진정, 우울증 및 동공 축소에 기여
델타	• 뮤 수용체 활성 조정 • 진통 효과에 기여
(㉡)	• 환각 및 산동 효과와 관련

① 알파 - 베타
② 카파 - 시그마
③ 베타 - 엡실론
④ 알파 - 감마
⑤ 감마 - 알파

정답 ②

해답풀이 카파는 대뇌 피질과 척수에서 발견되는 진통, 진정, 우울증 및 동공 축소에 기여하는 오피오이드 수용체이고 시그마는 환각 및 산동 효과와 관련된 시그마이다.

동물보건영상학

01 방사선 장비 구성

01 다음 설명을 읽고 해당되는 용어를 고르시오.

• 공간에서 전기장과 자기장이 주기적으로 변화하면서 전달되는 파동

① 자기장파   ② 방사선파
③ 저주파   ④ 고주파
⑤ 전자기파

정답 ⑤

해답풀이 전자기파는 공간에서 전기장과 자기장이 주기적으로 변화하면서 전달되는 파동이다.

02 다음 X-ray에 대한 설명 중 옳지 않은 것은?

① 라디오파는 진동수가 작다.
② 감마선은 진동수가 크다.
③ 방사 에너지는 파장이 길수록 커진다.
④ X-선은 가시광선 보다 높은 에너지를 가지고 있다.
⑤ X-선은 자외선 보다 파장이 짧다.

정답 ③

해답풀이 방사 에너지는 파장이 짧을수록 커진다.

03 다음은 X-선의 특징에 대한 설명이다. 옳은 것만으로 옳게 짝지어진 것은?

> ㉠ 직선으로 주행함
> ㉡ 빛의 속도로 이동함
> ㉢ 밀도가 높을수록 x-선은 흡수되어 없어짐
> ㉣ DNA 손상과 같은 생물학적 변화 유발함

① ㉠, ㉡
② ㉢, ㉣
③ ㉠, ㉡, ㉢
④ ㉠, ㉢, ㉣
⑤ ㉠, ㉡, ㉢, ㉣

정답 ⑤

해답풀이 X-선의 특징으로 직선으로 주행, 빛의 속도로 이동, 밀도가 높을수록 x-선은 흡수되어 없어짐, DNA 손상과 같은 생물학적 변화 유발하는 것을 들 수 있다.

04 다음 X-ray 발생에 대한 설명 중 옳지 않은 것은?

① 미지의 방사선이라는 의미로 x-ray 명명되었다.
② 전자는 양극에서 발생해서 음극으로 주행한다.
③ 전자에서 발생된 에너지의 99%sms 열로 전환되고 1%만이 x-선이 된다.
④ X-선은 전자기파의 일종이다.
⑤ X-선의 점위는 10-10~10-12m 범위이다.

정답 ②

해답풀이 전자는 음극에서 발생해서 양극으로 주행한다.

05 다음은 X-선 장비의 구성 요소이다. 해당되지 않는 것은?

① Y 관
② 제어기
③ 검출기
④ x선관
⑤ 발생기

정답 ①

해답풀이 x-선 장비의 구성 요소로 제어기, 검출기, x선관, 발생기이다.

06 X-선 장비의 구성 요소인 검출기 방식으로 최근 많이 사용되는 것은?

① ER
② OPU
③ DR
④ ICU
⑤ AR

정답 ③

해답풀이 DR은 direct digital radiography로 최근 X-선 장비의 검출기 방식으로 많이 활용되고 있다.

07 다음은 X-선 장비의 구성 요소에 관한 설명으로 옳지 않은 것은?

① X-선관의 필라멘트가 오래 가열되지 않도록 주의한다.
② 양극은 코일 형태의 텅스텐 재질 필라멘트로 되어 있다.
③ 양극은 7-20도 정도 기울어져 있다.
④ 양극의 형태는 고정식과 회전식으로 구분된다.
⑤ 회전식 양극은 원판형으로 고용량 장비에 사용한다.

정답 ②

해답풀이 X-선 장비의 음극은 코일 형태의 텅스텐 재질 필라멘트로 되어 있다.

02 동물 진단용 방사선 안전관리

01 방사선 안전관리에 관한 설명으로 옳지 않은 것은?

① 방사선은 최소 노출로 최대 진단정보를 얻도록 노력해야 한다.
② 디지털 방사선 장비의 도입으로 피폭 위험성은 유의하게 감소되었다.
③ 동물병원은 촬영 시 동물보정 종사자가 촬영실 내 위치하는 경우가 많다.
④ X-ray 촬영 시 방사선 보호장구 착용을 해야 한다.
⑤ 분열 빠른 세포일수록 방사선 위험이 높아진다.

정답 ②

해답풀이 디지털 방사선 장비의 도입으로 장비 사용의 편리성으로 촬영횟수 증가와 과량 노출 조건 설정으로 피복 위험성이 높아지고 있다.

02 다음 설명을 읽고 해당되는 용어를 고르시오.

- 인체에 피폭되는 방사선량을 나타내는 측정 단위
- 과거에는 큐리, 렘 단위 사용하였으나 최근에는 이 단위 사용으로 통일됨.

① 디봇   ② 암페어
③ 볼테이지   ④ 시버트
⑤ 시큐렘

정답 ④

해답풀이 시버트는 Sv로 표기하며 인체에 피폭되는 방사선량을 나타내는 측정 단위이다.

03 다음 설명을 읽고 해당되는 용어를 고르시오.

- 방사선 종사자의 신체 또는 특정 장기에 흡수되어도 안전한 최대량

① 피폭   ② 차폐
③ 선량한도   ④ 베크렐
⑤ 피폭 방사선량

정답 ③

해답풀이 선량한도는 방사선 종사자의 신체 또는 특정 장기에 흡수되어도 안전한 최대량이다.

04 다음 설명을 읽고 해당되는 용어를 고르시오.

- 방사선을 흡수하거나 산란시켜 그 영향을 감소시키는 것
- 주로 납을 사용함

① 피폭
② 차폐
③ 선량한도
④ 베크렐
⑤ 피폭 방사선량

정답 ②

해답풀이 차폐는 방사선을 흡수하거나 산란시켜 그 영향을 감소시키는 것으로 주로 납을 사용하지만 에너지가 높은 방사선은 콘크리트가 사용된다.

05 다음은 방사선 안전법규 중 동물진단용 방사선발생장치 설치운영에 대한 설명이다. 옳은 것만을 모두 고른 것은?

㉠ 수의사법에 설치운영에 관한 조항이 지정되어 있다.
㉡ 동물병원 개설자는 관할 시장·군수에 설치운영에 관해 신고해야 한다.
㉢ 동물병원 개설자는 안전관리 책임자를 선임하여야 한다.
㉣ 방사선 관계 종사자에 대한 피폭 관리를 하여야 한다.

① ㉠, ㉡
② ㉢, ㉣
③ ㉠, ㉡, ㉢
④ ㉠, ㉢, ㉣
⑤ ㉠, ㉡, ㉢, ㉣

정답 ⑤

해답풀이 수의사법 제 17조에 따라 방사선 안전법규 중 동물진단용 방사선발생장치 설치운영을 하고자 하는 동물병원 개설자는 관할 시장·군수에 설치운영에 관해 신고해야 한다. 동물병원 개설자는 안전관리 책임자를 선임하여야 한다. 방사선 관계 종사자에 대한 피폭 관리를 하여야 한다.

06 다음 설명을 읽고 해당되는 용어를 고르시오.

• 인체 내 조직 간 선량분포에 따른 위험 정도를 하나의 양으로 나타내기 위하여 방사능에 노출된 인체의 모든 조직에 대하여 각 조직의 등가선량에 해당 조직의 조직가중치를 곱한 결과를 합산한 양을 말함

① 등가선량　　② 차폐
③ 선량한도　　④ 유효선량
⑤ 피폭 방사선량

정답 ④

해답풀이 유효선량은 인체 내 조직 간 선량분포에 따른 위험 정도를 하나의 양으로 나타내기 위하여 방사능에 노출된 인체의 모든 조직에 대하여 각 조직의 등가선량에 해당 조직의 조직가중치를 곱한 결과를 합산한 양을 말한다. 이 경우 전신 피폭된 조직 가중치의 합은 1로 한다.

07 다음 설명을 읽고 해당되는 용어를 고르시오.

• 인체의 특정 장기에 피폭한 산량을 나타내기 위하여 흡수선량에 해당 방사선의 방사선가중치를 곱한 양을 말함

① 등가선량　　② 차폐
③ 선량한도　　④ 유효선량
⑤ 피폭 방사선량

정답 ①

해답풀이 등가선량은 인체의 특정 장기에 피폭한 산량을 나타내기 위하여 흡수선량에 해당 방사선의 방사선가중치를 곱한 양을 말한다. 이 경우 진단용 엑스선의 방사선 가중치는 1로 한다.

08 수의사법에 따른 동물진단용 방사선발생장치의 안전관리에 관한 규칙에 따라 임신 종사자의 경우 유효선량의 상한 기준에 관한 설명으로 옳은 것은?

① 연간 50mSv
② 3개월당 1mSV
③ 5년간 누적선량은 100mSV
④ 수정체는 연간 150mSv
⑤ 임신하지 않은 종사자의 피부는 연간 50mSv

정답 ②

해답풀이 수의사법에 따른 동물진단용 방사선발생장치의 안전관리에 관한 규칙에 따라 임신 종사자의 경우 유효선량은 3개월당 1mSV 이하여야 한다.

09 수의사법에 따른 동물진단용 방사선발생장치의 안전관리에 관한 규칙에 따라 임신하지 않은 종사자의 피부에 해당하는 등가선량의 상한 기준에 관한 설명으로 옳은 것은?

① 연간 20mSv
② 3개월당 1mSV
③ 5년간 누적선량은 100mSV
④ 수정체는 연간 150mSv
⑤ 연간 500mSv

정답 ⑤

해답풀이 임신하지 않은 종사자의 피부에 해당하는 등가선량은 연간 500mSv 이하여야 한다.

10 다음은 방사선 안전법규 중 동물진단용 방사선발생장치 설치운영에 대한 내용 중에서 주당 최대 동작부하 총량이 8mA/분 이상인 동물병원 종사자의 피폭선량 측정에 관한 설명이다. 옳은 것만을 모두 고른 것은?

> ㉠ 방사선 종사자는 방사선 선량계를 사용하여 개인별 피폭선량을 측정해야 한다.
> ㉡ 선량계는 촬영 진행되는 동안 촬영 진행동안 항상 착용해야 한다.
> ㉢ 티앨배지는 3개월마다 1회 이상 피폭선량을 측정한다.
> ㉣ 필름배지는 1개월마다 1회 이상 피폭선량을 측정한다.

① ㉠, ㉡
② ㉢, ㉣
③ ㉠, ㉡, ㉢
④ ㉠, ㉢, ㉣
⑤ ㉠, ㉡, ㉢, ㉣

정답 ⑤

해답풀이 주당 최대 동작부하 총량이 8mA/분 이상인 동물병원 방사선 종사자는 방사선 선량계를 사용하여 개인별 피폭선량을 측정해야 한다. 선량계는 촬영 진행되는 동안 촬영 진행동안 항상 착용해야 한다. 티앨배지는 3개월마다 1회 이상 피폭선량을 측정한다. 필름배지는 1개월마다 1회 이상 피폭선량을 측정한다.

11 동물진단용 방사선발생장치를 사용하는 동물병원 방사선 종사자의 방사선 보호 장구에 관한 설명으로 옳지 않은 것은?

① 방사선 앞치마는 납당량은 최소 0.25mmPb 이상인 것을 사용한다.
② 방사선 앞치마는 사용 후 다음 사용을 위해 잘 접어 정리한다.
③ 방사선 보호 성능은 납당량이 커질수록 차폐 효율이 높아진다.
④ 갑상샘 보호대는 목 부위를 보호하는 방사선 보호 장구이다.
⑤ 방사선 안경은 안구 내 수정체를 보호하기 위해 사용한다

정답 ②

해답풀이 방사선 앞치마는 납이 들어 있어 구부리면 균열이 생기므로 사용 후 옷걸이에 펼쳐서 보관한다.

12 다음 설명을 읽고 해당되는 용어를 고르시오.

> • 동일 조건 하에서 그 물질이 나타내는 선량률의 감쇄와 동등한 감쇄를 나타내는 두께를 말함
> • 단위는 mmPb

① 등가선량
② 차폐
③ 선량한도
④ 유효선량
⑤ 납당량

정답 ⑤

해답풀이 납당량은 높을수록 방사선 차폐 효율은 높아지지만 사용 시 무거워지는 단점이 있다.

13 동물진단용 방사선발생장치와 관련 내용에 대한 설명으로 옳지 않은 것은?

① 방사선 앞치마는 납당량은 최소 0.25mmPb 이상인 것을 사용한다.
② 재활영 횟수가 증가하면 방사선 노출량이 많아져서 피폭량이 늘어날 수 있다.
③ 방사선 보호 성능은 납당량이 커질수록 차폐 효율이 높아진다.
④ 방사선 장갑은 다음 사용을 위해 잘 접어 보관해야 한다.
⑤ 방사선 보호장구는 방사선 장치 촬영 시 안전을 위해 착용하여야 한다.

정답 ④

해답풀이 방사선 장갑은 납이 들어 있어 접지 않고 내부에 공기가 통하도록 보정틀을 넣고 펼쳐서 보관한다.

14 다음은 동물진단용 방사선발생장치와 관련 내용에 대한 설명이다. 옳은 것만을 모두 고른 것은?

㉠ 방사선 종사자의 피폭은 x선관에서 발생하는 고주파선에 의해 발생한다.
㉡ x선관으로부터 직접 방사된 1차 X선은 위험도가 가장 높다.
㉢ 산란선은 2차 X선이라고도 하며 1차 X선이 피사체 표면에 부딪힌 후 산란되며 발생한다.
㉣ 방사선 촬영 시 1차 X선에 노출되지 않도록 주의해야 한다.

① ㉠, ㉡
② ㉠, ㉢
③ ㉠, ㉡, ㉢
④ ㉠, ㉢, ㉣
⑤ ㉡, ㉢, ㉣

정답 ⑤

해답풀이 방사선 종사자의 피폭은 1차 X선과 산란선에 의해 발생한다.

03 방사선 촬영 기법

01 동물진단용 방사선발생장치를 이용한 방사선 촬영기법에 대한 다음 설명으로 옳지 않은 것은?

① kVp는 양극과 음극 사이 전류 차이로 최소 사용 가능한 에너지이다.
② kVp가 증가할수록 X선의 강도와 투과력은 증가한다.
③ kVp는 X선의 질과 조직 투과 능력을 결정한다.
④ kVp 값은 'Santes의 법칙'에 따라 구할 수 있다.
⑤ kVp는 X선의 영상 대조도에 영향을 미친다.

정답 ①

해답풀이 kVp(kilo voltage peak)는 양극과 음극 사이 전위 차이로 최대 사용 가능한 에너지를 말한다.

02 다음 설명을 읽고 해당되는 용어를 고르시오.

- 방사선 촬영장치 X선관 음극의 필라멘트를 가열시키는 전류를 뜻하는 용어

① kVp   ② Ci
③ mA   ④ mSV
⑤ rem

정답 ③

해답풀이 mA는 관전류로 방사선 촬영장치 X선관 음극의 필라멘트를 가열시키는 전류를 뜻하는 용어이다.

03 kVp 값을 산출에 대한 설명이다. 괄호 안의 ㉠과 ㉡에 들어갈 내용이 순서대로 옳게 짝지어진 것은?

- kVp 값은 (㉠)법칙에 따라 구할 수 있다.
- [촬영하고자 하는 부위의 (㉡) cm x 2] + SID(40인치) + 그리드 비율

① Borris - 깊이
② Santes - 두께
③ Pascal - 너비
④ Levinson - 면적
⑤ Volt - 길이

정답 ②

해답풀이 kVp 값은 'Santes'법칙에 따라 구할 수 있다. kVp 값=[촬영하고자 하는 부위의 두께(cm) x 2] + SID(40인치) + 그리드 비율

04 다음은 동물진단용 방사선발생장치를 이용한 방사선 촬영기법으로 관전류에 대한 설명이다. 옳은 것만을 모두 고른 것은?

㉠ mA가 증가할수록 전자 수가 늘어나 X선의 양이 늘어난다.
㉡ mA는 방사선 이미지의 밀도를 결정한다.
㉢ mA가 높을수록 방사선 이미지는 검게 영상화된다.
㉣ mA가 높을수록 같은 수의 X선을 발생하는 데 더 짧은 시간이 소요된다.

① ㉠, ㉡
② ㉠, ㉢
③ ㉠, ㉡, ㉢
④ ㉠, ㉢, ㉣
⑤ ㉠, ㉡, ㉢, ㉣

정답 ⑤

해답풀이 mA는 방사선 이미지의 밀도를 결정하는 관전류로 mA가 증가할수록 전자 수가 늘어나 X선의 양이 늘어나고 방사선 이미지는 검게 영상화되며 같은 수의 X선을 발생하는 데 더 짧은 시간이 소요된다.

05 다음은 동물진단용 방사선발생장치를 이용한 방사선 촬영기법으로 노출시간에 대한 설명이다. 옳은 것만을 모두 고른 것은?

㉠ 노출시간(sec)은 X선이 튜브에서 방출되는 조사 시간을 말한다.
㉡ 노출 시간이 길수록 X선의 발생량은 증가한다.
㉢ 발생된 X선의 총량은 노출 시간과 연계하여 mAs 단위로 표기한다.
㉣ 노출 시간이 짧을수록 영상 흔들림 감소와 방사선 피폭량 감소 이점이 있다.

① ㉠, ㉡
② ㉠, ㉢
③ ㉠, ㉡, ㉢
④ ㉠, ㉢, ㉣
⑤ ㉠, ㉡, ㉢, ㉣

정답 ⑤

해답풀이 동물진단용 방사선발생장치의 노출시간(sec)은 X선이 튜브에서 방출되는 조사 시간을 말하며 노출 시간이 길수록 X선의 발생량은 증가한다. 발생된 X선의 총량은 노출 시간과 연계하여 mAs 단위로 표기한다. 노출 시간이 짧을수록 영상 흔들림 감소와 방사선 피폭량 감소 이점이 있다.

06 다음 제시된 조건에서 발생된 X선의 총량은?

• 노출시간(sec) = 0.1 sec
• 촬영부위 두께 = 10 cm
• X선 촬영장치 관전류 = 100mA

① 10mAs
② 100mAs
③ 1000mAs
④ 10kVp
⑤ 100kVp

정답 ①

해답풀이 발생된 X선의 총량 = 관전류(mA) × 노출시간(sec)

07 다음은 동물진단용 방사선발생장치를 이용한 방사선 촬영기법으로 방사선 대조도와 밀도에 대한 설명이다. 옳은 것만을 모두 고른 것은?

㉠ 방사선 대비도에 가장 많은 영향을 미치는 요소는 kVp이다.
㉡ 뼈는 높은 대비로, 복부 및 흉부는 낮은 대비로 촬영한다.
㉢ 조직 밀도가 높으면 방사선 영상의 밀도는 감소한다.
㉣ SID가 감소하면 X선의 강도는 약해진다.

① ㉠, ㉡
② ㉠, ㉢
③ ㉠, ㉡, ㉢
④ ㉠, ㉢, ㉣
⑤ ㉠, ㉡, ㉢, ㉣

정답 ③

해답풀이 SID가 감소하면 X선의 강도는 세진다.

08 다음 설명을 읽고 해당되는 용어를 고르시오.

• X선 튜브의 초점으로부터 검출기까지의 거리를 말함

① DIC   ② SEC
③ SID   ④ CTB
⑤ VPI

정답 ③

해답풀이 SID는 source-image distance로 X선 튜브의 초점으로부터 검출기까지의 거리를 말하며 SID가 감소하면 X선의 강도는 세진다.

09 다음 설명을 읽고 해당되는 용어를 고르시오.

- X선 빔의 크기를 조절하는데 사용
- 촬영하고자 하는 부위만 촬영하도록 범위 설정 가능

① Detector ② Generator
③ Controller ④ Collimator
⑤ Grid

정답 ④

해답풀이 Collimator는 시준기로 불리며 X선 빔의 크기를 조절하는데 사용하며 촬영하고자 하는 부위만 촬영하도록 범위 설정 가능하다.

10 다음은 동물진단용 방사선발생장치의 그리드(Grid)에 대한 설명이다. 옳은 것만을 모두 고른 것은?

㉠ 그리드 비율 5:1은 납선의 높이가 납선 간의 거리의 5배를 의미한다.
㉡ 그리드는 산란선 흡수로 대조도 높은 X선 영상을 얻기 위한 장치이다.
㉢ 그리드 비율이 증가할수록 영상 선명도는 증가한다.
㉣ 그리드 비율이 증가할수록 더 많은 X선이 필요하다.

① ㉠, ㉡
② ㉠, ㉢
③ ㉠, ㉡, ㉢
④ ㉠, ㉢, ㉣
⑤ ㉠, ㉡, ㉢, ㉣

정답 ⑤

해답풀이 동물진단용 방사선발생장치의 그리드(Grid)는 산란선 흡수로 대조도 높은 X선 영상을 얻기 위한 장치이다. 그리드 비율은 납선의 높이와 납선 간의 거리와의 관계로 그리드 비율이 증가할수록 영상 선명도는 증가하지만 더 많은 X선이 필요하다.

04 촬영 부위와 자세

01 환자동물의 방사선 촬영을 위해 동물보건사가 환자동물을 검출기 위에 앙와위 자세로 눕혀 놓은 상태로 복부를 촬영하였을 때 촬영 자세는?

① RL   ② LL
③ CC   ④ DV
⑤ VD

> 정답 ⑤
>
> 해답풀이 배 부위는 Ventral, 등 부위는 Dorsal. 배에서 등 부위로 방사선을 찍는 방향은 VD로 표기함.

02 척추가 불편한 환자동물의 방사선 촬영을 위해 동물보건사가 환자동물을 검출기 위에 오른쪽으로 눕히고 흉골과 요추 가시돌기가 X선 테이블과 평행을 유지하는 자세를 취하는 자세로 촬영하였을 때 촬영 자세는?

① RL   ② LL
③ CC   ④ DV
⑤ VD

> 정답 ①
>
> 해답풀이 우측은 Right, 옆은 Lateral. 우측 옆에서 좌측 옆으로 방사선을 찍는 방향은 RL로 표기함.

03 환자동물의 방사선 촬영을 위해 동물보건사가 환자동물을 검출기 위에 엎드린 자세로 두고 등쪽에서 아래쪽으로 촬영하였을 때 촬영 자세는?

① RL   ② LL
③ CC   ④ DV
⑤ VD

> 정답 ④
>
> 해답풀이 등 부위는 Dorsal, 배 부위는 Ventral. 등에서 배 부위로 방사선을 찍는 방향은 DV로 표기함.

04 앞다리가 불편한 환자동물의 방사선 촬영을 위해 동물보건사가 환자동물을 아래 조건으로 촬영하였을 때 촬영 자세는?

> • 동물을 엎드린 자세로 위치시키고 촬영하는 다리를 앞쪽으로 당김
> • X선 빔의 주심을 요골 중심에 맞춤

① RL ② LL
③ CC ④ DV
⑤ VD

정답 ③

해답풀이 앞다리 앞뒤상은 Cranio Caudal로 CC로 표기한다.

05 방사선 촬영에 대한 다음 설명으로 옳지 않은 것은?

① 흉강 촬영은 호기 시 촬영을 원칙으로 한다.
② 보정이 어려운 경우 마취 후 촬영을 한다.
③ 촬영 부위 가운데 빔의 중심을 위치시킨다.
④ 일반적인 흉부촬영은 RL, VD로 진행한다.
⑤ 척추촬영은 디스크 질병, 척추의 질병을 진단하기 위해 촬영한다.

정답 ①

해답풀이 흉강 촬영은 흡기 시, 복부 촬영은 호기 시 촬영을 원칙으로 한다.

05 조영 촬영법

01 다음은 동물진단용 방사선발생장치에 대한 설명이다. 옳은 것만을 모두 고른 것은?

> ㉠ 과거 X선 필름을 사용하여 촬영과 현상 과정을 거치는 방식을 사용하였으나 최근 DR을 많이 이용하고 있다.
> ㉡ CR은 형광물질이 도포된 imaging plate를 사용한다.
> ㉢ DR은 반도체 센서를 이용한 디지털 엑스선 검출기를 사용하기 때문에 카세트가 필요없다.
> ㉣ DR은 대비도가 아날로그 방식보다 좋다.

① ㉠, ㉡
② ㉠, ㉢
③ ㉠, ㉡, ㉢
④ ㉠, ㉢, ㉣
⑤ ㉠, ㉡, ㉢, ㉣

정답 ⑤

해답풀이 DR은 direct digital radiography의 약자로 기존 아날로그 X-ray 영상 장치를 대체하는 편리한 장치이다. 기존의 필름 카세트와 인화 과정이 없이 촬영 후 바로 확인이 가능하고 이미지 저장이 용이한 장점을 가지고 있다.

02 다음은 아날로그와 디지털 X-ray 영상 장치에 대한 설명이다. 옳은 것만을 모두 고른 것은?

> ㉠ 디지털 방식은 암실이나 필름과 같은 유지 및 소모품 비용이 적게 든다.
> ㉡ 디지털 방식은 회색음영도 표현 가능하여 대비도가 좋다.
> ㉢ 디지털 방식은 이미지 저장 후 이용이 용이하다.
> ㉣ 디지털 방식은 이미지 판독과 전송이 용이하다.

① ㉠, ㉡
② ㉠, ㉢
③ ㉠, ㉡, ㉢
④ ㉠, ㉢, ㉣
⑤ ㉠, ㉡, ㉢, ㉣

정답 ⑤

해답풀이 디지털 X-ray 영상 장치 기존 아날로그 X-ray 영상 장치와 달리 촬영 후 이미지 저장과 이용이 편리하다.

03 다음 설명을 읽고 해당되는 용어를 고르시오.

- 디지털 방사선, 초음파, CT, MRI, PET 등에 의해 촬영된 영상 정보를 저장, 판독, 검색, 전송 기능을 수행한다.
- 영상 진단 결과를 DICOM 포맷으로 전환하여 파일 형태로 저장한다.

① SEM ② PACS
③ FACM ④ CTB
⑤ REMOT

정답 ②

해답풀이 PACS는 picture archiving and communication system의 약자로 의료영상저장시스템이라 불린다.

04 다음 설명을 읽고 해당되는 용어를 고르시오.

- 체내에 흡수되는 양성 조영제로 콩팥, 척수 조영에 사용됨.
- 대표적으로 옴니파큐가 있음.

① 소듐계 조영제
② 비요오드계 조영제
③ 비소듐계 조영제
④ 요오드계 조영제
⑤ 칼슘계 조영제

정답 ④

해답풀이 요오드계 조영제는 양성 조영제로 X선의 비투과로 인해 영상에 흰색으로 나타난다.

05 다음 설명을 읽고 해당되는 용어를 고르시오.

- 체내에 흡수되지 않고 배출되는 음성 조영제로 식도 및 위장 조영에 사용됨.
- 대표적으로 황산 바륨이 있음.

① 소듐계 조영제
② 비요오드계 조영제
③ 비소듐계 조영제
④ 요오드계 조영제
⑤ 칼슘계 조영제

정답 ②

해답풀이 비요오드계 조영제는 양성 조영제로 X선의 비투과로 인해 영상에 흰색으로 나타나며 식도 및 위장 조영에 사용된다.

06 다음 설명을 읽고 해당되는 용어를 고르시오.

- X선의 투과력으로 인해 방사선 영상에 검은색으로 나타난다.
- X선의 투과력이 높은 공기를 이용한다.

① 음성조영제
② 비요오드계 조영제
③ 비소듐계 조영제
④ 요오드계 조영제
⑤ 양성 조영제

정답 ①

해답풀이 비요오드계

07 다음은 위장관 조영법에 대한 설명이다. 옳은 것만으로 옳게 짝지어진 것은?

> ㉠ 위장관내 이물 또는 위장관 운동 기능 평가를 위해 실시한다.
> ㉡ 소화기관의 천공이나 파열이 의심되는 경우에는 요오드계 조영제를 사용한다.
> ㉢ 환자동물은 촬영 전 12~24시간 전에 절식을 하여야 한다.
> ㉣ 일반적인 위장관 조영은 황산바륨을 경구로 먹이고 시간 경과에 따라 촬영한다.

① ㉠, ㉡
② ㉠, ㉢
③ ㉠, ㉡, ㉢
④ ㉠, ㉢, ㉣
⑤ ㉠, ㉡, ㉢, ㉣

정답 ⑤

해답풀이 위장관 조영은 구강으로 조영제를 투여하고 시간 별로 촬영하여 검사하는 방법이다.

08 다음은 콩팥 조영법에 대한 설명이다. 옳은 것만을 모두 고른 것은?

> ㉠ 콩팥 및 요관의 형태 및 폐색 등의 진단을 위해 실시한다.
> ㉡ 배설성 요로 조영으로 콩팥, 요관, 방광 순으로 조영이 이루어진다.
> ㉢ 요오드계 조영제인 옴니파큐가 자주 사용된다.
> ㉣ 조영제를 정맥혈관을 통해 투여 후 시간의 흐름에 따라 촬영한다.

① ㉠, ㉡
② ㉠, ㉢
③ ㉠, ㉡, ㉢
④ ㉠, ㉢, ㉣
⑤ ㉠, ㉡, ㉢, ㉣

정답 ⑤

해답풀이 콩팥 조영은 요오드계 조영제인 옴니파큐를 정맥혈관을 통해 투여 후 시간의 흐름에 따라 촬영한다.

09 방광 조영법에 대한 다음 설명 중 옳지 않은 것은?

① 양성 및 음성 조영제 모두 사용할 수 있다.
② 음성 조영제로는 공기를 방광내 주입하여 검사를 진행할 수 있다.
③ 방광내 요가 있는 상태에서 검사가 진행 가능하다.
④ 이중조영술은 양성 조영제 투여 후 음성조영제 공기를 주입하여 검사하는 방법이다.
⑤ 환자동물의 검사 전 12~24시간 절식이 필요하다.

정답 ③

해답풀이 요도카테터를 방광에 삽입하여 방광내 요를 제거하고 조영제를 투여 후 촬영이 가능하다.

10 척수 조영법에 대한 다음 설명 중 옳지 않은 것은?

① 음성 조영제가 일반적으로 사용된다.
② 척수 병변 유무를 확인하기 위하여 실시된다.
③ 조영제 주입에 숙련된 기술이 필요하다.
④ 검사 전 환자동물의 전신마취를 실시한다.
⑤ 최근 CT, MRI 검사가 늘어나면서 활용도가 감소되고 있다.

정답 ①

해답풀이 척수 조영은 일반적으로 양성 조영제인 요오드계 조영제인 옴니파큐를 사용하고 있다.

06 초음파 검사 / CT / MRI

01 다음 설명을 읽고 해당되는 용어를 고르시오.

- 일정한 간격으로 음파를 발산하고 에코를 받아들이는 역할을 하는 도구
- 초음파 기기의 구성 중 하나
- 변환장치(transducer)로도 불림

① 제어기 ② 검출기
③ 발생기 ④ 스캐너
⑤ 탐촉자

정답 ⑤

해답풀이 초음파 기기에서 탐촉자는 probe로 불리며 음파를 발산하고 에코를 받아들이는 역할을 한다.

02 다음은 초음파 기기의 탐촉자 형태에 대한 설명이다. 괄호 안에 들어갈 내용은?

( )	• 해상도는 좋으나 투과력이 약함 • 막대 모양 탐촉자에 다중 크리스탈이 일렬로 배열됨

① convex ② linear
③ sector ④ oval
⑤ round

정답 ②

해답풀이 linear 형태의 탐촉자는 초음파 해상도가 좋은 프로브이다.

03 다음은 초음파 기기의 탐촉자 형태에 대한 설명이다. 괄호 안에 들어갈 내용은?

( )	• 빔 모양과 스크린 영상의 모양이 부채꼴 모양으로 나타남 • micro: 좁은 부위 검사에 유용 • larger: 간을 영상화 할 때 유용

① convex ② linear
③ sector ④ oval
⑤ round

정답 ①

해답풀이 convex 형태의 탐촉자는 빔 모양과 스크린 영상의 모양이 부채꼴 모양으로 나타난다.

04 심장 초음파 검사에 유용한 탐촉자의 형태는?

① convex ② linear
③ sector ④ oval
⑤ round

정답 ③

해답풀이 sector 형태의 탐촉자는 심장 초음파 검사에 유용하며 갈비뼈 사이로 탐촉자 프로브를 접근하여 초음파 검사에 사용한다.

05 초음파 기기에 대한 다음 설명으로 옳지 않은 것은?

① 하나의 탐촉자는 주어진 특정 주파수를 방출한다.
② 검사하려는 장기나 조직의 깊이를 통과할 수 있는 적절한 주파수의 탐촉자를 선택해야 한다.
③ 심장 초음파 검사의 탐촉자는 sector 형태의 탐촉자를 사용한다.
④ 탐촉자는 변환장치로도 불린다.
⑤ 대형견의 검사에는 고주파수를 소형견이나 고양이의 검사에는 저주파수를 주로 사용한다.

정답 ⑤

해답풀이 대형견의 검사에는 3~5MHZ 저주파수를 소형견이나 고양이의 검사에는 7.5~10MHZ의 고주파수를 주로 사용한다.

06 다음은 초음파 검사 장비에 대한 설명이다. 괄호 안의 ㉠과 ㉡에 들어갈 내용이 순서대로 옳게 짝지어진 것은?

Depth	· 검사 부위를 어느 정도 크기로 관찰할 것인가를 결정 · 소형견의 복부 검사 시 깊이(depth)는 4~5cm
(㉠)	· 검사 장기의 깊이(depth)에 따른 투과도 보정을 위해 설정
Gain	· 영상의 밝기를 조절
(㉡)	· 검사하는 장기의 해상도를 높이기 위해 조정

① Focus - TGC
② TFG - Control
③ Generator - Trans
④ TGC - Focus
⑤ Trans - Focus

정답 ④

해답풀이 TGC는 time-gain compensation으로 검사 장기의 깊이에 따른 투과도 보정을 말한다.

07 초음파 기기에 대한 다음 설명으로 옳지 않은 것은?

① 다양한 깊이에서 gain을 조절하는 것을 TGC curve로 표현한다.
② 복부 초음파 검사의 경우 검사 8시간 전 금식을 하도록 한다.
③ 심장 초음파 검사의 탐촉자는 sector 형태의 탐촉자를 사용한다.
④ 초음파와 MRI는 X선을 이용한 영상진단 장비가 아니다.
⑤ 깊이 있는 조직으로부터 되돌아오는 에코는 얕은 조직에서의 에코보다 양이 많다.

정답 ⑤

해답풀이 T깊이 있는 조직으로부터 되돌아오는 에코는 얕은 조직에서의 에코보다 양이 적고 에코가 되돌아오는 시간은 반사되는 표면의 깊이와 직접적으로 관련이 있다.

08 심장 초음파에 대한 다음 설명으로 옳지 않은 것은?

① 심장질환의 진단에 매우 중요한 진단 기기이다.
② 검사 8시간 전 금식을 해야 한다.
③ 심장 초음파 검사의 탐촉자는 sector 형태의 탐촉자를 사용한다.
④ 폐의 간섭을 최소화하기 위해 옆으로 누운 자세에서 검사를 진행한다.
⑤ 검사할 부위에 초음파가 잘 전달되도록 젤을 바르고 검사를 진행한다.

정답 ②

해답풀이 심장 초음파는 금식이 필요하지 않다.

09 다음 설명을 읽고 해당되는 용어를 고르시오.

- 여러 각도 촬영을 통해 주변 구조물의 겹침 없이 해부학적으로 내부 단면의 모습을 화상으로 처리함으로써 병변 부위를 빠르고 세밀하게 확인하는 진단 장비
- X선 발생장치가 있는 원통형의 기계를 이용하여 신체의 한 단면 주위를 다각도로 촬영하여 영상화함

① MRI   ② DR
③ CR   ④ SIAM
⑤ CT

정답 ⑤

해답풀이 CT는 computed tomography로 컴퓨터단층촬영으로 병변 부위를 빠르고 세밀하게 확인하는 진단 장비이다.

10 다음 설명을 읽고 해당되는 용어를 고르시오.

- 외부 자장을 갖는 마그넷에 의해 공명을 일으키고 영상화하여 컴퓨터로 재구성하여 단면 또는 3차원 영상화 진단 장비

① MRI   ② DR
③ CR   ④ SIAM
⑤ CT

정답 ①

해답풀이 MRI는 magnetic resonance imaging은 자기공명 영상장치로 정밀 진단을 가능하게 하는 진단 기기이다.

MEMO

Part. 3
임상 동물보건학

동물보건내과학

동물보건외과학

동물보건임상병리학

동물보건내과학

01 투여를 위한 보정

01 다음은 환자동물의 핸들링과 보정에 관한 설명이다. 옳은 것만을 모두 고른 것은?

> ㉠ 안전하고 편안한 보정은 환자동물의 치료 과정에서 스트레스 감소에 기여한다.
> ㉡ 핸들링은 정확한 방법을 숙지하고 자신감을 가지고 행해야 한다.
> ㉢ 입마개를 하는 경우 구토나 침흘림에 의한 질식 위험을 모니터링해야 한다.
> ㉣ 단두종의 경우 입마개 보정 시 끈이 벗겨지는 일을 방지하기 위해 추가적인 고려가 필요하다.

① ㉠, ㉡
② ㉡, ㉢
③ ㉡, ㉣
④ ㉠, ㉡, ㉢
⑤ ㉠, ㉡, ㉢, ㉣

정답 ⑤

해답풀이 핸들링과 보정은 환자동물의 치료를 위해 정확한 방법과 숙련된 적용으로 진행되어야 한다.

02 단두종 반려견에 해당되지 않는 것은?

① 불독
② 콜리
③ 시츄
④ 퍼그
⑤ 페키니즈

정답 ②

해답풀이 단두종은 주둥이가 짧은 반려견 품종으로 콜리는 장두종에 해당된다.

03 다음은 환자동물의 핸들링과 보정에 관한 설명이다. 옳은 것만을 모두 고른 것은?

> ㉠ 환자동물은 처치대 위에서는 안정되어 혼자 두어도 된다.
> ㉡ 몸무게가 많이 나가는 환자동물을 들어야 하는 경우 두명이 함께 진행이 권장된다.
> ㉢ 핸들링과 보정 시 환자동물로 물리는 일을 방지하기 위한 고려도 있어야 한다.
> ㉣ 척추손상 소형견의 경우 보정 시 척추 압막을 최소화하여야 한다.

① ㉠, ㉡
② ㉡, ㉢
③ ㉡, ㉣
④ ㉡, ㉢, ㉣
⑤ ㉠, ㉡, ㉢, ㉣

정답 ④

해답풀이 환자동물은 처치대 위에서 뛰어내리거나 다칠 수 있어 처치대 위에 혼자 두어서는 안 된다.

04 다음은 환자동물의 경구 약물 투여를 위한 핸들링과 보정에 관한 설명이다. 옳은 것만을 모두 고른 것은?

> ㉠ 알약의 투여는 소형견과 대형견 모두 처치대 위에서 진행을 해야 한다.
> ㉡ 고양이의 경우 알약의 투여는 필선과 같은 투여 보조기를 사용이 권장된다.
> ㉢ 반려견에서 알약의 투여는 혀 안쪽에 알약을 넣어 주고 알약을 삼키는 반응이 확인된 후에 입을 닫도록 주둥이를 잡았던 손을 놓아야 한다.
> ㉣ 개의 경구 투여보다 고양이의 경구 투여 시 물림 등에 대해 주의를 더 기울여야 한다.

① ㉠, ㉡
② ㉡, ㉢
③ ㉡, ㉣
④ ㉡, ㉢, ㉣
⑤ ㉠, ㉡, ㉢, ㉣

정답 ④

해답풀이 알약의 투여는 소형견은 처치대 위에서 대형견은 바닥에서 실시한다.

05 다음은 환자동물의 약물 투여를 위한 핸들링과 보정에 관한 설명이다. 옳은 것만을 모두 고른 것은?

> ㉠ 액상 약물의 투여는 액상 약물을 환자동물이 뱉어내지 않도록 가능한 빨리 진행해야 한다.
> ㉡ 액상 약물의 투여 후 입 주변에 묻은 약물은 닦아 주어야 한다.
> ㉢ 귀약의 투여는 귀에 약물을 넣고 바로 부드럽게 마사지하여 약물이 분산되도록 해야 한다.
> ㉣ 피하주사 시 통증이 유발되어 환자동물이 공격성을 보일 수 있어 보정을 안정적으로 해야 한다.

① ㉠, ㉡
② ㉡, ㉢
③ ㉡, ㉣
④ ㉡, ㉢, ㉣
⑤ ㉠, ㉡, ㉢, ㉣

정답 ④

해답풀이 액상 약물의 투여는 빠르게 진행되면 오연성 폐렴의 우려가 있어 약물 삼킴을 확인하면서 천천히 진행되어야 한다.

06 반려견의 근육 주사 관련 다음 설명으로 옳지 않은 것은?

① 대퇴사두근(quadriceps m.)이 가장 일반적인 근육주사 부위이다.
② 근육주사 부위로 요배근(lumbodorsal m.)이 이용될 수 있다.
③ 근육주사 부위로 삼두근(triceps m.)이 이용될 수 있다.
④ 피하와 근육에 10도 각도로 주사하는 것이 좋다.
⑤ 환자동물이 통증으로 움직일 수 있어 빠른 속도로 주사해야 한다.

정답 ⑤

해답풀이 근육 주사 시 빠른 주사 약물 주입은 강한 통증을 유발할 수 있어 적절한 속도로 주입하여야 한다.

07 반려견의 정맥 주사 부위로 주로 이용되는 정맥은?

① 대퇴정맥　　② 경정맥
③ 요측피정맥　④ 경비정맥
⑤ 관상정맥

정답 ③

해답풀이 반려견의 정맥 주사는 요측피정맥을 주로 이용한다.

02 입원 환자 간호

01 수액 처치가 필요한 환자동물의 상태와 가장 거리가 먼 것은?

① CRT 증가 ② 빈맥
③ 점막 건조 ④ 피부 탄성 감소
⑤ 혈류량 감소

정답 ①

해답풀이 CRT는 capillary refill time으로 탈수 시 감소된다.

02 수액 치료의 목적에 대한 다음 설명으로 옳지 않은 것은?

① 순환 혈량 회복
② 신장 기능 개선
③ 수분 손실량 보충
④ 골밀도 증가
⑤ 영양소 보충

정답 ④

해답풀이 수액 치료로 골밀도 증가는 기대하기 힘든 효과이다.

03 다음은 환자동물의 수액 요법과 관련된 내용이다. 해당되는 내용을 고른 것은?

- 혈장과 같은 삼투압을 가진 용액
- 체액 이동 없음

① 고장액 수액
② 저장액 수액
③ 등장액 수액
④ 크리스탈로이드 용액
⑤ 콜로이드 용액

정답 ③

해답풀이 등장액 수액은 혈장과 같은 삼투압을 가진 용액의 수액이다.

04 다음은 환자동물의 수액 요법과 관련된 내용이다. 해당되는 내용을 고른 것은?

- 분자량이 적은 칼륨이나 칼슘 등의 물질을 포함
- 세포로 이동하기 전 혈장의 부피를 증가시키는 역할

① 고장액 수액
② 저장액 수액
③ 등장액 수액
④ 크리스탈로이드 용액
⑤ 콜로이드 용액

정답 ④

해답풀이 크리스탈로이드 용액은 분자량이 적은 칼륨이나 칼슘 등의 물질을 포함하는 수액이다.

05 다음은 환자동물의 수액 요법과 관련된 내용이다. 해당되는 내용을 고른 것은?

> - 분자량이 큰 물질을 포함
> - 삼투압 증가 및 혈량 부피를 증가시키는 역할

① 고장액 수액
② 저장액 수액
③ 등장액 수액
④ 크리스탈로이드 용액
⑤ 콜로이드 용액

정답 ⑤

해답풀이 콜로이드 용액은 삼투압 증가 및 혈량 부피를 증가시키는 역할을 하는 수액이다.

06 다음은 환자동물의 피하 수액법에 관한 설명이다. 옳은 것만을 모두 고른 것은?

> ㉠ 탈수가 미약하거나 정맥 혈관 확보가 어려운 경우에 이용한다.
> ㉡ 만성 신부전 상태 환자동물에 적용할 수 있다.
> ㉢ 0.9% 생리식염수 또는 하트만 용액과 같은 등장성 크리스탈로이드가 이용된다.
> ㉣ 피하주사 시 주사 부위 한 것에 최대 10~20ml/kg 양을 초과하지 않도록 한다.

① ㉠, ㉡
② ㉡, ㉢
③ ㉡, ㉣
④ ㉡, ㉢, ㉣
⑤ ㉠, ㉡, ㉢, ㉣

정답 ⑤

해답풀이 피하 주사는 탈수가 미약하거나 정맥 혈관 확보가 어려운 경우에 피하에 천천히 주사하는 방법이다.

07 다음은 환자동물의 수액 요법과 관련된 내용이다. 해당되는 내용을 고른 것은?

- 물을 마실 수 있으며 구토가 없고 장폐색이 없는 경우 가능
- 전해질 용액 주입

① 고장액 수액 요법
② 경구 수액법
③ 피하 수액법
④ 복강 수액법
⑤ 콜로이드 수액 요법

정답 ②

해답풀이 경구 수액법은 경구용 실린지를 이용하여 전해질 용액을 경구 주입하는 수액 요법이다.

08 정맥 수액을 위한 요측피정맥 카테터 주사를 진행 시 카테터 주사와 혈관의 권장 각도는?

① 10 ② 60
③ 30~45도 ④ 75
⑤ 90

정답 ③

해답풀이 수액 카테터 주사와 혈관의 각도는 30~45도가 권장된다.

09 다음 제시된 환자동물의 상태와 치료 계획을 근거로 환자동물 '쿠키'의 시간 당 수액량을 계산한 결과로 옳은 것은?

- 내원한 환자 동물 '쿠키' 정보
  - 종: 개
  - 나이: 5살
  - 10kg 체중
  - 8%의 탈수
- 수액 시간당 들어갈 수액량: 60ml/kg/24hr
- 수액 주사 투여 계획 시간: 5시간

① 125ml ② 185ml
③ 250ml ④ 500ml
⑤ 800ml

정답 ②

해답풀이 탈수량: 10kg × 1,000 × 0.08 = 800ml, 유지량: 10kg × 2.5ml × 5h (60ml/kg/24hr) = 125ml, 5시간 매 시간 수액 교정량 = (800ml+125ml)/5h = 185ml/h

10 다음 제시된 환자동물의 상태와 치료 계획을 근거로 환자동물 '체리'의 시간 당 수액량을 계산한 결과로 옳은 것은?

- 내원한 환자 동물 '체리' 정보
  - 종: 고양이
  - 나이: 8살
  - 4kg 체중
  - 10%의 탈수
- 시간당 체중 kg당 수액량: 60ml/kg/24hr
- 수액 주사 투여 계획 시간: 10시간

① 25ml ② 50ml
③ 100ml ④ 125ml
⑤ 500ml

정답 ②

해답풀이 탈수량: 4kg x 1,000 x 0.1 = 400ml, 유지량: 4kg x 2.5ml (60ml/kg/24hr) x 10h = 100ml, 10시간 매 시간 수액 교정량 = (400ml+100ml)/10h = 50ml/h

11 다음 제시된 환자동물의 상태와 치료 계획을 근거로 환자동물 '해피'의 수액 속도를 계산한 결과로 옳은 것은?

- 내원한 환자 동물 '해피' 정보
  - 종: 고양이
  - 나이: 3살
  - 5kg 체중
  - 5%의 탈수
- 시간당 체중 kg당 수액량: 60ml/kg/24hr
- 사용 수액 세트: 60 drops/ml
- 수액 주사 투여 계획 시간: 10시간

① 5 drops/min
② 10 drops/min
③ 25 drops/min
④ 40 drops/min
⑤ 50 drops/min

정답 ③

해답풀이 탈수량: 5kg × 1,000 × 0.05 = 250ml, 총 drop수: 250ml × 60 drops/ml = 15,000 drops, 분당 drops 수 (수액속도): 15,000 drops/600min = 25 drops/min

12 다음 제시된 환자동물의 상태와 치료 계획을 근거로 환자동물 '메리'의 수액 속도를 계산한 결과로 옳은 것은?

- 내원한 환자 동물 '메리' 정보
  - 종: 개
  - 나이: 7살
  - 6kg 체중
  - 10%의 탈수
- 시간당 체중 kg당 수액량: 60ml/kg/24hr
- 사용 수액 세트: 20 drops/ml
- 수액 주사 투여 계획 시간: 5시간

① 5 drops/min
② 10 drops/min
③ 25 drops/min
④ 40 drops/min
⑤ 50 drops/min

정답 ④

해답풀이 탈수량: 6kg × 1,000 × 0.1 = 600ml, 총 drop수: 600ml × 20 drops/ml = 12,000 drops, 분당 drops 수 (수액속도): 12,000 drops/300min = 40 drops/min

13 다음은 수혈 요법에 관한 설명이다. 옳은 것만을 모두 고른 것은?

> ㉠ 수혈 부작용을 최소화하기 위해 항히스타민 주사제를 전처리로 적용할 수 있다.
> ㉡ 수혈 속도는 낮은 속도부터 증량하도록 한다.
> ㉢ 칼슘은 혈액 응고를 일으킬 수 있어 동시 주입해서는 안 된다.
> ㉣ 수혈 전 과도한 가온은 용혈을 유발할 수 있어 주의해야 한다.

① ㉠, ㉡
② ㉡, ㉢
③ ㉡, ㉣
④ ㉡, ㉢, ㉣
⑤ ㉠, ㉡, ㉢, ㉣

정답 ⑤

해답풀이 수혈은 사용 전 냉장 상태에서 체온 정도로 적절한 가온을 하고 부작용에 주의하여 적용해야 한다.

14 수혈 시 흔히 유발될 수 있는 부작용으로 가장 거리가 먼 것은?

① 구토
② 체온저하
③ 호흡곤란
④ 쇼크
⑤ 용혈

정답 ②

해답풀이 수혈 시 유발되는 부작용으로 체온이 증가하는 발열 현상이 문제가 될 수 있다.

15 다음은 환자동물의 마취 간호에 관한 설명이다. 옳은 것만을 모두 고른 것은?

> ㉠ 마취 전 금식은 필요하지 않다.
> ㉡ 혈압은 지속적인 모니터링이 필요하다.
> ㉢ 체온과 심박수의 지속적인 모니터링이 필요하다.
> ㉣ 마취 회복 시 제체온증 예방을 위해 환자동물을 보온해주는 것이 권장된다.

① ㉠, ㉡   ② ㉡, ㉢
③ ㉡, ㉣   ④ ㉡, ㉢, ㉣
⑤ ㉠, ㉡, ㉢, ㉣

정답 ④

해답풀이 마취 전 8-10 시간 이상 금식이 권장된다. 이는 마취 과정에서 음식물의 구토로 인한 오염성 폐렴을 예방하기 위함이다.

03 중환자 동물 간호

01 다음은 입원 환자동물의 간호에 관한 설명이다. 옳은 것만을 모두 고른 것은?

> ㉠ 동물보건사는 입원환자의 영양관리도 하여야 한다.
> ㉡ 입원환자 동물의 모니터링 및 기록지 관리가 포함된다.
> ㉢ 차트에 근거한 입원환자 동물의 모니터링 및 처치가 이루어져야 한다.
> ㉣ 위생관리를 통한 입원환자 동물의 감염 방지는 기본관리 핵심이다.

① ㉠, ㉡
② ㉡, ㉢
③ ㉡, ㉣
④ ㉡, ㉢, ㉣
⑤ ㉠, ㉡, ㉢, ㉣

정답 ⑤

해답풀이 입원환자 동물의 간호는 동물보건사의 중요한 업무 중의 하나입니다.

02 입원환자 동물의 간호에 대한 설명 중 옳지 않은 것은?

① 원인을 알 수 없는 설사 환자동물은 감염설 질환을 염두에 두고 치료해야 한다.
② 설사 환자동물은 지사제를 투여하기 때문에 하트만 수액을 하면 안된다.
③ 설사의 병원체 중에서는 캠필로박터나 살모넬라와 같은 인수공통전염병도 있어 주의를 요한다.
④ 감염이 의심되는 설사 환자 동물은 격리 공간에서 치료를 원칙으로 한다.
⑤ 정기적 청소와 소독 관리로 감염 차단을 위한 위생적인 환경을 유지하여야 한다.

정답 ②

해답풀이 설사의 경우 탈수의 위험이 있기 때문에 수액 처치를 병행하며 이 때 하트만 수액을 사용하여 부족한 수분과 전해질을 보충해 준다.

03 설사 증상을 보이는 입원환자 동물의 간호에 대한 설명 중 옳지 않은 것은?

① 만성 설사로 대사성 산증을 보이는 환자동물은 중탄산나트륨이 포함된 수액을 적용한다.
② 환자의 음수량, 투여 수액량, 배뇨량, 배변량을 관찰하고 기록해야 한다.
③ 항문 주위에 설사변이 묻은 환자동물은 항문 주위를 세척하고 바로 건조하도록 한다.
④ 분변 검사로 세균이나 기생충 또는 바이러스 감염 여부를 진단할 수 있다.
⑤ 분변은 검사 시 채취 후 일반 폐기물로 폐기한다.

정답 ⑤

해답풀이 항문 주위에 설사변이 묻은 환자동물은 항문 주위를 세척하고 바로 건조하도록 한다. 분변은 검사를 위한 샘플을 제외하고 의료 폐기물로 폐기한다.

04 구토 증상을 보이는 입원환자 동물의 간호에 대한 설명 중 옳지 않은 것은?

① 원인을 알 수 없는 구토 환자동물은 감염설 질환을 염두에 두고 치료해야 한다.
② 구토로 인한 탈수를 보이는 환자동물은 수액 처치를 통해 부족한 수분을 회복시킬 수 있다.
③ 설사가 동반되지 않으면 감염성 질병은 배제할 수 있다.
④ 감염이 의심되는 설사 환자 동물은 격리 공간에서 치료를 원칙으로 한다.
⑤ 정기적 청소와 소독 관리로 감염 차단을 위한 위생적인 환경을 유지하여야 한다.

정답 ③

해답풀이 설사가 동반되지 않아도 개홍역이나 개전염성간염과 같은 감염성 질병을 배제할 수 없다.

05 후지마비 또는 기립불능을 보이는 입원환자 동물의 간호에 대한 다음 설명 중 옳지 않은 것은?

① 편안한 입원 환경을 구축하기 위해 가능한 넓은 공간을 제공한다.
② 척추손상이나 척추종양, 뇌손상, 골반골절 등의 상태는 후지마비나 기립불능을 유발한다.
③ 체온, 심박수, 호흡수가 모니터링 되어야 한다.
④ 핫팩이나 보온패드를 보온을 위해 사용하는 경우 화상의 위험 때문에 피부에 접촉 적용해서는 안 된다.
⑤ 침하성 폐렴과 욕창 방지를 위해 4시간 간격으로 자세를 바꾸어 주도록 한다.

정답 ①

해답풀이 많은 움직임이 질병을 악화시킬 수 있어 너무 넓은 공간은 피하고 안정적으로 기대거나 누워있을 정도의 공간을 제공 한다.

06 압박배뇨가 필요한 입원환자 동물의 간호에 대한 다음 설명 중 옳지 않은 것은?

① 기립불능이나 마비 환자동물에 압박배뇨의 필요성이 높다.
② 요도폐색 상태의 환자동물에게 선호된다.
③ 요배출이 중단되면 압박을 멈추어야 한다.
④ 수액 투여 환자동물에서 요 생성량 측정은 상태 평가에 중요한 지표로 활용된다.
⑤ 환자동물이 서 있는 자세에서 방광촉진 및 압박배뇨 시행이 용이하다.

정답 ②

해답풀이 자연스럽게 방광의 요를 제거하기 위해서는 압박배뇨가 선호되지만 요도폐색 상태의 환자동물에서는 방광압박으로 방광손상이나 파열의 위험성이 있어 지시되지 않는다.

07 압박배뇨가 필요한 입원환자 동물의 간호에 대한 다음 설명 중 옳지 않은 것은?

- 흉부 순환을 도와주며 침하성 폐렴 방지에 유용함
- 기관지 분비물 배출에 도움을 줌
- 네뷸라이저 치료 후 적용이 권장됨

① 도가
② 도수치료
③ 트레드밀
④ 쿠파주
⑤ 수중치료

정답 ④

해답풀이 쿠파주는 흉부 순환 촉진 및 기관지 분비 배출을 용이하게 하는 물리치료 중 한 방법이다.

08 다음은 설명을 읽고 해당되는 용어를 고른 것은?

- 신체의 충실 상태를 평가하는 지표로 활용됨
- 높을수록 비만하며 낮을수록 마른 상태

① BCG
② BCS
③ CFT
④ CTT
⑤ CTA

정답 ②

해답풀이 BCS는 body condition score의 약자로 신체의 충실 상태를 평가하는 지표로 활용되며 높을수록 비만하며 낮을수록 마른 상태를 나타낸다.

09 입원환자 동물의 영양요법에 대한 다음 설명 중 옳지 않은 것은?

① 영양 결핍은 질병 치료와 회복 과정을 지연시킨다.
② 필수아미노산은 체내 합성이 되지 않아 환자동물에 공급되어야 한다.
③ 필수 지방산은 혈류 장애를 유발하기 때문에 입원 환자동물에 제한되어야 한다.
④ 3대 영양소인 단백질, 지방, 탄수화물은 환자동물에 공급되어야 한다.
⑤ 질병의 치료에 도움을 주는 보조 요법으로 처방사료가 환자 상태에 맞게 급여되어야 한다.

정답 ③

해답풀이 필수 지방산은 체내 합성이 되지 않아 급여를 통해 공급해야 한다.

10 다음 설명을 읽고 해당되는 용어를 고른 것은?

- 건강한 동물이 기초대사와 운동을 위해 필요한 양
- 질병과 스트레스 상태의 환자동물에서 높아짐

① 소화 요구량
② 대사 에너지양
③ 에너지 요구량
④ 가소화 에너지양
⑤ 에너지 대체양

정답 ③

해답풀이 에너지 요구량은 건강한 동물이 기초대사와 운동을 위해 필요한 에너지 양을 말한다.

11 다음 설명을 읽고 해당되는 용어를 고른 것은?

• 기초대사요구량, 항상성 유지에 필요한 열량

① RER ② IER
③ DER ④ FER
⑤ VER

정답 ①

해답풀이 RER은 resting energy requirement의 약자로 휴지기에너지 요구량으로 불리며 기초대사요구량, 항상성 유지에 필요한 열량이다.

12 다음 설명을 읽고 해당되는 용어를 고른 것은?

• 입원환자 동물의 에너지 요구량

① RER ② IER
③ DER ④ FER
⑤ VER

정답 ②

해답풀이 IER은 illness energy requirement의 약자로 질병상태 에너지요구량으로 불리며 입원환자에 필요한 열량이다.

13 다음 설명을 읽고 해당되는 용어를 고른 것은?

> • 사료 g당 칼로리로 에너지 요구량을 나눈 값

① 사료제한량
② 질병상태 에너지요구량
③ 일일 에너지요구량
④ 사료급여량
⑤ 사료소비량

정답 ④

해답풀이 사료급여량(g/day)은 에너지 요구량(IER 또는 DER) / 사료 g당 칼로리

14 다음 제시된 조건은 입원환자 동물 '보삐'에 대한 설명이다. '보삐'의 질병상태 에너지 요구량을 구한 것은?

> • 종: 개
> • 품종: 닥스훈트
> • 체중: 5kg
> • illness factor: 1.0
> • OO사료 g당 칼로리: 10kcal

① 50 kcal/day
② 80 kcal/day
③ 120 kcal/day
④ 200 kcal/day
⑤ 220 kcal/day

정답 ⑤

해답풀이 질병상태 에너지 요구량 IER = RER x illness factor, RER(휴지기 에너지 요구량) = 30 x 체중(kg) + 70 (체중이 2kg~35kg의 경우)
보삐의 RER = 30 x 5kg + 70 = 220 kcal/day, 보삐의 IER = 220 kcal/day x 1.0 = 220 kcal/day

15 다음 제시된 조건은 입원환자 동물 '하니'에 대한 설명이다. '하니'의 일일 에너지 요구량을 구한 것은?

- 종: 고양이
- 품종: 페르시안
- 나이: 1살
- 체중: 4kg
- illness factor: 1.5
- daily factor: 1.6
- □□사료 g당 칼로리: 10kcal

① 115 kcal/day
② 182 kcal/day
③ 304 kcal/day
④ 420 kcal/day
⑤ 516 kcal/day

정답 ③

해답풀이 일일 에너지 요구량 DER = RER x 1.6 (고양이), RER(휴지기 에너지 요구량) = 30 x 체중(kg) + 70 (체중이 2kg~35kg의 경우)
하니의 RER = 30 x 4kg + 70 = 190 kcal/day, 하니의 DER = 190 kcal/day x 1.6 = 304 kcal/day

16 다음 제시된 조건은 입원환자 동물 '럭키'에 대한 설명이다. '럭키'의 사료급여량을 구한 것은?

- 종: 개
- 품종: 웰시코기
- 나이: 3살
- 체중: 10kg
- illness factor: 1.5
- daily factor: 2
- △△사료 g당 칼로리: 20kcal

① 12 g/day
② 18.5g/day
③ 25.6 g/day
④ 30 g/day
⑤ 58.5 g/day

정답 ②

해답풀이 사료급여량(g/day)은 에너지 요구량(IER 또는 DER) / 사료 g당 칼로리
개의 일일 에너지 요구량 DER(kcal/day) = RER x 2
럭키의 RER = 30 x 10kg + 70 = 370 kcal/day
럭키의 사료급여량(g/day) = 370 kcal/day / 20kcal = 18.5g/day

17 입원환자 동물의 비장관 영양 공급에 대한 다음 설명 중 옳지 않은 것은?

① 완전비장관영양은 에너지 요구량의 100%를 급여한다.
② 말초비장관영양은 완전비장관영양 보다 삼투압이 높다.
③ 지속적인 단백질 부족 시 비장관 영양 공급 방법을 실시한다.
④ 비장관 영양 공급은 5-7일의 단기간 영양 공급 시 활용될 수 있다.
⑤ 삼투압은 750mOsm/L 이하가 되도록 해야 한다.

정답 ②

해답풀이 말초비장관영양(PPN)은 완전비장관영양(TPN) 보다 삼투압이 낮다. 말초비장관영양은 에너지 요구량의 50%를 급여하지만 완전비장관영양은 에너지 요구량의 100%를 급여한다.

18 다음 설명을 읽고 해당되는 용어를 고른 것은?

- 집단의 구성원들이 정보를 어떻게 획득 분석하고 이러한 정보에 대해 어떻게 반응할 것인지에 관하여 공통적으로 가지고 있는 인지 체계

① 분업시스템
② 정밀분석모형
③ 공유정신모형
④ 정보판단시스템
⑤ 환자돌봄모형

정답 ③

해답풀이 공유정신모형은 Shared mental model로 동물보건사가 중환자 간호 시 중환자실 스텝들과의 협력을 위해 확보해야하는 모형이다.

19 중환자실 입원환자 동물의 간호를 위한 환자 정보 전달에 관한 내용으로 SBAR에 해당되지 않는 것은?

① 상황   ② 추천
③ 병력   ④ 평가
⑤ 집중

정답 ⑤

해답풀이 SBAR는 상황(Situation), 병력(Background), 평가(Assessment), 추천(Recommendation)이다.

20 중환자실 동물보건사 교대 시 인수인계를 위한 환자 정보 전달에 관한 내용으로 I-PASS에 해당되지 않는 것은?

① 소개 ② 전가
③ 환자요약 ④ 상황인지
⑤ 지시사항

정답 ②

해답풀이 I-PASS는 소개(Introduction), 환자요약(Patient summary), 지시사항(Action list), 상황인지(Situation awareness), 종합(Synthesis)이다.

21 중환자실 입원 환자동물에서 산소 치료가 지시되는 상황과 가장 거리가 먼 것은?

① 호흡곤란 ② 순환장애
③ 빈혈 ④ 고혈압
⑤ 중증외상

정답 ④

해답풀이 산소가 요구되는 상황으로 저혈압 상태의 환자동물이나 호흡곤란, 순환장애, 중증외상 등의 상태에 있는 환자동물에 산소 치료를 적용할 수 있다.

22 중환자실 입원 환자동물의 저산소혈증에 대한 다음 설명으로 옳지 않은 것은?

① 과잉산소 공급은 오히려 부작용을 발생하기 때문에 흡입산소 농도 조절이 필요하다.
② 산소는 마취 회복과 질병 상태 환자에게 매우 중요한 요소이다.
③ 산소줄을 이용한 산소 공급은 높은 농도 흡입산소 공급 시 이용한다.
④ 정맥혈산소분압이 60mmHg이면 저산소혈증으로 판단한다.
⑤ 비강 산소 카테터는 정해진 분압의 산소를 일정하게 공급할 때 이용한다.

정답 ④

해답풀이 저산소혈증은 동맥혈산소분압이 80mmHg 이하이다.

23 중환자실 입원 환자동물의 통증 관리에 대한 다음 설명으로 옳지 않은 것은?

① 반려동물은 예민하여 통증 평가가 용이하다.
② 통증의 관리는 반려동물 복지 측면에서도 중요한 요소이다.
③ 급성통증은 원발 원인에 대한 치료 및 관리가 필요하다.
④ 만성통증은 원발 원인에 대한 접근에도 불구하고 이차적인 통증이 자주 유발된다.
⑤ 췌장염의 경우 복부통증을 유발한다.

정답 ①

해답풀이 동물은 사람과 달리 의사 표현을 하지 못하기 때문에 통증 평가가 어렵다.

04 건강검진

01 다음 설명을 읽고 해당되는 용어를 고른 것은?

- 신체검사 시 보호자와 질의응답으로 확인하는 검사

① 시진　　② 청진
③ 문진　　④ 촉진
⑤ 타진

정답 ③

해답풀이 문진은 내원한 동물을 진료하기 전에 동물에 대한 기본적인 사항을 파악하는 것이다.

02 다음 설명을 읽고 해당되는 용어를 고른 것은?

- 신체검사 시 환자동물의 부위를 만져서 확인하는 검사

① 시진　　② 청진
③ 문진　　④ 촉진
⑤ 타진

정답 ④

해답풀이 촉진은 내원한 동물의 신체 부위를 만져 환자동물에 대한 상태를 파악하는 것이다.

03 다음 예시된 질병 중에서 구토의 원인으로 가장 가까운 것들만으로 모두 짝지어진 것은?

> ㉠ 위장염
> ㉡ 당뇨병
> ㉢ 췌장염
> ㉣ 자궁축농증

① ㉠, ㉡ ② ㉡, ㉢
③ ㉡, ㉣ ④ ㉡, ㉢, ㉣
⑤ ㉠, ㉡, ㉢, ㉣

정답 ⑤

해답풀이 구토의 흔한 원인으로 상한 음식 섭취, 파보바이러스와 같은 병원체 감염, 위장염, 당뇨병, 자궁축농증, 신염, 췌장염 등을 들 수 있다.

04 다음은 내원한 반려견의 전신 신체검사의 상태를 기록한 것이다. 비정상 상태에 해당 하는 항목만을 모두 고른 것은?

항목	검사	상태
㉠	눈	눈곱, 충혈
㉡	코	코거울 마름, 비강 분비물
㉢	소변	다뇨
㉣	점막 모세혈관 재충만 시간	4초

① ㉠, ㉡ ② ㉡, ㉢
③ ㉡, ㉣ ④ ㉡, ㉢, ㉣
⑤ ㉠, ㉡, ㉢, ㉣

정답 ⑤

해답풀이 건강한 반려견의 상태는 눈은 분비물이 없고 맑아야 하며, 코는 촉촉하고 분비물이 없어야 한다. 소변은 정상적 배뇨를 보여야 하고 점막 모세혈관 재충만 시간은 2초 이내이어야 한다.

05 다음은 내원한 반려견의 탈수 평가 결과를 기록한 것이다. ( ) 안의 탈수 정도로 가장 가까운 것은?

탈수정도 ( )	검사 안검 결막 건조	피부탄력 회복시간 6~10초	CRT 2~3초

① 5% 이하 ② 5~8%
③ 8~10% ④ 10~12%
⑤ 12~15%

정답 ③

해답풀이 8~10% 탈수 시 안검 결막 건조, 피부탄력 회복시간 6~10초, CRT 2~3초를 보인다.

06 다음은 내원한 반려견의 탈수 평가 결과를 기록한 것이다. ( ) 안의 탈수 정도로 가장 가까운 것은?

탈수정도 ( )	임상 증상 차가운 사지와 입, 심한 침울 및 누워있음, 축 늘어진 피부	피부탄력 회복시간 20~48초	CRT 3초 이상

① 5% 이하 ② 5~8%
③ 8~10% ④ 10~12%
⑤ 12~15%

정답 ④

해답풀이 10~12% 차가운 사지와 입, 심한 침울 및 누워있음, 축 늘어진 피부, 피부탄력 회복시간 20~48초, CRT 3초 이상을 보인다.

07 다음 설명을 읽고 해당되는 용어를 고른 것은?

> · 혈액순환 적절성에 대한 지표
> · 환자 초기 평가에 유용한 도구
> · 탈수, 심부전, 저체온증, 전해질 이상, 저혈압 시 수치 증가

① CPR ② CRT
③ TIC ④ CPA
⑤ TPR

정답 ②

해답풀이 CRT는 모세혈관 재충만 시간으로 잇몸을 눌렀다 떼서 창백해진 잇몸 색이 회복될 때까지의 시간으로 측정한다.

08 내원한 환자동물의 모세혈관재충만 시간이 지연되는 상태와 거리가 가장 먼 것은?

① 탈수 ② 심부전
③ 저체온증 ④ 전해질 이상
⑤ 고혈압

정답 ⑤

해답풀이 탈수, 심부전, 저체온증, 전해질 이상, 고혈압과 같은 상태의 환자동물은 모세혈관재충만 시간 CRT가 지연된다.

09 환자동물의 탈수 평가 기준으로 임상증상이 나타나기 시작하는 탈수의 정도는?

① 5% 이하 ② 5~8%
③ 8~10% ④ 10~12%
⑤ 12~15%

정답 ②

해답풀이 5~8% 탈수 상태부터 구강점막 건조, 안구 함몰, 피부 탄력 감소, CRT 증가로 피부탄력 회복 시간 2~3초, CRT 2~3초의 증상을 인지할 수 있다.

10 다음은 반려동물의 종에 따른 평균 체온을 정리한 것이다. 괄호 안의 ㉠과 ㉡에 적을 내용을 순서대로 옳게 적은 것은?

구분	평균 체온(℃)
개	38.5
(㉠)	39.0
페럿	(㉡)

① 고양이, 39.0
② 토끼, 38.5
③ 햄스터, 37.5
④ 기니픽, 38.0
⑤ 고슴도치, 37.5

정답 ②

해답풀이 토끼의 평균 체온은 39℃, 페럿의 평균 체온은 38.5℃이다.

11 다음 설명을 읽고 해당되는 용어를 고른 것은?

- 활력징후의 대표적인 측정 항목
- 체온, 맥박수, 호흡수의 3가지 측정 항목

① CPR ② CRT
③ TIC ④ CPA
⑤ TPR

정답 ⑤

해답풀이 TPR은 활력징후의 대표적인 측정 항목으로 체온(Temperature), 맥박수(Pulse rate), 호흡수(Respiration rate)의 3가지 측정 항목을 말한다.

12 환자동물의 맥박수 측정에 대한 다음 설명 중 옳지 않은 것은?

① 대퇴부위 안쪽 넙다리동맥에서 주로 측정을 한다.
② 정상범위보다 수치가 높으면 빈맥, 수치가 낮으면 서맥으로 분류한다.
③ 심장의 심실 수축 때마다 생기는 혈액의 파동으로 피부에서 가까운 동맥에서 측정한다.
④ 소형견 보다 대형견의 맥박수가 더 크다.
⑤ 15초 측정 후 4를 곱하거나 30초 측정 후 2를 곱해 측정할 수 있다.

정답 ④

해답풀이 대형견 보다 소형견의 맥박수가 더 크다.

13 다음은 반려동물의 종에 따른 맥박수를 정리한 것이다. 괄호 안의 ㉠과 ㉡에 적을 내용을 순서대로 옳게 적은 것은?

구분	맥박수
토끼	300
(㉠)	39.0
고양이	(㉡)

① 고양이, 90~160
② 대형견, 140~220
③ 햄스터, 70~110
④ 기니픽, 120~150
⑤ 페럿. 140~220

정답 ⑤

해답풀이 페럿은 맥박수 300으로 다른 종보다 큰 것을 알 수 있고 고양이는 140~220으로 반려견보다 높은 것을 알 수 있다.

14 다음은 반려동물의 종에 따른 호흡수를 정리한 것이다. 괄호 안의 ㉠과 ㉡에 적을 내용을 순서대로 옳게 적은 것은?

구분	호흡수
고양이	20~42
(㉠)	50~60
개	(㉡)

① 토끼, 16~32
② 페럿, 33~40
③ 햄스터, 20~42
④ 기니픽, 40~55
⑤ 페럿, 30~42

정답 ①

해답풀이 토끼 호흡수는 50~60으로 높고 개는 16~32의 호흡수를 갖는다.

15 환자동물의 혈압 측정에 대한 다음 설명 중 옳지 않은 것은?

① 심박수와 전신혈관 저항, 일회 박출량에 의해 결정된다.
② 이완기 혈압은 심실이 이완될 때의 압력으로 혈압의 최소치이다.
③ 심혈관이나 콩팥 질병이 있는 동물의 전신 마취 시 매우 중요한 항목이다.
④ 도플러 혈압계가 자주 이용된다.
⑤ 도플러 혈압계는 수축기, 이완기, 평균 혈압 측정이 가능하다.

정답 ⑤

해답풀이 도플러 혈압계는 수축기 혈압만 측정이 가능하다. 오실로메트릭 혈압계는 수축기, 이완기, 평균 혈압 측정이 가능하다.

16 다음 설명을 읽고 해당되는 용어를 고른 것은?

- 혈류의 진동 변화로 혈압을 측정
- 중증 말기 고위험 환자나 마취된 동물의 혈압 측정에 주로 사용
- 수축기, 이완기, 평균 혈압 측정이 가능하며 사용이 간편

① 도플러 혈압계
② 오실로메트릭 혈압계
③ 타코메터 혈압계
④ 폴로리 혈압계
⑤ 애니텍 혈압계

정답 ②

해답풀이 오실로메트릭 혈압계는 수축기, 이완기, 평균 혈압 측정이 가능하다.

17 다음은 환자동물의 기초 평가와 요구되는 상태에 대한 설명이다. ( ) 안의 환자동물의 평가에 가장 적합한 것은?

환자 평가	임상 증상	요구 개선 상태	간호 중재
( )	• 2일 이상 먹지 않음	• 1일 사료 요구량 섭취	• 처방식 투여 • 영양공급관 장착 고려

① dehydration
② hypovolemia
③ hyperthermia
④ anorexia
⑤ hypoxia

정답 ④

해답풀이 anorexia는 식욕부진의 임상 상태로 식욕부진의 증상을 보인다.

18 다음은 환자동물의 기초 평가와 요구되는 상태에 대한 설명이다. ( ) 안의 환자동물의 평가에 가장 적합한 것은?

환자 평가	임상 증상	요구 개선 상태	간호 중재
( )	• 청색증 • 빈호흡 • 호흡곤란	• 정상 호흡수	• 산소 공급 • 맥박산소 측정 및 동맥혈 가스 분석 측정

① dehydration
② hypovolemia
③ hyperthermia
④ anorexia
⑤ hypoxia

정답 ⑤

해답풀이 hypoxia는 저산소증의 임상 상태로 청색증의 증상을 보인다.

19 다음은 환자동물의 기초 평가와 요구되는 상태에 대한 설명이다. ( ) 안의 환자동물의 평가에 가장 적합한 것은?

환자 평가	임상 증상	요구 개선 상태	간호 중재
( )	• 39.5℃ 체온 • Panting • 빈호흡, 빈맥	• 정상 체온 유지	• 시원한 환경 • 발바닥 패드에 알코올 적셔 적용 • 탈수 예방 조치

① dehydration
② hypovolemia
③ hyperthermia
④ anorexia
⑤ hypoxia

정답 ③

해답풀이 hyperthermia는 고체온증으로 고열과 헐떡거림, 빈호흡의 증사이 나타난다.

20 다음은 심장의 기능 검사를 위한 심전도에 관한 설명이다. 옳은 것만을 모두 고른 것은?

> ㉠ 심전도는 PQRS 형을 보인다.
> ㉡ 심전도 전극은 접지가지 포함하여 앞다리와 뒷다리 총 4곳에 장착한다.
> ㉢ 건강한 반려견의 심전도 QRS 간격은 일반적으로 QT 간격보다 크다.
> ㉣ 전극은 탐침을 이용하여 피하에 부착한다.

① ㉠, ㉡ ② ㉡, ㉢
③ ㉡, ㉣ ④ ㉡, ㉢, ㉣
⑤ ㉠, ㉡, ㉢, ㉣

정답 ①

해답풀이 심전도는 건강한 반려견에서 QT 간격이 QRS 간격보다 크다. 전극은 젤을 바른 후 체표면에 부착한다.

21 다음은 초음파 검사에 관한 설명이다. 옳은 것만을 모두 고른 것은?

> ㉠ 대상물에 탐촉자를 대고 초음파를 발생시켜 반사된 초음파를 수신하여 영상을 구성하여 검사하는 방법이다.
> ㉡ 뼈, 가스, 교월질 부분은 희색의 고에코, 액체는 무에코성을 지닌다.
> ㉢ 비침습 생체 계측으로 반복 검사가 용이하다.
> ㉣ 혈관 벽, 심장 구축물 등을 실시간 표시, 동태 관찰이 가능하다.

① ㉠, ㉡ ② ㉡, ㉢
③ ㉡, ㉣ ④ ㉡, ㉢, ㉣
⑤ ㉠, ㉡, ㉢, ㉣

정답 ⑤

해답풀이 초음파는 초음파의 투시로 고통을 주지 않고 생체에 위해를 주지 않으며 반복 검사가 가능하고 심장의 이상 등을 포함한 실시간 검사가 가능하다.

05 백신 관리

01 다음은 면역에 대한 설명이다. 괄호 안의 ㉠ 면역의 종류에 들어갈 용어는?

종류	면역 상태
(㉠)	• 공여 동물이 만든 항혈청이나 고면역혈청을 항체로 주입 • 면역 기능이 약한 동물의 즉각적 방어법으로 이용 • 면역 유지 기간이 짧음

① 인공능동면역
② 자연능동면역
③ 인공수동면역
④ 자연수동면역
⑤ 선천면역

정답 ③

해답풀이 인공수동면역은 공여 동물이 만든 항혈청이나 고면역혈청을 항체로 주입하여 면역 기능이 약한 동물의 즉각적 방어법으로 이용하는 것이다.

02 다음은 면역에 대한 설명이다. 괄호 안의 ㉠ 면역의 종류에 들어갈 용어는?

종류	면역 상태
(㉠)	• 모체이행항체에 의한 면역이 대표적인 형태

① 인공능동면역
② 자연능동면역
③ 인공수동면역
④ 자연수동면역
⑤ 선천면역

정답 ④

해답풀이 자연수동면역은 엄마가 형성한 항체를 새끼가 받아 면역을 형성하는 형태로 모체이행항체에 의한 면역을 말한다.

03 다음 설명에 해당하는 용어는?

> • 자연수동면역을 유도하는 원인체
> • 동물은 초유를 통해 이유 시기 전달 받음

① 인공능동항체
② 자연능동항체
③ 인공수동항체
④ 자연수동항체
⑤ 모체이행항체

정답 ⑤

해답풀이 엄마가 형성한 항체로 젖을 먹는 기간에 새끼가 전달 받는 항체를 모체이행항체라 한다.

04 모체이행항체에 대한 다음 설명 중 옳지 않은 것은?

① 젖을 먹는 기간에 새끼가 엄마로부터 전달 받는 항체를 말한다.
② 출산 후 나오는 초유에 다량 포함되어 있다.
③ 신생동물은 모체이행항체의 장관 내 분해 없이 흡수를 할 수 있다.
④ 모체이행항체는 오랜 기간 면역을 유지한다.
⑤ 동물이 젖을 먹는 기간에 예방접종을 하지 않는 이유 중 하나이다.

정답 ④

해답풀이 모체이행항체의 의한 면역은 젖을 먹는 기간 8-12주 정도 형성된다.

05 다음은 면역에 대한 설명이다. 괄호 안의 ㉠ 면역의 종류에 들어갈 용어는?

종류	면역 상태
(㉠)	• 항원을 접종하여 항체 생산 유도 • 백신 접종이 일반적인 형태

① 인공능동면역
② 자연능동면역
③ 인공수동면역
④ 자연수동면역
⑤ 선천면역

정답 ①

해답풀이 백신접종에 의한 면역 획득은 인공능동면역의 형태이다.

06 약독화 백신에 대한 다음 설명 중 옳지 않은 것은?

① 순화백신으로도 불린다.
② 안전성이 높다.
③ 세균이나 바이러스의 병원성을 제거한 생균을 항원으로 사용한다.
④ 면역형성 능력이 우수하다.
⑤ 장기간 면역 효과가 지속된다.

정답 ②

해답풀이 약독화 백신은 살아있는 약독화된 생균으로 증식 시 질병 유발의 위험성이 있다.

07 불활성화 백신에 대한 다음 설명 중 옳지 않은 것은?

① 사독백신으로도 불린다.
② 면역 지속 시간이 약독화 백신보다 상대적으로 짧다.
③ 세균이나 바이러스를 사멸시켜 사용한다.
④ 안전성이 낮다.
⑤ 여러 번의 접종을 필요로 한다.

정답 ④

해답풀이 불활성화 백신은 세균이나 바이러스를 사멸시켜 사용하기 때문에 증식에 의한 질병 발생 위험이 적다.

08 백신 관리에 대한 다음 설명 중 옳지 않은 것은?

① 백신은 반복 접종의 경우 정해진 접종 간격을 지켜야 한다.
② 백신 접종 후 항체 생성되기까지의 지연기를 고려하여 면역 관리를 하여야 한다.
③ 접종 간격을 정해진 기간보다 짧게 하는 경우 항체 형성 방해가 일어날 수 있다.
④ 젖을 먹는 어린 고양이는 백신 접종을 하지 않는다.
⑤ 백신을 반복 접종하는 이유는 항원의 병원성을 낮추기 위해서이다.

정답 ②

해답풀이 백신을 반복 접종하는 이유는 항체가를 올리기 위해서이다

09 다음 반려견의 백신 관리에 대한 설명 중 옳지 않은 것은?

① DHPPL 종합백신의 기본 접종은 5차 반복 접종을 한다.
② 코로나 장염 백신의 기본 접종은 2차 반복 접종을 한다.
③ 켄넬코프 백신의 기본 접종은 2차 반복 접종을 한다.
④ 젖을 먹는 어린 반려견에게는 백신 접종을 하지 않는다.
⑤ 광견병 백신의 기본 접종은 2차 반복 접종을 한다.

정답 ⑤

해답풀이 광견병 백신은 1회 접종을 기본 접종하고 이후 매년 1회 추가 접종을 한다.

10 다음 고양이의 백신 관리에 대한 설명 중 옳지 않은 것은?

① 종합백신의 기본 접종은 5차 반복 접종을 한다.
② 고양이복막염 백신의 기본 접종은 2차 반복 접종을 한다.
③ 백혈병 단독 백신의 기본 접종은 2차 반복접종을 한다.
④ 젖을 먹는 어린 고양이에게는 백신 접종을 하지 않는다.
⑤ 광견병 백신의 기본 접종은 1회 접종을 하는 것이다.

정답 ①

해답풀이 고양이 종합백신은 3회 접종을 기본 접종하고 이후 매년 1회 추가 접종을 한다.

11 다음 감염성 질병 중 원인 병원체가 오줌으로 배출이 되기 때문에 감염 환자동물의 오줌의 위생적 관리에 주의를 기울여야 되는 질병은?

① 개디스템퍼
② 개전염성간염
③ 렙토스피라증
④ 광견병
⑤ 개파라인플루엔자

정답 ③

해답풀이 렙토스피라증은 렙토스피라 세균 감염에 의해 유발되며 오줌으로 배출된다.

12 다음 감염성 질병 중 진드기에 의해 감염이 일어나며 출혈 질병을 유발하는 것은?

① canine distemper
② SFTS
③ Leptospira
④ Rabies
⑤ Kennel cough

정답 ②

해답풀이 SFTS는 severe fever thrombothytopenia의 약자로 중증 열성 혈소판감소증이라 불리며 진드기가 매개하는 바이러스 질병으로 감염된 개에서 심한 혈소판감소증과 발열을 유발하고 출혈에 의한 사망이 발생하며 사람에게도 감염되는 인수공통전염병이다.

13 다음 반려견의 감염성 질병 중 병원체가 세균인 질병은?

① 개디스템퍼
② 개전염성간염
③ 렙토스피라증
④ 광견병
⑤ 개파라인플루엔자

정답 ③

해답풀이 렙토스피라증은 렙토스피라 세균 감염에 의해 유발되며 사람에도 감염되는 인수공통전염병이다.

14 최근 문제되고 있는 SFTS 질병에 대한 다음 설명 중 옳지 않은 것은?

① 바이러스가 병원체이다.
② 고열이 발생한다.
③ 모기가 매개한다.
④ 사람에게도 발병되는 인수공통전염병이다.
⑤ 심한 혈소판감소증으로 출혈이 유발된다.

정답 ③

해답풀이 SFTS는 severe fever thrombothytopenia의 약자로 진드기가 매개하는 바이러스 질병으로 감염된 개에서 심한 혈소판감소증과 발열을 유발하고 출혈에 의한 사망이 발생하며 사람에게도 감염되는 인수공통전염병이다.

15 고양이 코로나 바이러스 감염에 대한 다음 설명 중 옳지 않은 것은?

① 복막염을 유발한다.
② 기본접종은 2차 반복 접종을 하는 것이다.
③ 복수와 흉수가 발병할 수 있다.
④ 어린 고양이에서 치사율이 높다.
⑤ 고양이 전염성 장염으로도 불린다.

정답 ⑤

해답풀이 고양이 전염성 장염은 고양이 파보바이러스에 의해 유발되는 고양이 범백혈구감소증을 말한다.

16 고양이 4종 백신은 3종 백신에 추가로 한 병원체를 더 항원으로 포함시킨 것이다. 3종 백신에 추가하여 4종 백신에 포함된 병원체는?

① 고양이 비기관지염
② 고양이 칼리시 바이러스
③ 고양이 범백혈구 감소증
④ 클라미디어
⑤ 고양이 백혈병

정답 ④

해답풀이 3종 백신은 고양이 비기관지염, 고양이 칼리시 바이러스, 고양이 범백혈구 감소증 병원체를 예방하고 4종 백신은 3종 백신에 추가하여 클라미디어를 포함한다.

17 다음은 동물병원의 차단 간호에 관한 설명이다. 옳은 것만을 모두 고른 것은?

㉠ 감염성 질병을 철저히 격리한다.
㉡ 다른 입원환자를 먼저 만지고 난 후 감염성 질병 환자동물을 접촉 하도록 한다.
㉢ 각각 감염성 질병 환자동물 별로 별도의 청소도구와 식기를 사용한다.
㉣ 입원했던 감염성 질병 환자동물의 퇴원 후 케이지 내부 및 격리실을 소독한다.

① ㉠, ㉡
② ㉡, ㉢
③ ㉡, ㉣
④ ㉡, ㉢, ㉣
⑤ ㉠, ㉡, ㉢, ㉣

정답 ⑤

해답풀이 감염성 질병 입원환자 동물은 다른 병원내 환자동물에 전파의 위험이 있기 때문에 차단간호를 실시하여야 한다.

06 혈액형 검사와 수혈 / 혈액 검사

01 다음 중 개의 혈액형 분류 기반으로 옳은 것은?

① AB   ② ABO
③ DEA   ④ DOY
⑤ BEO

정답 ③

해답풀이 개의 혈액형은 DEA(dog erythrocyte antigen) 기반으로 분류한다.

02 다음 중 고양이의 혈액형 분류 기반으로 옳은 것은?

① AB   ② A, B, AB
③ DEA   ④ DOY
⑤ BEO

정답 ②

해답풀이 고양이의 혈액형은 A, B, AB형으로 분류한다.

03 다음 중 고양이의 혈액형의 종류 수는?

① 2   ② 3
③ 5   ④ 7
⑤ 8

정답 ②

해답풀이 고양이의 혈액형은 A, B, AB형으로 분류한다.

04 다음 개의 혈액형 중 가장 항원성이 강하며 용혈소 생산 문제가 있는 혈액형은?

① DEA 1.1   ② DEA 1.2
③ DEA 1.3   ④ DEA 5
⑤ DEA 7

정답 ①

해답풀이 DEA 1.1은 혈액형 빈도가 가장 많으며 가장 항원성이 강하며 용혈소 생산한다..

05 다음 개의 혈액형 중 가장 빈도가 높은 혈액형은?

① DEA 1.1   ② DEA 1.2
③ DEA 1.3   ④ DEA 5
⑤ DEA 7

정답 ①

해답풀이 DEA 1.1은 혈액형 빈도가 가장 높으며 가장 항원성이 강하며 용혈소 생산한다.

06 다음은 환자동물의 수혈을 위한 공혈 동물에 관한 설명이다. 옳은 것만을 모두 고른 것은?

㉠ 백신접종이 규칙적으로 되어 있어야 한다.
㉡ 적혈구 용적률이 40% 이상이어야 한다.
㉢ 심장사상충 감염이 없어야 한다.
㉣ 건강에 이상이 없어야 한다.

① ㉠, ㉡   ② ㉡, ㉢
③ ㉡, ㉣   ④ ㉡, ㉢, ㉣
⑤ ㉠, ㉡, ㉢, ㉣

정답 ⑤

해답풀이 수혈을 받는 동물을 위해 혈액을 제공하는 동물을 공혈동물이라 하며 건강관리가 이루어진 동물 중에서 혈액 검사 및 감염성 질병에 이상이 없어야 한다.

07 다음은 반려견 환자동물의 수혈에 관한 설명이다. 옳은 것만을 모두 고른 것은?

> ㉠ 첫 수혈 시 수혈 부작용 위험은 적은 편이다.
> ㉡ DEA 1.1 혈액형을 가진 개가 2차 수혈 시 DEA 1.1 혈액을 받게 되면 수혈 부작용이 일어날 수 있다.
> ㉢ 수혈 부작용은 구토, 호흡곤란, 빈맥, 고열, 용혈, 쇼크, 급성 심부전 등이 있다.
> ㉣ 수혈 전 혈액형 교차 적합시험이 반드시 실시되야 한다.

① ㉠, ㉡
② ㉡, ㉢
③ ㉡, ㉣
④ ㉡, ㉢, ㉣
⑤ ㉠, ㉡, ㉢, ㉣

정답 ⑤

해답풀이 반려견의 수혈 시 부작용의 위험이 있기 때문에 수혈 전 혈액형 교차 적합시험이 반드시 실시되어야 한다.

08 다음 설명에 해당하는 용어는?

> • 반려견 환자동물의 수혈 전 실시하는 검사
> • 공혈동물과 수혈동물의 혈액 간 응집 반응 확인

① 인공 수혈검사
② 교차 적합시험
③ 라임 검사
④ 에이즈 테스트
⑤ 수혈 항원 검사

정답 ②

해답풀이 교차 적합시험은 환자동물의 수혈 시 수혈 부작용을 예방하기 위해 필수적인 검사이다.

09 다음은 반려동물의 다양한 혈액성분의 사용에 대한 적응증에 관해 정리한 것이다. 괄호 안의 ㉠에 적을 혈액성분을 옳게 적은 것은?

혈액성분	적응증	유통기한
(㉠)	• 빈혈 • 저혈량성 쇼크	• ACD나 CPD 사용. 냉장에서 35일

① 신선전혈　② 보존전혈
③ 농축전혈구　④ 동결혈장
⑤ 농축혈소판

정답 ②

해답풀이 보존전혈은 ACD나 CPD 사용, 냉장에서 35일까지 보관 가능하다.

10 다음은 반려동물의 다양한 혈액성분의 사용에 대한 적응증에 관해 정리한 것이다. 괄호 안의 ㉠에 들어갈 혈액성분을 옳게 적은 것은?

혈액성분	적응증	유통기한
(㉠)	• 응고장애 • 저알부민혈증	• -20℃ 이하에서 5년

① 신선전혈　② 보존전혈
③ 농축전혈구　④ 동결혈장
⑤ 농축혈소판

정답 ④

해답풀이 동결혈장은 응고장애나 저알부민혈증의 환자동물에 사용하며 -20℃ 이하에서 5년 보관이 가능하다.

11 다음은 반려견의 다양한 혈액검사와 관련된 내용을 정리한 것이다. 괄호 안의 ㉠에 들어갈 검사 항목을 옳게 적은 것은?

검사항목	정상범위	임상적 의의	
		증가	감소
(㉠)	4.9~8.2 (10¹²/L)	탈수	빈혈, 출혈, 용혈

① 적혈구
② 헤모글로빈
③ 헤마토크리트
④ 평균적혈구용적
⑤ 평균적혈구혈색소농도

정답 ①

해답풀이 적혈구는 감소 시 빈혈, 출혈, 용혈의 임상적 문제를 유추할 수 있는 지표이다.

12 다음은 고양이의 다양한 혈액검사와 관련된 내용을 정리한 것이다. 괄호 안의 ㉠에 들어갈 검사 항목을 옳게 적은 것은?

검사항목	정상범위	임상적 의의	
		증가	감소
(㉠)	42~53 (fl)	악성 빈혈, 엽산 또는 비타민 결핍성 빈혈	소적혈구 빈혈, 철 결핍성 빈혈, 납중독

① 적혈구
② 헤모글로빈
③ 헤마토크리트
④ 평균적혈구용적
⑤ 평균적혈구혈색소농도

정답 ④

해답풀이 평균 적혈구 용적은 MCV는 증가 시 악성 빈혈, 엽산 또는 비타민 결핍성 빈혈이 의심되고 수치가 감소한 경우 소적혈구 빈혈, 철 결핍성 빈혈, 납중독이 의심되는 지표로 활용된다.

13 다음은 반려견의 다양한 혈액검사와 관련된 내용을 정리한 것이다. 괄호 안의 ㉠에 들어갈 검사항목을 옳게 적은 것은?

검사항목	정상범위	임상적 의의	
		증가	감소
(㉠)	3.0~10.4 (109)	염증질환, 세균감염	심한 감염, 자가면역질환

① 적혈구
② 헤모글로빈
③ 헤마토크리트
④ 평균적혈구용적
⑤ 호중구

정답 ⑤

해답풀이 호중구는 염증질환, 세균감염 시 증가하는 염증세포이다.

14 다음은 반려견의 다양한 혈액생화학 검사와 관련된 내용을 정리한 것이다. 괄호 안의 ㉠에 들어갈 검사항목을 옳게 적은 것은?

검사항목	정상범위	임상적 의의	
		증가	감소
(㉠)	9.2~29.2 (mg/dl)	탈수, 콩팥부전	단백질 결핍, 간장 질환

① GLU   ② BUN
③ CRE   ④ AST
⑤ TG

정답 ②

해답풀이 BUN은 탈수, 콩팥부전 시 증가하는 혈액 생화학 지표이다.

15 다음은 고양이의 다양한 혈액생화학 검사와 관련된 내용을 정리한 것이다. 괄호 안의 ㉠에 들어갈 검사항목을 옳게 적은 것은?

검사항목	정상범위	임상적 의의	
		증가	감소
(㉠)	0.8~1.8 (mg/dl)	콩팥장애, 요로폐쇄	-

① GLU
② BUN
③ CRE
④ AST
⑤ TG

정답 ③

해답풀이 CRE는 콩팥장애, 요로폐쇄 시 증가하는 혈액 생화학 지표이다.

16 다음은 반려견의 다양한 혈액생화학 검사와 관련된 내용을 정리한 것이다. 괄호 안의 ㉠에 들어갈 검사항목을 옳게 적은 것은?

검사항목	정상범위	임상적 의의	
		증가	감소
(㉠)	17~44 (U/L)	간 장애, 근염	-

① GLU
② BUN
③ CRE
④ AST
⑤ TG

정답 ④

해답풀이 AST는 간 장애, 근염 시 증가하는 혈액 생화학 지표이다.

17 다음은 환자동물의 혈액 가스 분석에 관한 설명이다. 옳은 것만을 모두 고른 것은?

> ㉠ 환자동물의 산염기 불균형, 전해질 수치 교정을 위해 검사가 필요하다.
> ㉡ 노령견, 응급환자, 수술 전후 환자에게 필수적인 검사이다.
> ㉢ 폐에서의 산소 교환능, 혈액의 산소 운반능을 알 수 있다.
> ㉣ 산소 투여 치료 시 치료 경과 및 모니터링에 이용한다.

① ㉠, ㉡
② ㉡, ㉢
③ ㉡, ㉣
④ ㉡, ㉢, ㉣
⑤ ㉠, ㉡, ㉢, ㉣

정답 ⑤

해답풀이 혈액 가스 분석은 폐에서의 산소 교환능, 혈액의 산소 운반능, 산소 투여 치료 시 치료 경과 및 모니터링에 이용하는 유용한 검사 방법이다.

18 다음은 반려견 '복돌이'의 내원 시 검사한 혈액 가스 분석 결과이다. 괄호 안의 ㉠, ㉡에 들어갈 내용을 순서대로 옳게 적은 것은?

비정상 상태	pH	원발성 변화	보상성 변화
(㉠)	감소	PaCO2 증가	HCO3- 증가
대사성 산증	(㉡)	HCO3- 감소	PaCO2 감소

① 대사성 알칼리증, 증가
② 호흡성 알칼리증, 감소
③ 대사성 산증, 증가
④ 호흡성 산증, 감소
⑤ 호흡성 산증, 증가

정답 ④

해답풀이 호흡성 산증은 pH는 감소하고 혈액내 PaCO2 증가, HCO3- 증가를 보인다.

19 다음은 고양이 '순자'의 내원 시 검사한 혈액 가스 분석 결과이다. 괄호 안의 ㉠, ㉡에 들어갈 내용을 순서대로 옳게 적은 것은?

비정상 상태	pH	원발성 변화	보상성 변화
(㉠)	증가	HCO_3^- 증가	$PaCO_2$ 증가
호흡성 알칼리증	(㉡)	$PaCO_2$ 감소	HCO_3^- 감소

① 대사성 알칼리증, 증가
② 호흡성 알칼리증, 감소
③ 대사성 산증, 증가
④ 호흡성 산증, 감소
⑤ 호흡성 산증, 증가

정답 ①

해답풀이 대사성 알칼리증은 pH는 증가하고 혈액내 HCO_3^- 증가, $PaCO_2$ 증가를 보인다.

20 다음은 입원한 환자동물 '예쁜이'의 식이 처방이다. 환자동물 '예쁜이'의 질병 상태와 가장 가까운 것을 고른 것은?

- 인이 많이 들어간 음식 제한
- 식이성 단백질 제한

① 간질환
② 심혈관질환
③ 신장질환
④ 요석증질환
⑤ 노령동물

정답 ③

해답풀이 신장질환은 콩팥 기능의 저하로 고단백질이나 인이 많은 음식의 제한이 필요하다.

동물보건외과학

01 수술실 관리

01 다음은 동물병원 수술실의 일상 관리에 관한 설명이다. 옳은 것만을 모두 고른 것은?

> ㉠ 의료 폐기물 관리가 필요하다.
> ㉡ 수술방 문은 청소할 때를 제외하고는 닫아두어야 한다.
> ㉢ 수술실 바닥은 소독제를 사용하여 청소를 하도록 한다.
> ㉣ 수술기구는 멸균하여 정리하여야 한다.

① ㉠, ㉡
② ㉡, ㉢
③ ㉡, ㉣
④ ㉡, ㉢, ㉣
⑤ ㉠, ㉡, ㉢, ㉣

정답 ⑤

해답풀이 수술실은 다른 공간과 다르게 정기적인 소독과 기구의 멸균 관리가 필요하다.

02 수술실 기기 중 마취기의 구성과 가장 거리가 먼 것은?

① 산소통
② 보비
③ 기화기
④ 호흡백
⑤ 캐니스터

정답 ②

해답풀이 보비는 전기 메스로 외과용 수술 도구의 하나이다.

03 다음은 마취기의 일상 관리에 관한 설명이다. 옳은 것만을 모두 고른 것은?

> ㉠ 산소통의 산소량을 수시로 확인하여야 한다.
> ㉡ 이산화탄소의 흡수제의 변색 여부를 체크하고 정기적으로 교체하여야 한다.
> ㉢ 흡입마취제 병에 남아있는 용량을 확인하여야 한다.
> ㉣ 기화기 내의 흡입마취제 용량을 확인하도록 한다.

① ㉠, ㉡
② ㉡, ㉢
③ ㉡, ㉣
④ ㉡, ㉢, ㉣
⑤ ㉠, ㉡, ㉢, ㉣

정답 ⑤

해답풀이 마취기의 정상 작동 여부와 마취제 및 산소 흡입 관련 정기적 점검과 관리가 필요하다.

04 다음은 수술실 기기 중 하나에 대한 설명이다. 해당되는 기기를 고른 것은?

장점	수술시간 단축, 출혈 억제, 결찰 지혈 최소화
단점	치유가 늦어지는 경우, 큰 조직 손상 가능성
기본 구성	발전기, 대극판, 절개·지혈 핸드피스

① 석션기
② C-arm
③ 전기메스
④ 유량계
⑤ 캐니스터

정답 ③

해답풀이 전기메스는 보비, 바이폴라로 불리며 수술시 절개면의 지혈에 효과적인 수술도구이다.

05 다음은 수술실 장비의 종류 및 특성에 따른 수술 전 준비에 관한 설명이다. 옳은 것만을 모두 고른 것은?

> ㉠ 수술대는 언제든지 사용할 수 있도록 준비한다.
> ㉡ 수술대 테이블을 알코올로 닦아두도록 한다.
> ㉢ 무영등은 수술대를 향하도록 조정한다.
> ㉣ 수술 시 사용하는 도구와 필요 물품을 사전에 준비하고 확인한다.

① ㉠, ㉡
② ㉡, ㉢
③ ㉡, ㉣
④ ㉡, ㉢, ㉣
⑤ ㉠, ㉡, ㉢, ㉣

정답 ⑤

해답풀이 수술 전 수술 시 사용하는 도구와 필요 물품을 사전에 준비하고 확인하여야 한다.

02 기구 등 멸균 방법

01 다음은 수술기구 팩 준비에 관한 설명이다. 옳은 것만을 모두 고른 것은?

> ㉠ 수술기구 밧드는 수술기구를 넣을 수 있는 크기로 준비한다.
> ㉡ 먼저 사용하는 수술기구를 맨 위에 놓도록 한다.
> ㉢ 수술기구는 같은 방향으로 배열한다.
> ㉣ 수술기구 팩은 멸균테이프를 부착하여 멸균여부를 확인할 수 있도록 한다.

① ㉠, ㉡
② ㉡, ㉢
③ ㉡, ㉣
④ ㉡, ㉢, ㉣
⑤ ㉠, ㉡, ㉢, ㉣

정답 ⑤

해답풀이 수술기구는 수술 시 사용이 용이하게 하도록 하고 수술기구 팩은 멸균테이프를 부착하여 멸균여부를 확인할 수 있도록 한다.

02 다음 중 저온멸균이 필요한 수술기구의 멸균법으로 가장 적합한 것은?

① Autoclave 멸균
② 고압 멸균
③ 자외선 멸균
④ EO 가스 멸균
⑤ 건열 멸균

정답 ④

해답풀이 EO 가스 멸균법 ethylene oxide 가스에 의한 멸균으로 열 발생 없이 멸균이 가능하여 저온멸균이 가능하다.

03 다음 중 수술기구의 멸균 후 멸균 여부를 확인하기 위해 주로 활용하는 방법으로 가장 적합한 것은?

① 세균배양
② 바이러스배양
③ 플라즈마 표지
④ 멸균테이프
⑤ 생물학적 표지

정답 ④

해답풀이 멸균테이프는 멸균 시 테이프의 변색으로 멸균 여부를 쉽게 확인 가능하여 수술기구의 멸균 후 멸균 여부를 확인하기 위해 주로 활용한다.

04 다음은 수술도구의 멸균에 사용되는 장비에 관한 설명이다. 가장 가까운 것을 고른 것은?

- 가열된 포화수증기로 고온 고압
- 수술기구, 수술가운, 수술포 등의 멸균에 사용
- 고무류나 플라스틱은 사용 불가

① Autoclave 멸균
② 고압 멸균
③ 플라즈마 멸균
④ EO 가스 멸균
⑤ 건열 멸균

정답 ①

해답풀이 Autoclave 멸균은 고압증기멸균법으로 동물병원에서 흔히 사용되는 멸균기이다.

05 다음 중 Autoclave 멸균 시 사용 주의사항으로 거리가 먼 것은?

① 안전성에 항상 유의하여야 한다.
② 물의 양을 항상 확인하여야 한다.
③ 멸균 종료 시 신속히 열고 정리해야 한다.
④ 문이 꽉 닫혔는지를 확인하고 가동해야 한다.
⑤ 열에 약한 플라스틱이나 고무류는 변성이 생길 수 있어 적용하면 안 된다.

정답 ③

해답풀이 멸균 종료 시 급하게 열면 고압 및 고온에 노출되어 위험하여 주의가 요망된다.

06 다음 중 EO 가스 멸균법에 대한 설명과 거리가 먼 것은?

① 열에 약한 플라스틱이나 고무류의 멸균에 사용이 가능하다.
② 세척 후 바로 적용하면 건조와 멸균이 동시에 되어 편리한 멸균법이다.
③ 가스에 유독성이 있기 때문에 환기에 충분한 주의를 기울여야 한다.
④ 고압증기 멸균보다 장시간의 멸균 시간이 소요된다.
⑤ 멸균 내용물에 부식이나 손상의 위험이 적다.

정답 ②

해답풀이 물기를 건조하지 않고 EO 가스 멸균을 하게 되면 멸균 효과가 떨어진다.

07 다음 중 수술도구의 멸균 시 사용되는 EO 가스의 특성에 해당되지 않는 것은?

① 안정적인 가스라 취급이 용이
② 종이, 플라스틱 필름 통과
③ 피부, 점막 자극성
④ 세균 사멸 유도
⑤ 인체 독성이 있음

정답 ①

해답풀이 ethylene oxide 가스는 인체에 독성이 있고 인화 폭발성이 있어 취급 시 유의하여야 한다.

08 다음은 수술도구의 멸균에 사용되는 멸균법 중 하나에 관한 설명이다. 가장 가까운 것을 고른 것은?

- 멸균제로 과산화수소 가스 이용
- 친환경적이고 안전한 멸균 방법
- 50℃, 저온에서 40~50분 정도 단시간에 멸균 유도
- 수분 흡수하는 거즈나 수술포 등의 멸균에는 적용이 어려움

① Autoclave 멸균
② 고압 멸균
③ 플라즈마 멸균
④ EO 가스 멸균
⑤ 건열 멸균

정답 ③

해답풀이 플라즈마 멸균은 EO가스 멸균과 같이 열에 약한 제품들의 멸균에 적용할 수 있는 장점이 있고 EO가스 멸균보다 사용되는 가스가 과산화 수소로 안전하고 멸균 시간도 단시간이라는 장점을 가지고 있으나 수분 흡수하는 거즈나 수술포 등의 멸균에는 적용이 어렵다는 단점을 가지고 있다.

03 봉합재료 종류 및 용도

01 다음은 수술시 사용되는 도구 중 하나에 관한 설명이다. 가장 가까운 것을 고른 것은?

- 바늘 끝의 형태가 둥금
- 장, 혈관, 피하지방과 같은 부드러운 조직 봉합에 사용

① 각침　② 역각침
③ 첨침　④ 환침
⑤ 건침

정답 ④

해답풀이 환침은 바늘 끝의 형태가 둥근 외과 수술용 봉합침으로 장, 혈관, 피하지방과 같은 부드러운 조직 봉합에 사용된다.

02 다음은 수술시 사용되는 도구 중 하나에 관한 설명이다. 가장 가까운 것을 고른 것은?

- 바늘 끝의 형태가 삼각형 모양으로 각이 진 바늘
- 피부, 안조직, 안면 조직 봉합에 사용

① 각침　② 역각침
③ 첨침　④ 환침
⑤ 건침

정답 ①

해답풀이 각침은 바늘 끝의 형태가 삼각형 모양으로 각이 진 바늘로 피부, 안조직, 안면 조직 봉합에 사용된다.

03 다음은 수술시 사용되는 도구 중 하나에 관한 설명이다. 가장 가까운 것을 고른 것은?

> • 바늘 끝의 형태가 역삼각형 모양으로 각이 진 바늘
> • 강도가 높아 딱딱한 조직 봉합에 사용

① 각침 ② 역각침
③ 첨침 ④ 환침
⑤ 건침

정답 ②

해답풀이 역각침은 바늘 끝의 형태가 역삼각형 모양으로 각이 진 바늘로 강도가 높아 딱딱한 조직 봉합에 사용된다.

04 수술시 사용되는 봉합사로 흡수성 재질이 아닌 것은?

① catgut ② PDS
③ vicryl ④ cotton
⑤ dexon

정답 ④

해답풀이 cotton은 비흡수성 봉합사이다.

05 수술시 사용되는 봉합사로 비흡수성 재질이 아닌 것은?

① nylon ② silk
③ linen ④ cotton
⑤ dexon

정답 ⑤

해답풀이 dexon은 흡수성 봉합사이다.

06 다음은 수술시 사용되는 도구 중 하나에 관한 설명이다. 가장 가까운 것을 고른 것은?

- 피부 봉합 시 간편하게 사용
- 봉합 시간 단축

① 보비
② 드레이프
③ 지철기
④ 캐니스터
⑤ 바이폴라

정답 ③

해답풀이 지철기는 의료용 스테이플러로 피부 봉합 시 시간을 절약하고 간편하게 사용 가능하다.

04 수술 도구

01 다음 중 3번 메스대에 사용할 수 없는 메스날은?

① 10   ② 11
③ 12   ④ 15
⑤ 20

정답 ⑤

해답풀이 3번 메스대에 No. 10, 11, 12, 15가 이용된다.

02 다음 중 4번 메스대에 사용할 수 있는 메스날은?

① 10   ② 11
③ 12   ④ 15
⑤ 22

정답 ⑤

해답풀이 4번 메스대에 No. 120, 21, 22가 이용된다.

03 다음은 수술시 사용되는 수술용 기위 중 하나에 관한 설명이다. 가장 가까운 것을 고른 것은?

- 작은 조직 절개, 둔성분리, 섬세한 작업에 사용
- 섬세한 날에 손상이 갈 수 있으니 봉합사 컷팅에 사용 금지

① Bandage Scissors
② Spencer Scissors
③ Metzenbaum Scissors
④ Iris Scissors
⑤ Wire Scissors

정답 ③

해답풀이 Metzenbaum Scissors은 작은 조직 절개, 둔성분리, 섬세한 작업에 사용한다.

04 다음은 수술시 사용되는 수술용 기위 중 하나에 관한 설명이다. 가장 가까운 것을 고른 것은?

> • 안과용 가위

① Bandage Scissors
② Spencer Scissors
③ Metzenbaum Scissors
④ Iris Scissors
⑤ Wire Scissors

정답 ④

해답풀이 Iris Scissors은 안과용 가위이다.

05 다음 중 Hemostat forcep에 해당되지 않는 것은?

① Allis ② Mosquito
③ Kelly ④ Rochester-Ochsn
⑤ Rochester-Calmalt

정답 ①

해답풀이 Allissms 조직 겸자이다.

06 다음은 수술시 사용되는 clamp 중 하나에 관한 설명이다. 가장 가까운 것을 고른 것은?

- 손상에 민감한 조직에 사용

① Allis
② Intestinal
③ Metzenbaum
④ Babcock
⑤ Towel

정답 ④

해답풀이 Babcock 겸자는 손상에 민감한 조직에 사용되는 겸자이다.

07 다음은 수술시 사용되는 도구에 관한 설명이다. 가장 가까운 것을 고른 것은?

- 봉합침을 잡는 기구
- Mayo-Hegar가 보편적으로 사용

① forcep
② needle holder
③ scissors
④ clamp
⑤ retractor

정답 ②

해답풀이 needle holder는 수술 시 봉합침을 잡는 기구이다.

05 마취 원리 및 단계

01 다음은 무균수술의 주요 사항에 관한 설명이다. 옳은 것만을 모두 고른 것은?

> ㉠ 멸균실 내 팀원은 이동을 최소한으로 한다.
> ㉡ 기구는 멸균된 것만 다룬다.
> ㉢ 수술포로 덮인 기구는 멸균된 상태로 준비하여 사용한다.
> ㉣ 손상되거나 젖어있는 것은 오염된 것으로 간주하여야 한다.

① ㉠, ㉡
② ㉡, ㉢
③ ㉡, ㉣
④ ㉡, ㉢, ㉣
⑤ ㉠, ㉡, ㉢, ㉣

정답 ⑤

해답풀이 무균수술은 멸균 상태의 기구의 오염과 멸균실 내 오염 방지를 고려하여야 한다.

02 다음은 마취에서 동물보건사의 역할에 대한 설명이다. 옳은 것만을 모두 고른 것은?

> ㉠ 마취기구의 점검
> ㉡ 삽관 등 각 마취 단계에서 동물보정 및 수의사 보조
> ㉢ 마취 환자동물의 모니터링
> ㉣ 마취 전날 고객에 연락하여 절식 요청

① ㉠, ㉡
② ㉡, ㉢
③ ㉡, ㉣
④ ㉡, ㉢, ㉣
⑤ ㉠, ㉡, ㉢, ㉣

정답 ⑤

해답풀이 마취에서 동물보건사는 사전 절식 및 마취 과정에서의 모니터링 등 다양한 일들을 수행하여야 한다.

03 다음 설명을 읽고 해당되는 내용을 고르시오.

- 통증을 완화시키는 부위마취의 방법
- 척추 부위 접근 마취 방법이다.

① 호흡마취
② 지주막마취
③ 경막외 마취
④ 국소마취
⑤ 점막마취

정답 ③

해답풀이 경막외 마취는 척수를 싸고 있는 경막의 바깥 공간인 경막외강에 약물을 투약하는 방법이다.

04 다음 설명을 읽고 해당되는 내용을 고르시오.

- 신경말단을 마취시키는 방법
- 동물이 의식을 유지하는 상태로 말초 부위 마취 적용됨
- 위험성은 낮은 편이다.

① 호흡마취
② 지주막마취
③ 경막외 마취
④ 국소마취
⑤ 점막마취

정답 ④

해답풀이 국소마취는 교상 부위 치료 등 간단한 처치 등에 사용하며 통증을 경감시키고 치료를 원활하게 하는 목적으로 사용된다.

05 다음 설명을 읽고 해당되는 내용을 고르시오.

> • 특정 영역에 마취를 하는 방법
> • 척수 등에 오는 신경이 차단되어 마취가 됨

① 호흡마취
② 전신마취
③ 부위마취
④ 국소마취
⑤ 점막마취

정답 ③

해답풀이 부위마취는 척추마취, 경막 외 마취 등이 포함된다.

06 다음은 마취의 위험성에 대한 설명이다. 옳은 것만을 모두 고른 것은?

> ㉠ 전신마취는 위험성이 크다.
> ㉡ 마취제로 인해 호흡과 심박 등이 감소할 수 있다.
> ㉢ 간이나 신장의 이상이 있는 경우 마취 위험성이 더 커진다.
> ㉣ 마취 전후 백신 접종은 권장되지 않는다.

① ㉠, ㉡
② ㉡, ㉢
③ ㉡, ㉣
④ ㉡, ㉢, ㉣
⑤ ㉠, ㉡, ㉢, ㉣

정답 ⑤

해답풀이 마취는 신장, 간의 대사에도 영향을 주고 호흡과 심박수 감소의 위험도 있다. 또한 면역 저하 위험도 있어 마취 전후 백신 접종을 피하는 것이 좋다.

07 호흡마취의 단계가 순서대로 잘 짝지어진 것은?

① 마취도입 – 마취 회복 – 마취유지 – 전마취단계
② 전마취단계 – 마취도입 – 마취유지 – 마취 회복
③ 마취도입 – 마취회복 – 마취유지 – 전마취단계
④ 마취도입 – 마취회복 – 마취유지 – 전마취단계
⑤ 마취도입 – 마취회복 – 마취유지 – 전마취단계

정답 ②

해답풀이 호흡마취의 단계는 전마취단계 – 마취도입 – 마취 유지 – 마취 회복이다.

08 다음 설명을 읽고 해당되는 내용을 고르시오.

- 삽관을 위해 짧은 마취를 유도하는 것
- 프로포폴과 같은 약제가 사용될 수 있다.

① 전마취단계
② 마취도입
③ 마취유지
④ 마취회복
⑤ 마취각성

정답 ②

해답풀이 마취도입은 프로포폴과 같은 약제를 사용하여 삽관을 위해 짧은 마취를 유도하는 단계이다.

09 다음 설명을 읽고 해당되는 내용을 고르시오.

- 환자동물의 진정, 통증 경감, 근육 이완 목적의 약물 투여 단계
- 분비 억제, 심박 상승 약물이 병행 투여되기도 함

① 전마취단계
② 마취도입
③ 마취유지
④ 마취회복
⑤ 마취각성

정답 ①

해답풀이 전마취 단계는 환자동물의 진정, 통증 경감, 근육 이완 목적의 약물 투여 단계이다.

10 다음 호흡마취기에 관한 설명을 읽고 해당되는 내용을 고르시오.

- 내부에 소다라임이 있어 사용한 가스에서 이산화탄소를 제거하고 재활용할 수 있게 하는 장치

① 기화기
② 유량계
③ 팝오프
④ 캐니스터
⑤ 압력계

정답 ④

해답풀이 캐니스터는 호흡마취기 일부로 내부에 소다라임이 있어 사용한 가스에서 이산화탄소를 제거하고 재활용할 수 있게 하는 장치이다.

06 마취 모니터링

01 마취 모니터링에 대한 다음 설명 중 옳지 않은 것은?

① 마취가 유지되는 동안에 뇌 기능, 심박, 혈압, 체온의 저하를 유발할 수 있다.
② 마취가 깊게 되면 생명의 위험이 있어 각성을 유지하도록 해야 한다.
③ 마취의 안전한 깊이를 조절하기 위해 마취 모니터링이 필요하다.
④ 마취 모니터링 과정에 심박, 혈압, 체온, 호흡을 체크해야 한다.
⑤ 마취 모니터링은 모니터링 기계 뿐 아니라 환자동물의 직접적인 상태를 모두 활용하여 체크해야 한다.

정답 ②

해답풀이 마취가 깊지 않으면 의식과 감각이 있는 각성이 일어나 수술의 원활한 진행이 어렵다.

02 마취 모니터링 시 호흡에 대한 다음 설명 중 옳지 않은 것은?

① 마취 시 호흡수의 기준은 동물 종에 따라 다르다.
② 마취 시 호기말 이산화탄소(EtCO2)가 모니터링되어야 한다.
③ 호흡이 느리면 마취 강도가 낮아 통증이 있는 상태를 의심할 수 있다.
④ 마취 모니터링 과정에 호흡수가 체크되어야 한다.
⑤ 마취가 깊은 것으로 판단되는 경우는 호흡백을 짜주거나 기계적 환기를 적용해 주어야 한다.

정답 ③

해답풀이 호흡이 빠르면 마취 강도가 낮아 통증이 있는 상태를 의심할 수 있고 느리면 마취가 깊은 상태로 의심할 수 있다.

03 다음 설명을 읽고 해당되는 내용을 고르시오.

- 마취 시 35~45mmHg 수준 유지 필요
- 모니터 시 수치가 높으면 호흡마취가 깊은 상태 의심됨
- 그래프 모양이 사다리꼴이 정상적 상태

① EtO2 ② EtCO2
③ SpO2 ④ SpCO2
⑤ CrCO2

정답 ②

해답풀이 EtCO2는 날숨의 이산화탄소 분압을 나타내며 마취 시 35~45mmHg 수준 유지가 필요하며 모니터 시 수치가 높으면 호흡마취가 깊은 상태가 의심된다.

04 다음 설명을 읽고 해당되는 내용을 고르시오.

- 폐에서 산소가 공급되는 상태를 평가
- 97% 이상 유지 되어야 함

① EtO2 ② EtCO2
③ SpO2 ④ SpCO2
⑤ CrCO2

정답 ③

해답풀이 SpO2는 산소포화도로 헤모글로빈의 산소포화 비율을 나타내는 것이다.

05 마취 모니터링 시 혈압에 대한 다음 설명 중 옳지 않은 것은?

① 수축기와 이완기 혈압이 있으며 평균 혈압 MAP도 이용된다.
② 동물병원에서는 침습적 측정 방법이 많이 사용된다.
③ 평균 혈압 MAP가 정상보다 낮아지면 관류에 심각한 문제가 발생한다..
④ 마취가 깨거나 통증을 느끼는 경우에는 혈압이 높아지게 된다.
⑤ 마취 모니터링 중 중요한 수치 중 하나이다.

정답 ②

해답풀이 침습적 또는 비침습적 측정 방법이 있으나 동물병원에서는 비침습적 방법이 많이 사용된다.

06 다음 설명을 읽고 해당되는 내용을 고르시오.

- [이완기 혈압 + (수축기 혈압 − 이완기 혈압)/3]으로 구하는 값
- 수축기 보다는 이완기 혈압에 더 가까움

① PVC ② BPA
③ SPP ④ MAP
⑤ MCV

정답 ④

해답풀이 MAP는 평균혈압 mean arterial pressure으로 이완기 혈압 + (수축기 혈압 − 이완기 혈압)으로 구하는 값이다.

07 다음은 환자동물 '구찌'의 혈압 측정 결과이다. 다음 조건을 확인하고 평균혈압 MAP 값을 구하시오.

- 이완기 혈압 : 50mmHg
- 수축기 혈압 : 80mmHg

① 50 ② 55
③ 60 ④ 80
⑤ 90

정답 ③

해답풀이 MAP는 [이완기 혈압 + (수축기 혈압 − 이완기 혈압)/3]으로 구찌는 50 + (80−50)/3 = 60mmHg이다.

08 마취 모니터링 시 심박수에 대한 다음 설명 중 옳지 않은 것은?

① 심장의 전기적 활동은 ECG로 평가할 수 있다.
② 심박이 너무 낮으면 마취 깊이를 낮추어야 한다.
③ 심박은 혈압과 함께 평가하는데 혈압에 따라 보상적으로 변하기 때문이다.
④ 사용하는 마취제에 따라 심박수도 영향을 받는다.
⑤ 마취 시 정상적인 심박수는 개가 고양이보다 높다.

정답 ⑤

해답풀이 마취 시 심박수는 개에서 70~120회/분, 고양이는 120~180/회로 고양이가 더 높은 수치를 보인다.

09 마취의 깊이 측정에 대한 다음 설명 중 옳지 않은 것은?

① 눈꺼풀반사가 측정에 이용된다.
② 턱의 강직도로 마취의 깊이를 측정할 수 있다.
③ 마취 시 심박수가 증가하면 마취가 깊게 된 것이다.
④ 눈동자의 위치가 중앙에 있으면 마취가 너무 얕거나 깊은 것이다.
⑤ 눈동자가 아래쪽에 내려와 있으면 수술에 적합한 상태이다.

정답 ③

해답풀이 마취 시 심박수는 감소한다. 마취가 깊이가 증가하면 심박수는 감소하게 된다.

10 마취의 주요 바이탈 측정에 대한 다음 설명 중 옳지 않은 것은?

① 반려견의 바이탈 측정으로 혈압은 주로 경동맥에서 측정한다.
② 심박은 분당 횟수로 측정한다.
③ 호흡수는 흉곽 또는 복부의 위아래 움직임으로 분당 횟수로 측정한다.
④ 정상적인 동물의 잇몸색은 핑크빛을 띤다.
⑤ CRT는 바이탈 사인의 중요한 항목 중 하나이다.

정답 ①

해답풀이 반려견의 바이탈 측정은 주로 허벅다리 안쪽 동맥에서 측정한다.

11 동물보건사의 마취 준비와 모니터링 관련 간호 업무에 대한 다음 설명 중 옳지 않은 것은?

① 환자동물의 체온, 심박, 혈압과 같은 바이탈 사인을 측정하고 기록한다.
② 호흡백은 동물의 일회호흡량의 6배보다 약간 큰 것을 사용한다.
③ 흡입마취제로 세보플루란은 용해도가 낮아 부드럽고 빠른 마취 유도가 가능하다.
④ 마취가 깊으면 기화기 수치를 올려야 한다.
⑤ 이산화탄소를 흡수해 공기 정화를 하는 캐니스터 내의 소다라임의 상태를 미리 체크한다.

정답 ④

해답풀이 마취가 깊으면 기화기 수치를 낮추어야 한다.

07 지혈법 / 배액법 / 창상 소독 및 관리 / 붕대법 / 재활치료

01 동물병원에서 환자동물의 수술 전 체크리스트 중에서 의무적으로 확보해야 하는 사항은?

① 섭취 사료의 종류
② 수술 및 마취 동의서
③ 식욕 정보
④ 중성화 정보
⑤ 퇴원 날짜

정답 ②

해답풀이 수술 및 마취 동의서는 수의사법에 따라 반드시 보호자로부터 받아 두어야 하는 서류이다.

02 다음 설명을 읽고 해당되는 내용을 고르시오.

- 낮은 용량을 지속적으로 주사하는 것을 의미

① SID   ② BID
③ TID   ④ ERA
⑤ CRI

정답 ⑤

해답풀이 CRI는 continuous rate infusion의 약자로 낮은 용량을 지속적으로 주사하는 것을 의미한다.

03 다음 지혈 관련 설명을 읽고 해당되는 용어를 고르시오.

- 흡수성 젤라틴 스폰지 형태로 사용
- 출혈부 적용 시 부풀어 상처 부위를 압박함

① 본왁스 ② 젤폼
③ 유니셀 ④ 콜로이드
⑤ 하이드로젤

정답 ②

해답풀이 젤폼은 흡수성 젤라틴 스폰지 형태로 사용하며 출혈부 적용 시 부풀어 상처 부위를 압박하여 지혈 효과를 유도하는 제품으로 육아종을 형성시키기도 하기 때문에 감염 위험이 높은 부위에 남겨두어서는 안 된다.

04 동물병원에서 환자동물의 지혈법에 관한 다음 설명 중 옳지 않은 것은?

① 작은 혈관의 경우 거즈 카운팅으로 지혈이 가능하다.
② 보비나 리가슈어 등의 전기 소작법이 지혈법으로 자주 이용된다.
③ 보비는 단극성 보다 양극성이 안전하고 합병증이 적다.
④ 직경 3mm 이상의 큰 혈관에 전기소작법이 주로 이용된다.
⑤ 반합성 밀랍과 연화제 혼합물은 본왁스는 출혈 억제를 위해 사용된다.

정답 ④

해답풀이 전기소작법은 직경 1.5~2mm 이하의 작은 혈관에 사용하고 더 큰 혈관에는 결찰법이 사용된다.

05 다음 설명을 읽고 해당되는 용어를 고르시오.

> - 석션 없이 배액하는 대표적 방법
> - 중력 및 체강 사이 압력 차이를 이용해서 상처의 삼출물 제거
> - 설치한 튜브를 통해 삼출물이 자연적으로 빠져나올 수 있도록 함

① 잭슨프랫 드레인
② 젤 드레인
③ 펜로즈 드레인
④ 콜로이드 드레인
⑤ 하이드로 드레인

정답 ③

해답풀이 펜로즈 드레인은 수동 배액법의 대표적 방법으로 사용된다.

06 동물병원에서 환자동물의 배액을 위해 사용되는 방법에 관한 다음 설명 중 옳지 않은 것은?

① 석션을 사용하면 능동배액법으로 분류된다.
② 잭슨프랫 드레인은 수동배액법의 대표적 방법이다.
③ 수동배액은 중력 및 체강 사이 압력 차이를 이용해서 상처의 삼출물을 제거하는 방법이다.
④ 펜로즈 드레인은 설치한 튜브를 통해 삼출물이 자연적으로 빠져나오는 방법이다.
⑤ 동물보건사는 시간에 따라 배약량을 관찰하면서 통을 비워주는 것이다.

정답 ②

해답풀이 잭슨프랫 드레인은 석션을 사용하는 능동배액법이다.

07 다음 설명을 읽고 해당되는 용어를 고르시오.

> - 피하지방층과 피부층을 봉합하지 않은 상태로 삼출물 제거를 위해 의도적으로 개방해 놓아 봉합 유도
> - 치유기간이 오래 걸림
> - 두 층의 육아조직이 형성되어 봉합되기 때문에 상처의 경계면이 깊고 넓은 반흔을 남김

① 1차 유합 ② 2차 유합
③ 3차 유합 ④ 4차 유합
⑤ 5차 유합

정답 ③

해답풀이 3차 유합은 피하지방층과 피부층을 봉합하지 않은 상태로 삼출물 제거를 위해 의도적으로 개방해 놓아 치유기간이 오래 걸리고 두 층의 육아조직이 형성되어 봉합되기 때문에 상처의 경계면이 깊고 넓은 반흔을 남긴다.

08 환자동물의 창상치유에 영향을 미치는 인자에 관한 다음 설명 중 옳지 않은 것은?

① 적절한 영양관리가 필수적
② 신체의 모든 부위는 외상에 대해 조직적으로 반응
③ 혈액 공급이 잘되는 부위는 치료가 느리게 진행
④ 감염 및 이물질이 없어야 치유과정이 증진됨
⑤ 상처가 없는 피부 및 점막이 감염에 대한 일차 방어선 역할을 함

정답 ③

해답풀이 혈액 공급이 잘되는 부위는 치료가 빠르게 진행된다.

09 다음 드레싱에 대한 설명을 읽고 해당되는 용어를 고르시오.

- 친수성으로 물과 결합하면 교질이 되는 성분임
- 불투명하고 접착성이 있으면 공기와 물을 통과시키지 않음
- 얇고 납작한 드레싱으로 삼출물을 흡수해서 부종을 감소시킴

① 하이드로콜로이드 드레싱
② 하이드로젤 드레싱
③ 칼슘알지네이트 드레싱
④ 폼 드레싱
⑤ 거즈 드레싱

정답 ①

해답풀이 하이드로콜로이드 드레싱은 친수성으로 물과 결합하면 교질이 되는 성분으로 불투명하고 접착성이 있으면 공기와 물을 통과시키지 않는다. 하이드로콜로이드 드레싱은 얇고 납작한 드레싱으로 삼출물을 흡수해서 부종을 감소시킨다.

10 다음 드레싱에 대한 설명을 읽고 해당되는 용어를 고르시오.

- 바깥쪽은 반투과성 필름으로 안쪽은 폴리우레탄으로된 비접착성 드레싱
- 고정을 위한 2차 드레싱 필요
- 공기는 통과하나 물은 통과하지 못하므로 상처의 건조를 예방하고 완충과 편안함 제공

① 하이드로콜로이드 드레싱
② 하이드로젤 드레싱
③ 칼슘알지네이트 드레싱
④ 폼 드레싱
⑤ 거즈 드레싱

정답 ④

해답풀이 폼 드레싱은 공기는 통과하나 물은 통과하지 못하므로 상처의 건조를 예방하고 완충과 편안함을 제공한다.

동물보건임상병리학

01 동물임상병리 개론

01 다음 설명을 읽고 해당되는 용어를 고르시오.

> - 혈구의 숫자, 비율, 형태 등에 대한 검사
> - 혈액 성분 중 혈구에 대한 검사

① 혈액화학검사
② 면역혈청학검사
③ 일반 혈액검사
④ 미생물학검사
⑤ 전혈검사

정답 ③

해답풀이 일반 혈액검사는 혈구의 숫자, 비율, 형태 등에 대한 검사로 혈액 성분 중 혈구에 대한 검사가 진행된다.

02 다음 설명을 읽고 해당되는 용어를 고르시오.

> - 혈액성분 중 혈장에 대한 검사
> - 장기 별 기능에 대한 정보 제공

① 혈액화학검사
② 면역혈청학검사
③ 일반 혈액검사
④ 미생물학검사
⑤ 전혈검사

정답 ①

해답풀이 혈액화학검사는 혈액생화학검사로 불리며 혈액성분 중 혈장에 대한 검사로 혈장을 구성하고 있는 각종 생화학성분을 분석하여 질병의 진단에 사용하고 장기 별 기능에 대한 정보를 제공한다.

03 다음 설명을 읽고 해당되는 용어를 고르시오.

- 생체의 항원, 항체 반응을 이용한 검사
- 항체검사, 파보바이러스 검사, 심장사상충 검사 등

① 혈액화학검사
② 면역혈청학검사
③ 일반 혈액검사
④ 미생물학검사
⑤ 전혈검사

정답 ②

해답풀이 면역혈청학검사는 생체의 항원, 항체 반응을 이용한 검사로 항체검사, 파보바이러스 검사, 심장사상충 검사 등이 있다.

04 다음 설명을 읽고 해당되는 용어를 고르시오.

- 혈액에 포함된 전해질과 이산화탄소 및 산소 분압, pH 등을 분석하기 위해 사용됨

① 혈액화학검사기
② 자동혈구분석기
③ 혈당측정기
④ 혈액가스분석기
⑤ 굴절계

정답 ④

해답풀이 혈액가스분석기는 혈액에 포함된 전해질과 이산화탄소 및 산소 분압, pH 등을 분석하기 위해 사용된다.

05 다음 설명을 읽고 해당되는 용어를 고르시오.

- 소변검체 비중, 혈액 단백질 농도 등을 확인하는데 사용함

① 혈액화학검사기
② 자동혈구분석기
③ 혈당측정기
④ 혈액가스분석기
⑤ 굴절계

정답 ⑤

해답풀이 굴절계는 액체가 빛에 의해 굴절되는 정도를 측정하는 장비이며 소변검체 비중, 혈액 단백질 농도 등을 확인하는데 사용한다.

06 동물병원에서 환자동물의 검체 검사에 이용되는 현미경 관찰 방법에 관한 다음 설명 중 옳지 않은 것은?

① 관찰은 고배율부터 저배율로 진행한다.
② 대물렌즈 배율을 높인 다음에는 미동나사로 조절을 원칙으로 한다.
③ 현미경 사용 후에는 재물대와 대물렌즈의 간격을 가장 벌린 상태로 보관한다.
④ 높은 배율 대물렌즈 관찰 시 조동나사 돌리면 렌즈와 검체가 접촉할 위험이 있다.
⑤ 접안렌즈 양 눈의 간격을 적절히 조절한다.

정답 ①

해답풀이 관찰은 저배율부터 고배율로 진행한다.

02 임상병리 검체 준비 및 관리

01 다음 임상병리 검체에 대한 설명을 읽고 ㉠, ㉡에 해당되는 용어를 순서대로 적은 것은?

체액	혈액, 뇌척수액
배설물	소변, 대변
(㉠)	위액, 췌액, 타액
천자액	(㉡)

① 생검, 뇨
② 분비물, 복수
③ 조직, 미생물
④ 화학, 혈청
⑤ 세침, 골조직

정답 ②

해답풀이 분비물은 위액, 췌액, 타액이 있고 천자액은 복수, 흉수가 있다.

02 다음 설명을 읽고 해당되는 용어를 고르시오.

- 혈액 원심분리 시 상층액
- 혈액의 약 55% 액체 부분

① 혈구   ② 혈소판
③ 백혈구   ④ 혈장
⑤ 전혈

정답 ④

해답풀이 혈장은 혈액 원심분리 시 상층액으로 혈액의 약 55% 액체 부분이다. 혈장을 이용한 다양한 생화학 검사가 될 수 있다.

03 다음 설명을 읽고 해당되는 용어를 고르시오.

- 전체 혈액 세포 중 약 99%
- 산소와 이산화탄소 운반 역할

① 혈소판　② 적혈구
③ 백혈구　④ 혈장
⑤ 전혈

정답 ②

해답풀이 적혈구는 핵이 없고 양면이 오목한 형태의 혈액 내 세포로 철 성분을 가진 단백질인 헤모글로빈을 함유하고 있다. 전체 혈액 세포 중 약 99%를 차지하며 산소와 이산화탄소 운반 역할을 한다. 수명은 약 120일 정도이고 수명이 다하면 간과 비장에서 파괴가 주로 이루어진다.

04 다음 설명을 읽고 해당되는 용어를 고르시오.

- 혈액 응고에 관여
- 손상된 혈관 벽에 부착하여 지혈에 기여

① 혈소판　② 적혈구
③ 백혈구　④ 혈장
⑤ 전혈

정답 ①

해답풀이 혈소판은 혈액 응고에 관여하며 혈관 출혈이 발생하면 손상된 혈관 벽에 부착하고 섬유소원, 혈액 세포들과 그물처럼 엉켜 굳으면서 딱지를 형성한다.

05 다음은 환자동물로서 개의 혈액채취에 대한 설명이다. 옳은 것만을 모두 고른 것은?

- ㉠ 일반적으로 요골쪽 피부 정맥에서 채혈한다.
- ㉡ 대량 채혈이 필요한 경우 경정맥에서 채혈을 할 수 있다.
- ㉢ 한 방울 정도의 소량 채혈은 발톱을 잘라 실시할 수 있다.
- ㉣ 채혈 시 주사의 각도는 15~20도 각도가 권장된다.

① ㉠, ㉡
② ㉡, ㉢
③ ㉡, ㉣
④ ㉡, ㉢, ㉣
⑤ ㉠, ㉡, ㉢, ㉣

정답 ⑤

해답풀이 개의 혈액채취는 일반적으로 요골쪽 피부 정맥에서 채혈하고 대량 채혈이 필요한 경우 경정맥에서 채혈을 할 수 있다.

06 다음 설명을 읽고 해당되는 용어를 고르시오.

- 과도한 외부 압력으로 적혈구가 터지는 증상
- 검체의 혈액검사 부적합 사항 중의 하나

① 혈집
② 출혈
③ 응고
④ 삼출
⑤ 용혈

정답 ⑤

해답풀이 용혈은 과도한 외부 압력으로 적혈구가 터지는 증상으로 검체의 혈액검사 부적합 사항 중의 하나이다. 용혈 되면 혈장의 색깔이 붉은 색을 띄게 된다.

07 다음 설명을 읽고 해당되는 용어를 고르시오.

> • 혈액 응고에서 혈소판이 서로 결합하게 하는 역할

① 파이브로겐
② 피브리노젠
③ 빌리루빈
④ 하이드로겐
⑤ 알칼라인

정답 ②

해답풀이 피브리노젠은 혈액 응고에서 혈소판이 서로 결합하게 하는 역할을 한다.

08 다음 혈액 검체 용기 종류에 대한 설명을 읽고 해당되는 용어를 고르시오.

> • 혈장을 이용한 혈액 화학 검사에 주로 사용
> • 혈액 응고 과정 중 트롬빈의 합성을 방해하거나 중화함으로써 대개 24시간 동안 응고 방지

① EDTA 용기
② SST 용기
③ 플레인 용기
④ 헤파린 용기
⑤ 시튜린 용기

정답 ④

해답풀이 헤파린 용기는 혈장을 이용한 혈액 화학 검사에 주로 사용하고 혈액 응고 과정 중 트롬빈의 합성을 방해하거나 중화함으로써 대개 24시간 동안 응고 방지 효과가 있어 혈액 채취 용기로 자주 사용된다.

09 다음 혈액 검체 용기 종류에 대한 설명을 읽고 해당되는 용어를 고르시오.

> • 일반 혈액 검사에 주로 사용
> • 혈액 중의 칼슘 이온과 착화 결합으로 제거되어 응고 방지

① EDTA 용기
② SST 용기
③ 플레인 용기
④ 헤파린 용기
⑤ 시튜린 용기

정답 ①

해답풀이 EDTA 용기는 반 혈액 검사에 주로 사용하고 혈액 중의 칼슘 이온과 착화 결합으로 제거되어 응고 방지 효과를 갖는다.

03 분변검사

01 다음 반려동물에서 문제가 되는 내부기생충에 대한 설명을 읽고 ㉠, ㉡에 해당되는 용어를 순서대로 적은 것은?

(㉠)	회충, 구충, 편충
흡충류	(㉡)

① 편충류, 사상충
② 원충류, 지알디아
③ 선충류, 폐흡충
④ 편충류, 유구충
⑤ 원충류, 포낭충

정답 ③

해답풀이 선충류에는 회충, 구충, 편충 등이 있다.

02 다음 설명을 읽고 해당되는 용어를 고르시오.

- 지알디아, 콕시디움, 톡소플라즈마
- 혈액점액성 설사, 탈수, 체중감소를 유발

① 편충류   ② 원충류
③ 선충류   ④ 편충류
⑤ 조충류

정답 ②

해답풀이 원충류는 지알디아, 콕시디움, 톡소플라즈마와 같은 기생충으로 동물에서 혈액점액성 설사, 탈수, 체중감소가 유발된다.

03 점액변을 보이는 환자 반려견의 증상으로 유추해 볼 수 있는 질병 중 가장 가까운 것은?

① 위궤양 ② 췌장염
③ 간염 ④ 장관염증
⑤ 방광염

정답 ④

해답풀이 장관염증으로 점액변을 비롯한 설사와 같은 증상이 유발될 수 있다.

04 다음 분변검사 시 사용되는 분변부유액 중에서 비중이 제일 높은 것은?

① 증류수 ② Sheather 포화설탕액
③ 식염수 ④ 황산아연액
⑤ 포화식염수액

정답 ②

해답풀이 Sheather 포화설탕액은 1.27, 포화식염수액 1.19, 황산아연액 1.18

05 다음 반려동물에서 문제가 되는 내부기생충에 대한 설명을 읽고 ㉠, ㉡에 해당되는 용어를 순서대로 적은 것은?

원인	(㉠)
특징	성충: 소장에 기생 (㉡): 유충이 발육하면서 간, 폐 및 기타 장기의 조직에 이주, 손상을 유발

① 사상충, 수직감염
② 지알디아, 수평이행
③ 폐흡충, 경란감염
④ 개회충, 내장이행증
⑤ 포낭충, 수직이행

정답 ④

해답풀이 개회충은 경구 감염이 주 감염 경로이며 유충이 발육하면서 간, 폐 및 기타 장기의 조직에 이주, 손상을 유발한다.

06 다음 반려동물에서 문제가 되는 내부기생충에 대한 설명을 읽고 ㉠, ㉡에 해당되는 용어를 순서대로 적은 것은?

원인	(㉠)
특징	• 몸체 색은 회색 또는 분홍색 • 구강의 양쪽에 이빨이 3쌍 • 충란은 타원형, 크기는 개회충 보다 (㉡) • 충란은 8개의 난세포 함유

① 사상충, 작다
② 지알디아, 작다
③ 폐흡충, 작다
④ 흡충, 크다
⑤ 개구충, 크다

정답 ⑤

해답풀이 개구충은 몸체 색은 회색 또는 분홍색이며 구강의 양쪽에 이빨이 3쌍이고 충란은 타원형, 크기는 개회충보다 크고 충란은 8개의 난세포를 함유하고 있다.

07 다음 반려동물에서 문제가 되는 내부기생충에 대한 설명을 읽고 ㉠, ㉡에 해당되는 용어를 순서대로 적은 것은?

원인	• (㉠) • 원충
증상	• (㉡)
치료	• 메트로니다졸 투여

① 사상충, 용혈
② 지알디아, 설사
③ 폐흡충, 폐렴
④ 흡충, 설사
⑤ 개구충, 장출혈

정답 ②

해답풀이 지알디아 원충은 감염 동물에 설사를 유발하며 메트로니다졸 투여로 치료한다.

04 요검사

01 다음 중 소변 생성의 과도한 증가를 보이는 소변 이상은?

① 감뇨증　② 무뇨증
③ 다뇨증　④ 요결석증
⑤ 배뇨장애

> **정답** ③
>
> **해답풀이** 다뇨증은 polyuria로 소변 생성의 과도한 증가를 보이는 소변 이상이다.

02 다음 중 소변 생성의 감소를 보이는 소변 이상은?

① oliguria　② anuria
③ poluuria　④ caculi
⑤ dysuria

> **정답** ①
>
> **해답풀이** oliguria는 감뇨증으로 소변 생성의 감소를 보이는 소변 이상을 말한다.

03 다음은 환자동물로서 요검사에 대한 설명이다. 옳은 것만을 모두 고른 것은?

> ㉠ 혈액뇨 또는 혈색소뇨는 오줌이 적색 또는 분홍색을 띈다.
> ㉡ 답즙색소뇨는 오줌이 오렌지색을 띈다.
> ㉢ 채취 후 시간이 지나갈수록 인산 침전으로 뇨가 혼탁해진다.
> ㉣ 뇨색에 영향을 주는 요인으로 소변 농축, 먹이, 종, 품종, 운동요법의 영향이 있다.

① ㉠, ㉡　② ㉡, ㉢
③ ㉡, ㉣　④ ㉡, ㉢, ㉣
⑤ ㉠, ㉡, ㉢, ㉣

> **정답** ⑤
>
> **해답풀이** 오줌은 정상적으로 색깔이 노란색이고 혼탁도가 없으나 다양한 요인에 의해 색깔이나 혼탁도에 영향을 받는다.

04 다음은 환자동물의 상태 중 요비중의 상승에 영향을 주는 요인으로 옳은 것만을 모두 고른 것은?

> ㉠ 급성 신부전
> ㉡ 당뇨병
> ㉢ 탈수
> ㉣ 요붕증
> ㉤ 만성 신부전

① ㉠, ㉡, ㉢
② ㉡, ㉢, ㉣
③ ㉡, ㉣, ㉤
④ ㉠, ㉡, ㉢, ㉣
⑤ ㉠, ㉡, ㉢, ㉣, ㉤

정답 ①

해답풀이 요붕증과 만성 신부전은 요비중 감소를 유발한다.

05 다음은 환자동물의 요비중 검사에 대한 설명이다. 옳은 것만을 모두 고른 것은?

> ㉠ 소변이 묽을수록 요비중은 높아진다.
> ㉡ 굴절계를 이용 측정 가능하다.
> ㉢ 굴절 지수가 높을수록 소변이 농축되어있다.
> ㉣ 증류수를 이용하여 굴절계 눈금 조정 필요하다.

① ㉠, ㉡
② ㉡, ㉢
③ ㉢, ㉣
④ ㉡, ㉢, ㉣
⑤ ㉠, ㉡, ㉢, ㉣

정답 ④

해답풀이 소변이 묽을수록 요비중은 낮아진다. 굴절 지수가 높을수록 소변이 농축되고 요비중은 높아진다.

06 다음 설명을 읽고 해당되는 용어를 고르시오.

- 소변 검체의 검사 방법
- 각 항목 색지의 색깔 변화로 결과를 판독함.
- 요비중, 아질산염, 백혈구, 유로빌리노젠 항목은 사람과 달라 해석에 주의 요구됨.

① 신속항원 검사
② 딥 스틱 검사
③ 요비중 검사
④ 빌리 감사
⑤ 효소화학 검사

정답 ②

해답풀이 딥스틱 검사는 소변 검체의 간편한 검사 방법으로 각 항목 색지의 색깔 변화로 결과를 판독하여 손쉽게 결과를 얻는다.

07 다음 요검사 결과 pH의 증가와 거리가 가장 먼 것은?

① 오래된 소변
② 신성 세뇨관성 산증
③ 대사성알카리증
④ 요소분해효소 함유 세균
⑤ 대사성 산증

정답 ⑤

해답풀이 요검사 결과 pH의 증가는 오래된 소변, 신성 세뇨관성 산증, 대사성알카리증, 요소분해효소 함유 세균과 관련이 있다.

08 환자동물 개에서 요검사를 위한 딥스틱 검사 결과 빌리루빈 2+ 이상으로 확인되었다. 다음 중 가장 의심되는 질병은?

① 오래된 소변
② 신성 세뇨관성 산증
③ 용혈성 빈혈
④ 요소분해효소 함유 세균
⑤ 대사성 산증

정답 ③

해답풀이 용혈성 빈혈은 요검사를 위한 딥스틱 검사에서 빌리루빈의 수치가 2+ 이상으로 증가된다.

09 중증근무력증과 같은 근육소모성 환자동물 개에서 요검사로 확인되는 것은?

① 단백뇨
② 미오글로빈뇨
③ 빌리루빈 증가
④ 당 수치 증가
⑤ 혈색소뇨

정답 ②

해답풀이 미오글로빈뇨는 중증근무력증과 같은 근육소모성 환자동물에서 요에 미오글로빈이 검출되는 것으로 확인된다.

10 다음은 환자동물의 요 검사 결과 확인되는 요결정체에 관한 설명이다. 옳은 것만을 모두 고른 것은?

> ㉠ 요 결정들이 결합하여 요결석을 형성할 수 있다.
> ㉡ 결석의 화학분석을 통해 요결정의 종류를 파악할 수 있다.
> ㉢ 요 결정에는 인산암모늄, 마그네슘 인산칼슘, 요산암모늄, 수산칼슘요산, 요산나트륨과 같은 다양한 종류가 있다.
> ㉣ 요침사 검사는 소변을 원심분리하여 무거운 성분을 현미경으로 관찰하는 검사이다.

① ㉠, ㉡   ② ㉡, ㉢
③ ㉢, ㉣   ④ ㉡, ㉢, ㉣
⑤ ㉠, ㉡, ㉢, ㉣

정답 ④

해답풀이 요침사 검사는 소변을 원심분리하여 무거운 성분을 현미경으로 관찰하는 검사로 요결정체, 요원주, 백혈구, 적혈구, 세균, 효모, 진균 등을 확인 가능하다.

11 다음 설명을 읽고 해당되는 용어를 고르시오.

> • 소변이 신세뇨관 내에서 정제되었을 때 세뇨관에서 분비되는 점액성 단백 성분과 소량의 혈청 알부민이 결합하여 세뇨관에서 강력한 수분 재흡수로 농축되고 젤 형태로 변하여 형성
> • 다양한 비뇨기계 질환과 관련

① 요결정체   ② 케톤
③ 요원주   ④ 빌리루빈
⑤ 혈색소

정답 ③

해답풀이 요원주는 소변이 신세뇨관 내에서 정제되었을 때 세뇨관에서 분비되는 점액성 단백 성분과 소량의 혈청 알부민이 결합하여 세뇨관에서 강력한 수분 재흡수로 농축되고 젤 형태로 변하여 형성된다.

05 피부 및 귀 검사 이해

01 반려동물의 피부질환 원인체로 해당되는 것만을 모두 고른 것은?

㉠ 세균
㉡ 진균
㉢ 외부기생충
㉣ 호르몬
㉤ 면역

① ㉠, ㉡, ㉢
② ㉡, ㉢, ㉣
③ ㉢, ㉣, ㉤
④ ㉠, ㉡, ㉢, ㉣
⑤ ㉠, ㉡, ㉢, ㉣, ㉤

정답 ⑤

해답풀이 반려동물의 피부질환은 세균, 진균, 개선충 및 모낭충 같은 외부 기생충 뿐 아니라 스테로이드 호르몬이나 면역 상태도 원인이 된다.

02 다음은 반려동물의 피부질환 검사에 대한 설명이다. 옳은 것만을 모두 고른 것은?

㉠ DTM 양성인 경우 노란색에서 붉은색으로 3~5일 이내에 변색
㉡ 피부소파 검사는 피부 병변 조직을 긁어서 검사를 진행하는 것을 말한다.
㉢ 피부소파 검사는 외부기생충 검출에 용이하다.
㉣ 피부소파 검사에 사용되는 칼날은 예리한 것을 사용해야 한다.

① ㉠, ㉡
② ㉡, ㉢
③ ㉢, ㉣
④ ㉠, ㉡, ㉢
⑤ ㉠, ㉡, ㉢, ㉣

정답 ④

해답풀이 피부소파 검사는 피부 조직을 검사를 위해 긁어내는 방법으로 사용되는 칼날은 너무 예리하지 않은 무딘 날을 사용한다.

03 다음 중 피부 소파검사로 확인이 어려운 것은?

① 모낭충　② 개선충
③ 진드기　④ 말라세치아
⑤ 알루션

정답 ⑤

해답풀이 피부소파검사는 피부 병변 검사를 위해 skin scraping으로 피부 찰과를 통해 검체를 얻는 것이다.

04 다음은 반려동물의 귀도말 검사에 대한 설명이다. 옳은 것만을 모두 고른 것은?

> ㉠ 귀 내부를 면봉으로 닦아내듯이 돌려 검체를 채취한다.
> ㉡ 포도상구균이나 간균과 같은 세균 병원체 검출에 이용된다.
> ㉢ 말라세치아 병원체 검출에 이용된다.
> ㉣ 귀진드기 병원체 검출에 이용된다.

① ㉠, ㉡　② ㉡, ㉢
③ ㉢, ㉣　④ ㉠, ㉡, ㉢
⑤ ㉠, ㉡, ㉢, ㉣

정답 ⑤

해답풀이 반려동물의 귀도말 검사는 귀 내부를 면봉으로 닦아내듯이 돌려 검체를 채취하여 귀 질병의 원인이 되는 세균, 효모, 진균, 귀진드기 병원체 검출에 이용된다.

05 다음은 환자동물의 피부검사를 위한 테이프 압인 검사에 대한 설명이다. 옳은 것만을 모두 고른 것은?

> ㉠ 테이프 압인 검사는 셀로판 테이프 압인을 주로 활용한다.
> ㉡ 테이프 압인 검사는 피부 병변의 진균 관찰이 용이한 검사법이다.
> ㉢ 테이프 압인 검사는 피부 병변 부위 샘플 채취가 안 되면 진단 오류가 발생한다.
> ㉣ 피부 자극을 줄이기 위해 테이프 접착력이 약한 것을 사용해야 한다.

① ㉠, ㉡
② ㉡, ㉢
③ ㉢, ㉣
④ ㉠, ㉡, ㉢
⑤ ㉠, ㉡, ㉢, ㉣

정답 ④

해답풀이 테이프 압인 검사는 tape strip test(TST)로 테이프 접착력이 약한 것을 사용하게 되면 피부 병변 검체 채취가 되지 않는 경우가 많아 접착력이 강한 것을 사용해야 한다.

06 배란주기·혈액 검사

01 다음 반려견의 배란주기에 대한 설명을 읽고 ㉠, ㉡에 해당되는 용어를 순서대로 적은 것은?

발정 단계	특징	질세포 양상
발정기	• (㉠) 호르몬 최대 분비 기간 • 교미 허용 • 출혈 기간 • 배란 시기	• 90% 이상 (㉡)

① progesterone, 중간세포
② LH, 표층세포
③ estrogen, 기저곁세포
④ oxytocin, 호중구
⑤ prolactin, 중간세포

정답 ②

해답풀이 발정기는 황체형성호르몬 LH 최대 분비 기간이고 질세포 변화는 90% 이상의 표층세포 양상을 볼 수 있다.

02 다음 반려견의 배란주기에 대한 설명을 읽고 ㉠, ㉡에 해당되는 용어를 순서대로 적은 것은?

발정 단계	특징	질세포 양상
발정기	• (㉡) 호르몬 농도 증가	• 기저곁세포, 중간세포 및 표층세포가 혼합 • 호중구와 적혈구 존재

① 발정기, progesterone
② 발정후기, LH
③ 발정휴지기, oxytocin
④ 발정전기, estrogen
⑤ 발정기, prolactin

정답 ④

해답풀이 발정전기는 estrogen 호르몬 농도가 증가하고 질도말검사에서 기저곁세포, 중간세포 및 표층세포가 혼합된 상태의 호중구와 적혈구가 혼재한 상태로 관찰된다.

03 반려견의 질도말 세포 분류에 대한 다음 설명을 읽고 괄호 안에 적합한 용어를 고른 것은?

세포의 종류	특 징
( )	• 세포가 작고 세포질 양이 적으며 질도말 표본에서 드물게 발견

① 기저세포 ② 기저곁세포
③ 중간세포 ④ 표층세포
⑤ 레이디그세포

정답 ①

해답풀이 기저세포는 질도말 세포에서 세포가 작고 세포질 양이 적으며 질도말 표본에서 드물게 발견된다.

04 반려견의 질도말 세포 분류에 대한 다음 설명을 읽고 괄호 안에 적합한 용어를 고른 것은?

세포의 종류	특 징
( )	• 핵과 소량의 세포질을 갖고 있는 원형세포

① 기저세포 ② 기저곁세포
③ 중간세포 ④ 표층세포
⑤ 레이디그세포

정답 ②

해답풀이 기저곁세포는 질도말 세포에서 원형의 핵과 소량의 세포질을 갖고 있는 원형세포이다.

05 다음은 환자동물의 빈혈에 대한 설명이다. 옳은 것만을 모두 고른 것은?

> ㉠ PCV 저하
> ㉡ 헤모글로빈 감소
> ㉢ 재생성 빈혈은 적혈구 손실의 증가 또는 적혈구 파괴의 증가에 의해 유발된다.
> ㉣ 비재생성 빈혈은 적혈구 생산의 감소로 유발된다.

① ㉠, ㉡   ② ㉡, ㉢
③ ㉢, ㉣   ④ ㉠, ㉡, ㉢
⑤ ㉠, ㉡, ㉢, ㉣

정답 ⑤

해답풀이 재생성 빈혈은 실혈 또는 용혈에 의해 유발된다. 비재생성 빈혈은 골수 문제로 인한 적혈구 생산의 감소로 유발된다.

06 혈액손실인 실혈의 원인은 급성과 만성으로 분류해 볼 수 있다. 다음 중 급성 실혈 원인으로 가장 거리가 먼 것은?

① 외상   ② 중증도 출혈병변
③ 기생충   ④ 궤양
⑤ 지혈장애

정답 ③

해답풀이 만성 실혈의 원인으로 기생충, 위장관계 질병, 경증 출혈 병변이 있다.

07 다음은 혈액파괴 용혈의 원인에 대한 설명이다. 옳은 것만을 모두 고른 것은?

> ㉠ 면역매개질환
> ㉡ 적혈구 기생충
> ㉢ 약물
> ㉣ 화학물질

① ㉠, ㉡
② ㉡, ㉢
③ ㉢, ㉣
④ ㉠, ㉡, ㉢
⑤ ㉠, ㉡, ㉢, ㉣

정답 ⑤

해답풀이 혈액파괴 용혈의 원인으로 면역매개질환, 적혈구 기생충, 약물, 화학물질, 산화적 손상이 있다.

08 다음 중 개와 고양이 환자동물의 채혈 부위로 가장 많이 이용되는 위치는?

① jugular vein
② saphenous vein
③ brachial vein
④ cepahalic vein
⑤ femoral vein

정답 ④

해답풀이 cepahalic vein은 요골피부정맥으로 개와 고양이 혈액 채혈을 위해 가장 흔히 이용되는 부위이다.

09 다음 중 조류 환자동물의 채혈 부위로 흔히 이용되는 위치는?

① carpal vein
② saphenous vein
③ brachial vein
④ cepahalic vein
⑤ femoral vein

정답 ③

해답풀이 brachial vein은 상완정맥으로 조류에서 채혈 위치로 사용된다.

10 환자동물의 채혈 시 사용되는 채혈튜브에 대한 다음 설명을 읽고 괄호 안에 적합한 용어를 고른 것은?

세포의 종류	특 징
( )	• 혈청의 분리를 위해 사용

① EDTA 튜브
② Heparin 튜브
③ Sodium citrate 튜브
④ Plain 튜브
⑤ EO 튜브

정답 ④

해답풀이 Plain 튜브는 항응고제가 첨가되어 있지 않아 혈장에서 혈액응고단백질 제거가 가능하기 때문에 혈청 분리 시 사용된다.

11 환자동물의 채혈 시 사용되는 채혈튜브에 대한 다음 설명을 읽고 괄호 안에 적합한 용어를 고른 것은?

세포의 종류	특징
( )	• 독성이 낮아 수혈을 위한 채혈에 적합 • 항응고 능력은 Ca 이온과 결합하여 작용

① EDTA 튜브
② Heparin 튜브
③ Sodium citrate 튜브
④ Plain 튜브
⑤ EO 튜브

정답 ③

해답풀이 Sodium citrate 튜브는 항응고제가 들어 있는 채혈 튜브로 많이 사용된다.

12 환자동물의 채혈 시 혈장의 색깔에 대한 다음 설명을 읽고 괄호 안에 적합한 용어를 고른 것은?

색	의미
( )	• 체내 용혈 및 잘못된 채혈로 인한 용혈

① 노란색   ② 핑크색
③ 우윳빛   ④ 투명
⑤ 보라색

정답 ②

해답풀이 핑크색을 띄는 혈장은 혈구의 용혈로 인한 색깔의 변화로 판단할 수 있다.

13 환자동물의 채혈 시 혈장의 색깔에 대한 다음 설명을 읽고 괄호 안에 적합한 용어를 고른 것은?

색	의미
( )	• 심각한 간 손상, 담도 폐쇄 • 용혈성 빈혈

① 노란색　② 핑크색
③ 우윳빛　④ 투명
⑤ 보라색

정답 ①

해답풀이 노란색을 띄는 혈장은 심각한 간 손상, 담도 폐쇄 또는 용혈성 빈혈빌리루빈으로 인한 색깔의 변화로 판단할 수 있다.

14 환자동물의 혈액도말 검사 시 평가항목으로 가장 거리가 먼 것은?

① 혈구의 구성 비교
② 혈액 CRP 평가
③ 혈구 세포 형태 이상
④ 혈액 내 기생충
⑤ 혈소판 수

정답 ②

해답풀이 혈액도말 검사 시 평가항목으로 혈구의 구성 비교, 혈구 세포 형태 이상, 혈액 내 기생충, 혈소판 수 등이 있다.

15 환자동물의 혈액도말 검사를 위한 채혈 후 혈액도말의 실수에 대한 다음 설명을 읽고 괄호 안에 적합한 도말 실수 상태를 고른 것은?

실수	원인
( )	• 슬라이드 한쪽이 접촉 잘 안된 경우 • 펼치게 가장자리를 따라 혈액이 퍼지기 전에 도말한 경우

① 너무 두꺼움
② 너무 얇음
③ 가로로 두껍고 얇음이 반복됨
④ 도말 방향으로 줄이 생김
⑤ 아주 좁고 두껍게 도말

정답 ⑤

해답풀이 아주 좁고 두껍게 도말되는 상태는 슬라이드 한쪽이 접촉 잘 안된 경우나 혈액을 펼치게 가장자리를 따라 혈액이 퍼지기 전에 도말한 경우 경우에 발생한다.

16 환자동물의 혈액도말 검사 결과 약물반응이나 감염원에 의한 이상을 의심해 볼 수 있는 병변은?

① microcyte
② reticulocyte
③ Heinz body
④ Howell-jolly body
⑤ spherocyte

정답 ③

해답풀이 혈액도말 검사 결과 Heinz body 하인즈 소체의 관찰은 약물반응이나 감염원에 의한 이상을 의심해 볼 수 있다.

17 환자동물의 혈액도말 검사 결과 비재생성 빈혈을 의심해 볼 수 있는 병변은?

① microcyte

② reticulocyte

③ Heinz body

④ Howell-jolly body

⑤ spherocyte

정답 ④

해답풀이 혈액도말 검사 결과 Howell-jolly body 하우웰-졸리 소체는 비재생성 빈혈 또는 비장 적출 수술 후를 의심해 볼 수 있다.

18 환자동물의 혈액도말 검사 결과 재생성 빈혈을 의심해 볼 수 있는 병변은?

① microcyte

② reticulocyte

③ Heinz body

④ Howell-jolly body

⑤ spherocyte

정답 ②

해답풀이 혈액도말 검사 결과 reticulocyte 망상적혈구가 다수 관찰되는 경우는 재생성 빈혈을 의심해 볼 수 있는 병변이다.

19 다음 반려견의 배란주기에 대한 설명을 읽고 ㉠, ㉡에 해당되는 용어를 순서대로 적은 것은?

혈구 세포 종류	증가	감소
( )	• 염증, 세균감염, 스트레스, 공포, 흥분, 임신, 재생성 빈혈, 종양, 괴사, 스테로이드	• 심각한 감염, 바이러스 감염, 중독, 세포독성 약물

① 호산구　② 호중구
③ 호염구　④ 림프구
⑤ 혈소판

정답 ②

해답풀이 호중구는 백혈구의 대다수를 차지하고 있는 혈구로 염증 시 증가하는 대표적인 염증세포이다.

20 환자동물의 혈액 검사 시 혈구의 증가 및 감소에 대한 다음 설명을 읽고 괄호 안에 적합한 내용을 고른 것은?

혈구 세포 종류	증가	감소
( )	• 기생충 감염, 알레르기, 에디슨병, 호산구성 근염	• 스트레스, 쿠싱병, 스테로이드

① 호산구　② 호중구
③ 호염구　④ 림프구
⑤ 혈소판

정답 ①

해답풀이 호산구는 기생충 감염 시 증가하는 백혈구의 한 종류이다.

21 환자동물의 혈액 검사 시 혈구의 증가 및 감소에 대한 다음 설명을 읽고 괄호 안에 적합한 내용을 고른 것은?

혈구 세포 종류	증가	감소
( )	• 감염, 외상, 출혈, 비장 절제술	• 면역매개성 질병, 파종성 혈관내 응고

① 호산구 ② 호중구
③ 호염구 ④ 림프구
⑤ 혈소판

정답 ⑤

해답풀이 혈소판은 혈액응고와 관련된 혈구성분으로 출혈과 관련된다.

22 다음 설명을 읽고 해당되는 용어를 고르시오.

- 적혈구용적의 불규칙성을 반영하여 계산된 값
- 적혈구 부동증 시 증가

① HCHC ② PCV
③ RDW   ④ MCV
⑤ MCHC

정답 ③

해답풀이 RDW은 적혈구 부동증(anisocytosis) 시 증가되며 적혈구용적의 불규칙성을 반영하여 계산된 값이다.

23 다음은 공혈견(blood donor dog)에 대한 설명이다. 옳은 것만을 모두 고른 것은?

> ㉠ 체중은 25 kg 이상
> ㉡ 나이는 1~8살
> ㉢ PCV 40% 이상
> ㉣ 이상적 혈액형은 DEA 1.1

① ㉠, ㉡
② ㉡, ㉢
③ ㉢, ㉣
④ ㉠, ㉡, ㉢
⑤ ㉠, ㉡, ㉢, ㉣

정답 ⑤

해답풀이 공혈견은 건강하고 백신이 완료된 상태이어야 한다.

24 다음 질병 상태에서 수치가 상승되는 혈액생화학 검사 항목으로 가장 적합한 것은?

> • Cholangitis
> • Cholangiohepatitis
> • Hepatic disease
> • Hepatic lipidosis

① ALT
② ALP
③ Billirubin
④ BUN
⑤ Creatinine

정답 ①

해답풀이 ALT는 주로 간에 존재하며 간 손상 후 2~3일 이내에 높아지며 14일까지 검출되는 것으로 알려져 있다.

25 다음 질병 상태에서 수치가 감소되는 혈액생화학 검사 항목으로 가장 적합한 것은?

- Edema
- Heartworm disease
- Glomerular disease
- Protein losing enteropathy

① ALT
② Albumin
③ Billirubin
④ BUN
⑤ TP

정답 ②

해답풀이 Albumin은 간세포에서 생성되며 삼투압 유지와 물질 이동에 관련되는 성분으로 부종이나 심장사상충 감염, 신부전 등의 상황에서 수치가 저하되는 것으로 알려져 있다.

26 다음 질병 상태에서 수치가 증가되는 혈액생화학 검사 항목으로 가장 적합한 것은?

- Pyelonephritis
- Renal failure

① ALT
② Albumin
③ Billirubin
④ BUN
⑤ TP

정답 ④

해답풀이 BUN은 신우신염, 신부전으로 수치 증가, overhydration 탈수, 단백질 식이제한 시 수치 감소를 보인다.

07 호르몬·실험실 의뢰 검사

01 다음 증상을 보이는 환자동물의 상태로 가장 의심되는 상황은?

- 다음, 다뇨, 다식, 무기력
- 삭모 부분에 털이 자라지 않음
- 좌우 대칭성 탈모
- Pot belly
- 피부가 얇아지고 근육 감소
- 피부질환으로 모낭충, 말라세지아 감염 호발
- 가벼운 운동으로도 호흡곤란

① 갑상선기능저하증
② 부신피질기능항진증
③ 부신피질기능저하증
④ 갑상선기능항진증
⑤ 췌장기능저하증

정답 ②

해답풀이 부신피질기능항진증은 뇌하수체에서 ACTH 과다 분비 또는 부신에서 ACTH 과다 분비나 부신피질호르몬의 과다 투여로 발생할 수 있다.

02 다음 증상을 보이는 반려견 환자동물의 상태로 가장 의심되는 상황은?

- 무기력, 둔감성
- 체중증가, 비만
- 피부색소 과잉침착
- 심박동 감소
- 빈혈
- 대칭성 탈모

① 갑상선기능저하증
② 부신피질기능항진증
③ 부신피질기능저하증
④ 갑상선기능항진증
⑤ 췌장기능저하증

정답 ①

해답풀이 개의 갑상선기능저하증은 갑상선호르몬 감소가 유도되며 다양한 임상증상을 유발한다.

03 다음 증상을 보이는 반려견 환자동물의 상태로 가장 의심되는 상황은?

- 애디슨병
- 허탈, 기면, 식욕부진
- 체중감소
- 구토, 설사, 복통
- 다음, 다뇨

① 갑상선기능저하증
② 부신피질기능항진증
③ 부신피질기능저하증
④ 갑상선기능항진증
⑤ 췌장기능저하증

정답 ③

해답풀이 부신피질기능저하증은 애디슨병으로 불리며 다양한 임상증상을 유발한다.

04 애디슨병이 있는 반려견 환자동물의 혈액 및 요 검사 결과와 가장 거리가 먼 것은?

① 고질소혈증
② 요 비중 증가
③ 저나트륨혈증
④ 고칼륨혈증
⑤ Na:K < 27:1

정답 ②

해답풀이 애디슨병이 있는 반려견은 요 비중이 감소한다.

05 다음 설명의 고양이 환자동물의 상태로 가장 의심되는 상황은?

- 선종성 증식 또는 선종
- 체중감소, 식욕증가, 과흥분
- 갑상선 증대, 쇠약

① 갑상선기능저하증
② 부신피질기능항진증
③ 부신피질기능저하증
④ 갑상선기능항진증
⑤ 췌장기능저하증

정답 ④

해답풀이 갑상선기능항진증은 T4 호르몬의 과도한 분비로 유발된다.

Part. 4
동물보건·윤리 및 복지 관련 법규

01 동물보건복지 총론

01 다음과 같은 동물의 도덕적 고려에 대한 말을 한 사람은?

> • 동물이 이성을 발휘할 수 있는지, 말을 할 수 있는지에 대한 것보다 그들 역시 고통을 느낄 수 있다는 점에서 도덕적 배려가 필요하다.

① 제레미 벤담
② 화인버그
③ 피터 싱어
④ 톰 레건
⑤ 르네 데카르트

정답 ①

해답풀이 제레미 벤담은 18세기 후반 공리주의 철학자로 "동물이 이성을 발휘할 수 있는지, 말을 할 수 있는지에 대한 것보다 그들 역시 고통을 느낄 수 있다는 점에서 도덕적 배려가 필요하다."고 하였다.

02 다음과 같은 동물의 도덕적 고려에 대한 말을 한 사람은?

> • 동물에게도 도덕적 지위를 인정하고 동물을 고통으로부터 해방시켜야 한다.

① 제레미 벤담
② 화인버그
③ 피터 싱어
④ 톰 레건
⑤ 르네 데카르트

정답 ③

해답풀이 피터 싱어는 '동물해방' 저서를 통해 "동물에게도 도덕적 지위를 인정하고 동물을 고통으로부터 해방시켜야 한다."고 하였다.

03 미국 동물보호법에 포함된 'Five Needs'에 대한 설명이다. 옳은 것만을 모두 고른 것은?

> ㉠ 개별 동물에게 적절한 환경을 제공함
> ㉡ 각 개체의 영양요구량에 맞는 식단 제공
> ㉢ 정상적 행동 표현 환경 조성
> ㉣ 통증, 고통, 상해, 질병이 발생하지 않도록 보호

① ㉠, ㉡
② ㉡, ㉢
③ ㉢, ㉣
④ ㉠, ㉡, ㉢
⑤ ㉠, ㉡, ㉢, ㉣

정답 ⑤

해답풀이 5 Needs는 '개별 동물에 적절 환경 제공, 삶의 질 수준 향상, 적절 환경 제공, 개별 동물 요구에 맞는 조건 충족, 각 개체의 영양요구량 맞는 식단 제공, 사회적 그룹 필요한 경우와 분리가 필요한 경우를 동물에 맞게 파악하여 관리, 정상적 행동 표현 환경 조성 및 통증, 고통, 상해, 질병이 발생하지 않도록 보호' 내용을 포함한다.

04 동물복지를 위한 '3 Circles Model'에 대한 설명이다. 옳은 것만을 모두 고른 것은?

> ㉠ 건강상태
> ㉡ 자연스러운 행동
> ㉢ 긍정적인 상태
> ㉣ 5 Freedom의 내용이 복합적으로 포함

① ㉠, ㉡
② ㉡, ㉢
③ ㉢, ㉣
④ ㉠, ㉡, ㉢
⑤ ㉠, ㉡, ㉢, ㉣

정답 ⑤

해답풀이 'Circles Model'은 '5 Freedoms' 내용을 복합적으로 포함한다. 필요한 환경 조건 제공에 목적이 있다.

02 반려동물 복지

01 다음과 같은 조건에서 OO 동물보호센터의 생존율(LRR)을 구한 값은?

- 전체 입소 동물 수: 200 마리
- 질병 상태 동물 수: 15 마리
- 반환 동물 수: 20 마리
- 입양 동물 수: 80 마리
- 기증 동물 수: 5 마리
- 방사 동물 수: 45 마리

① 50% ② 60%
③ 75% ④ 80%
⑤ 90%

정답 ③

해답풀이 생존율 Live Release Rate (LRR) : [(반환+입양+기증+방사)/(전체 입소 동물 수)] × 100,
[(20+80+5+45)/(200)] × 100 = 75%

02 유기동물 중 우선적으로 임시보호 대상을 선정할 때 가장 거리가 먼 것은?

① 8주령 이하의 어린 강아지나 새끼 고양이
② 질병이나 부상에서 회복 중인 개체
③ 사회화가 부족한 어린 개체
④ 보호센터 내 보호공간이 부족한 경우
⑤ 놀이 활동이 왕성한 5개월의 강아지

정답 ③

해답풀이 임시보호 대상은 너무 어리거나 질병이 있는 상태를 배제하여야 한다.

03 다음은 동물보호센터 관리의 기본원칙에 대한 설명이다. 옳은 것만을 모두 고른 것은?

㉠ 삶의 질이 저하되어서는 안 된다.
㉡ 동물의 고통을 해결해 줄 수 없을 때 인도적인 처리를 결정하고 실행하여야 한다.
㉢ 특정 동물에 과도한 비용이 지출되어 다른 많은 수의 관리에 어려움을 겪게 해서는 안 된다.
㉣ 감염 위험이 있는 질병에 걸려 있는 개체는 안락사를 시켜야 한다.

① ㉠, ㉡
② ㉡, ㉢
③ ㉢, ㉣
④ ㉠, ㉡, ㉢
⑤ ㉠, ㉡, ㉢, ㉣

정답 ④

해답풀이 안락사는 엄격한 기준에 따라 인도적 기준으로 판단할 때 고통을 덜어줄 방법이 없는 경우에 진행되어야 한다.

03 동물과의 공존 관계

01 다음과 같은 설명에 해당되는 적합한 용어는?

- 길고양이 개체 수 조절 방법으로 활용
- 길고양이를 잡아서 중성화 수술 시행 후 다시 살던 곳에 풀어주는 방식

① PMR ② TNR
③ CPR ④ BPM
⑤ CRT

정답 ②

해답풀이 TNR은 'trap – neuter – return'으로 인도적 방법으로 포획하여 중성화 수술 후 제자리에 방사하는 정책으로 귀끝 절개를 통해 TNR 개체를 불필요하게 다시 포획하고 재수술하는 문제 예방 방법이다.

02 다음과 같은 설명에 해당되는 적합한 용어는?

- 길고양이 개체 수 조절 방법으로 외국에서 살처분 정책 시행 시 볼 수 있는 현상
- 살처분된 공간으로 주변 길고양이의 군집이동으로 인한 문제 발생 현상

① 증폭효과 ② 이동효과
③ 개체효과 ④ 진공효과
⑤ 군집효과

정답 ④

해답풀이 진공효과는 길고양이 개체 수 조절 방법으로 외국에서 살처분 정책 시행 후 살처분된 공간으로 주변 길고양이의 군집이동으로 인한 문제 발생 현상을 말한다.

03 다음은 길고양이 TNR에 대한 설명이다. 옳은 것만을 모두 고른 것은?

> ㉠ 길고양이 개체 수 조절에 효과적이다.
> ㉡ 수컷의 다툼 감소로 질병 예방 효과가 있다.
> ㉢ 중성화 수술 후 귀 끝을 잘라 방사한다.
> ㉣ 고양이 소음 문제가 감소되는 효과가 있다.

① ㉠, ㉡
② ㉡, ㉢
③ ㉢, ㉣
④ ㉠, ㉡, ㉢
⑤ ㉠, ㉡, ㉢, ㉣

정답 ⑤

해답풀이 길고양이 TNR은 개체수 조절에 가장 효과가 큰 방법이며 길고양이의 건강 증진 및 길고양이로 인한 문제들을 감소시킬 수 있는 효과적인 방법이다.

04 다음과 같은 설명에 해당되는 적합한 용어는?

> • 기본적인 관리가 이루어지지 않아 발생하는 동물학대의 유형
> • 방치에 가까운 사육 방식의 경우

① Abuse
② Neglect
③ Cruelty
④ Hoarding
⑤ Overuse

정답 ②

해답풀이 Neglect는 기본적인 관리가 이루어지지 않아 발생하는 동물학대의 유형이다.

05 다음과 같은 설명에 해당되는 적합한 용어는?

> • 사육 관리 능력 이상으로 많은 수의 동물을 수용하고 관리하지 않는 형태의 동물 학대

① Abuse
② Neglect
③ Cruelty
④ Animal hoarding
⑤ Overuse

정답 ④

해답풀이 Animal hoarding은 키울 수 있는 수 이상을 과도하게 모아 기본적인 관리도 하지 않은 채 방치하는 동물 학대의 유형이다.

04 동물원동물, 산업동물, 실험동물의 복지

01 다음은 동물원의 역할에 대한 내용이다. 옳은 것만을 모두 고른 것은?

> ㉠ 보전　　㉡ 교육　　㉢ 연구　　㉣ 홍보

① ㉠, ㉡
② ㉡, ㉢
③ ㉢, ㉣
④ ㉠, ㉡, ㉢
⑤ ㉠, ㉡, ㉢, ㉣

정답 ④

해답풀이 동물원의 역할에는 보전, 교육, 연구의 기능이 있다.

02 다음과 같은 동물복지 평가 방법에 대한 내용에 해당되는 적합한 용어는?

- 한 번의 평가
- 직접 관찰 또는 그룹 평가 가능
- 사양관리, 사육사, 관리프로그램, 훈련 등에 대한 정보 없이 시작

① 주관적 평가
② 객관적 평가
③ Snapshot welfare assessment
④ 행동모듬 평가
⑤ 정성 평가

정답 ③

해답풀이 Snapshot welfare assessment는 동물복지 평가 방법으로 사양관리, 사육사, 관리프로그램, 훈련 등에 대한 정보 없이 한 번의 평가를 진행하는 것이다.

03 다음 집약적 축산의 특징에 대한 설명 중 옳은 것은?

① 최소 비용으로 최대 수익을 추구하는 동물 사육방식이다.
② 주된 생산물은 고기, 젖, 알이 있다.
③ 현대식 기계의 이용이 집약적 축산의 효율성을 높여주고 있다.
④ 산업 가축 생산에서 공장식 축산 구조를 갖는다.
⑤ 동물복지가 중요하게 고려되는 동물 사육방식이다.

정답 ⑤

해답풀이 집약적 축산은 공장식 축산 구조로 경제성과 생산 효율성을 높이는 목적의 축산 방식으로 동물복지의 문제 발생 위험이 있다.

04 다음 축산 동물 중에서 국내 동물복지축산농장 인증 대상 축종으로 가장 먼저 적용된 동물은?

① 오리   ② 산란계
③ 육계   ④ 양돈
⑤ 한우

정답 ②

해답풀이 산란계는 밀집 사육으로 동물복지 문제가 가장 심각하게 받아들여지고 있는 가축이다. 이러한 이유로 2012년 국내 동물복지축산농장 인증 대상 축종으로 가장 먼저 적용되었다

05 다음과 같은 실험동물 복지 향상을 위한 방법에 대한 내용에 해당되는 적합한 용어는?

- 실험과정에서 동물에게 고통과 스트레스가 최소화되도록 환경을 개선
- 인도적인 실험 종료 기준의 마련과 시행과 관련

① Replacement
② Reduction
③ Retraction
④ Refinement
⑤ Revision

정답 ④

해답풀이 Refinement는 실험과정에서 동물에게 고통과 스트레스가 최소화되도록 환경을 개선해야 한다는 실험동물 복지를 향상시키기 위해 지켜야 할 '3R의 원칙' 중 하나이다.

05 수의사법

01 동물보건사의 자격 인정을 하는 주체는?
① 검역본부장
② 질병관리본부장
③ 농림축산식품부장관
④ 보건복지부장관
⑤ 동물보건원장

정답 ③

해답풀이 동물보건사의 자격 인정은 농림축산식품부장관으로부터 받아야 한다.

02 다음은 수의사법에 정한 동물의 종류에 대한 내용이다. 옳은 것만을 모두 고른 것은?

| ㉠ 소　　㉡ 개　　㉢ 토끼　　㉣ 꿀벌 |

① ㉠, ㉡
② ㉡, ㉢
③ ㉢, ㉣
④ ㉠, ㉡, ㉢
⑤ ㉠, ㉡, ㉢, ㉣

정답 ⑤

해답풀이 수의사법에 정한 동물의 종류는 소, 말, 돼지, 양, 개, 토끼, 고양이, 조류, 꿀벌, 수생동물, 대통령령으로 정하는 동물을 말한다.

03 다음 동물보건사에 관련된 설명 중 옳지 않은 것은?

① 농림축산식품부의 인증된 동물간호 관련 학과 졸업생은 동물보건사 자격 시험 응시가 가능하지만 응시일 기준으로 졸업 예정일이 3개월 이상인 경우는 응시가 안 된다.
② 평생교육기관 동물간호 관련 학과 졸업생도 농림축산식품부의 인증된 교육과정을 이수한 경우는 자격 시험 응시가 가능하다.
③ 농림축산식품부장관이 인정하는 외국 동물 간호 관련 면허나 자격을 가진 사람도 자격시험 응시가 가능하다.
④ 동물보건사 양성 과정을 운영하려는 교육기관은 농림축산식품부장관의 평가인증을 받아야 한다.
⑤ 동물보건사 자격은 면허가 아닌 자격인정이다.

정답 ①

해답풀이 인증된 동물간호 관련 학과를 응시일로부터 6개월 이내에 졸업이 예정된 사람도 동물보건사 자격 시험 응시가 가능하다. 동물보건사 자격은 자격 인정으로 면허인 수의사와 다른 자격 종류이다.

04 다음 동물보건사에 관련된 설명 중 옳지 않은 것은?

① 동물보건사는 농림축산식품부장관으로부터 자격 인정을 받은 자이다.
② 동물보건사는 독립적으로 동물 간호 또는 진료 보조 업무에 종사하는 사람이다.
③ 농림축산식품부장관이 인정하는 외국 동물 간호 관련 면허나 자격을 가진 사람도 동물보건사 자격시험 응시가 가능하다.
④ 동물보건사 양성 과정을 운영하려는 교육기관은 농림축산식품부장관의 평가인증을 받아야 한다.
⑤ 동물보건사 자격은 면허가 아닌 자격 인정이다.

정답 ②

해답풀이 동물보건사는 동물병원 내에서 수의사의 지도 아래 동물 간호 또는 진료 보조 업무에 종사하는 사람이다.

06 동물보호법

01 다음은 동물보호법의 내용에 대한 내용이다. 옳은 것만을 모두 고른 것은?

> ㉠ 굶주림, 질병 등에 대하여 적절한 조치를 게을리 하는 행위도 동물학대이다.
> ㉡ 반려동물은 개, 고양이와 농림축산식품부령으로 정하는 동물을 말한다.
> ㉢ 등록대상동물은 등록이 필요하다고 인정하여 대통령령으로 정하는 동물이다.
> ㉣ 맹견의 종류는 농림축산식품부령으로 정한다.

① ㉠, ㉡
② ㉡, ㉢
③ ㉢, ㉣
④ ㉠, ㉡, ㉢
⑤ ㉠, ㉡, ㉢, ㉣

정답 ⑤

해답풀이 맹견의 종류는 도사견, 핏불테리어, 로트와일러 등으로 농림축산식품부령으로 정한다.

02 다음은 동물학대 등의 금지 사항에 대한 동물보호법 내용이다. 옳은 것만을 모두 고른 것은?

> ㉠ 도박, 광고, 오락, 유흥 등의 목적으로 동물에 상해를 입히는 행위
> ㉡ 도구, 약물 등 물리적, 화학적 방법을 사용하여 상해를 입히는 행위
> ㉢ 살아있는 상태에서 동물의 신체를 손상하거나 체액을 채취하거나 체액을 채취하기 위한 장치를 설치하는 행위
> ㉣ 농림축산식품부령으로 정하는 사육, 관리 의무를 위반하여 상해를 입히거나 질병을 유발하는 행위

① ㉠, ㉡
② ㉡, ㉢
③ ㉢, ㉣
④ ㉠, ㉡, ㉢
⑤ ㉠, ㉡, ㉢, ㉣

정답 ⑤

해답풀이 동물보호법에서 동물학대 등의 금지 사항은 살아있는 동물에 신체 상해나 질병 유발 행위가 포괄적으로 포함된다.

단숨에 합격하는 비법
동물보건사 과목별 문제집

2023년 1월 20일 초판 1쇄 인쇄 | 2023년 1월 27일 초판 1쇄 발행

저자 동물보건사 국가자격시험 연구회 | **발행인** 장진혁 | **발행처** ㈜형설이엠제이
주소 서울시 마포구 월드컵북로 402 KGIT 상암센터 1212호 | **전화** (070) 4896-6052~3
등록 제2014-000262호 | **홈페이지** www.emj.co.kr | **e-mail** emj@emj.co.kr
공급 형설출판사

정가 26,000원

ⓒ 2023 동물보건사 국가자격시험 연구회 All Rights Reserved.

ISBN 979-11-91950-34-2 93520

* 본 도서는 저자와의 협의에 따라 인지는 붙이지 않습니다.
* 본 도서는 저작권법에 의해 보호를 받는 저작물이므로 동영상 제작 및 무단전재와 복제를 금합니다.
* 본 도서의 출판권은 ㈜형설이엠제이에 있으며, 사전 승인 없이 문서의 전체 또는 일부만을 발췌/인용하여 사용하거나 배포할 수 없습니다.

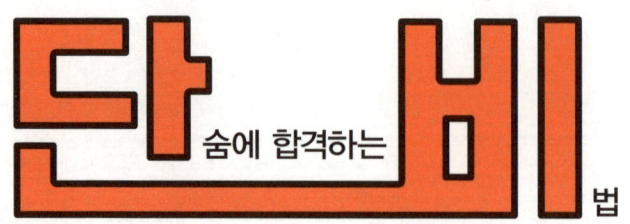